Primzahltests für Einsteiger

Rebecca Waldecker · Lasse Rempe-Gillen

Primzahltests für Einsteiger

Zahlentheorie – Algorithmik – Kryptographie

2. Auflage

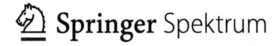
Springer Spektrum

Rebecca Waldecker
Institut für Mathematik
M.-Luther-Universität Halle-Wittenberg
Halle, Deutschland

Lasse Rempe-Gillen
Dept. of Mathematical Sciences
University of Liverpool
Liverpool, Großbritannien

ISBN 978-3-658-11216-5   ISBN 978-3-658-11217-2 (eBook)
DOI 10.1007/978-3-658-11217-2

Die Deutsche Nationalbibliothek verzeichnet diese Publikation in der Deutschen Nationalbibliografie;
detaillierte bibliografische Daten sind im Internet über http://dnb.d-nb.de abrufbar.

Springer Spektrum
© Springer Fachmedien Wiesbaden 2009, 2016

Planung: Ulrike Schmickler-Hirzebruch

Gedruckt auf säurefreiem und chlorfrei gebleichtem Papier.

Springer Fachmedien Wiesbaden GmbH ist Teil der Fachverlagsgruppe Springer Science+Business Media
(www.springer.com)

Für Lars, Emma und Torben

Vorwort zur zweiten Auflage

Diese zweite Auflage unterscheidet sich von der ersten hauptsächlich durch die Korrektur von kleinen Fehlern. Wir bedanken uns bei allen, die uns auf solche hingewiesen haben, vor allem bei Jörn Peter und Dierk Schleicher, und wir bitten um Verzeihung für jene Ungenauigkeiten, die uns bei der Revision mit Sicherheit noch entgangen sind. Für Hinweise auf Fehler oder veraltete Informationen sind wir weiterhin dankbar.

Die einzige größere Veränderung haben wir in Kapitel 1 vorgenommen: Dort haben wir den Beweis des Fundamentalsatz der Arithmetik vorgezogen, weil uns das im Nachhinein als natürlicher erschien und besser mit dem Vorgehen in Kapitel 3 harmoniert. Außerdem waren im Anhang, aufgrund spannender neuer Entwicklungen in der Zahlentheorie in den letzten Jahren, einige Aktualisierungen erforderlich!

Lasse Rempe-Gillen und Rebecca Waldecker
Sommer 2015

Vorwort zur ersten Auflage

„Forschung in der Mathematik – wie geht das denn?" Mit dieser Frage werden wir in Gesprächen häufig konfrontiert. Dass in Physik, Chemie, Biologie und weiteren Wissenschaften noch viele Fragen ungelöst sind, ist wohl weithin bekannt. Aber dass dies auch in der Mathematik der Fall ist, scheint selbst mathematikinteressierten Menschen kaum bewusst zu sein.

Das hängt einerseits mit dem Bild der Mathematik in der Gesellschaft zusammen, andererseits aber auch mit der Natur der modernen Mathematik selbst. Etwa besteht eine Schwierigkeit darin, dass aktuelle mathematische Fragestellungen und Ergebnisse für Nichtexperten meist nicht zugänglich sind. Selbst für uns als Mathematiker sind Forschungsergebnisse, welche nicht in unsere Spezialgebiete fallen, kaum zu erschließen. Natürlich gibt es Ausnahmen zu dieser Regel, wie zum Beispiel den in den 1990er Jahren von Andrew Wiles bewiesenen **großen Satz von Fermat**, dessen Formulierung an Einfachheit kaum zu übertreffen ist[1]. Doch gerade in diesem Fall ist der Beweis außerordentlich lang und schwierig, und nur wenige Experten weltweit sind wirklich in der Lage, ihn vollständig zu verstehen.

Im Sommer des Jahres 2002 gelang dem indischen Informatik-Professor Manindra Agrawal, gemeinsam mit seinen Studenten Neeraj Kayal und Nitin Saxena, ein Durchbruch im Gebiet der **algorithmischen Zahlentheorie**: Die drei Wissenschaftler beschrieben ein **effizientes** und **deterministisches** Verfahren, um festzustellen, ob eine gegebene natürliche Zahl eine Primzahl ist. (Die Bedeutung dieser Begriffe werden wir im Laufe dieses Buches erklären.) Besonders bemerkenswert an dieser Arbeit ist, dass sie trotz ihrer Bedeutung nur elementare mathematische Grundkenntnisse erfordert, welche Studenten der Mathematik oder Informatik üblicherweise im Grundstudium erwerben. Zusätzlich betrifft dieses Resultat einen Bereich der Mathematik, dessen Relevanz heute aufgrund der Anwendung von Verschlüsselungsverfahren im Internet (von „eBay" bis zum Online-Banking) unbestritten ist.

Diese Konstellation empfanden wir als einzigartigen Glücksfall, weshalb wir

---

[1] „Ist $n > 2$, so gibt es keine ganzen Zahlen $a, b, c \neq 0$ mit $a^n + b^n = c^n$."

im Sommer 2005 im Rahmen der „Deutschen SchülerAkademie" einen Kurs zu diesem Thema angeboten haben. Dort haben wir über zweieinhalb Wochen hinweg 16 hochmotivierte Oberstufenschüler auf dem Weg von den Grundlagen bis zum Verständnis dieses aktuellen mathematischen Ergebnisses begleitet. Der Spaß, den die Teilnehmenden dabei hatten, und der Enthusiasmus, den sie an den Tag legten, motivierten uns, das vorliegende Buch zum selben Thema zu schreiben. Ein großer Teil des Manuskripts enstand daher zeitnah zur Schülerakademie, von November 2005 bis April 2007, und orientiert sich am Aufbau des Kurses. Wir danken Frau Schmickler-Hirzebruch vom Verlag Vieweg+Teubner für die reibungslose Zusammenarbeit und Helena Mihaljević-Brandt, Katharina Radermacher, Stefanie Söllner und Yasin Zähringer für ihre Hilfe beim Korrekturlesen. Ganz besonderer Dank gilt „unseren" DSA-Kursteilnehmenden: Andreas, Christin, Coline, Ina, Fabian, Feliks, Haakon, Johannes, Katharina, Kerstin, Hinnerk, Martin und Martin, Tabea, Yasin und Yvonne – ihr wart ein wunderbarer Kurs! Ohne euch wäre dieses Büchlein nie enstanden!

Lasse Rempe und Rebecca Waldecker
Sommer 2009

Inhalt

Einleitung

Die meisten von uns lernen in der Schule, was eine Primzahl ist: eine Zahl, welche genau zwei Teiler besitzt, nämlich 1 und sich selbst. Des Weiteren hören wir, dass jede natürliche Zahl in ihre Primzahlfaktoren zerlegt werden kann – zum Beispiel ist $2009 = 7 \cdot 7 \cdot 41$, und sowohl 7 als auch 41 sind Primzahlen. Was aber in der Schule eher nicht deutlich wird, ist, dass dies nur der Anfang einer mehrere tausend Jahre alten Geschichte ist, in der Mathematikerinnen[2] im Gebiet der „Zahlentheorie" den Geheimnissen der Primzahlen auf den Leib zu rücken versuchten. Und nach wie vor gibt es in diesem Zusammenhang Probleme, die weit von einer Lösung entfernt sind! (Einige offene Fragen finden sich im Anhang.)

In der Regel ist uns auch nicht bewusst, dass wir im täglichen Leben heute nahezu ständig mit Primzahlen umgehen. Noch im Jahr 1940 schrieb der englische Mathematiker Hardy in seinem Buch „A mathematician's apology" [Har], dass die Zahlentheorie keine vorstellbaren praktischen Anwendungen hätte, sondern es verdiene, allein wegen ihrer Schönheit studiert zu werden. In der zweiten Hälfte des zwanzigsten Jahrhunderts aber gewann die Frage nach sicheren elektronischen Kommunikationsmethoden aufgrund von Fortschritten in der Computertechnik stark an Bedeutung. Während dieser Entwicklung zeigte sich, dass Hardy der Zahlentheorie nicht in ihrer Schönheit, wohl aber in ihrer Anwendbarkeit Unrecht getan hatte. Die Informatiker Rivest, Shamir und Adleman entwickelten 1977 das heute nach ihnen benannte **RSA-Verfahren** zur sicheren Übertragung von Nachrichten, zu welchen außer Senderin und Empfängerin niemand Zugang haben sollte. Es ist heute Grundlage aller gängigen Verschlüsselungsmethoden, z.B. bei Kreditkartentransaktionen im Internet oder beim Online-Banking.

Das RSA-Verfahren werden wir in Abschnitt 4.2 genau untersuchen – die Grundidee liegt im folgenden, zunächst sehr überraschenden Prinzip:

> Es ist (vergleichsweise) **einfach**, einer Zahl anzusehen, ob sie eine Primzahl ist. Ist sie aber keine, so ist es **schwierig**, ihre Primfaktoren tatsächlich zu bestimmen.

---

[2]Wir verwenden standardmäßig die weibliche Form, schreiben also z.B. „Leserinnen", wenn wir „Leserinnen und Leser" meinen.

RSA-2048 = 25195908475657893494027183240048398571429282126204
           03202777713783604366202070759555626401852588078440
           69182906412495150821892985591491761845028084891200
           72844992687392807287776735971418347270261896375014
           97182469116507761337985909570009733045974880842840
           17974291006424586918171951187461215151726546322822
           16869987549182422433637259085141865462043576798423
           38718477444792073993423658482382428119816381501067
           48104516603773060562016196762561338441436038339044
           14952634432190114657544454178424020924616515723350
           77870774981712577246796292638635637328991215483143
           81678998850404453640235273819513786365643912120103
           97122822120720357

Abbildung 1. Für das Auffinden der Primfaktoren der Zahl „RSA-2048" war bis 2007 ein Preis von 200 000 US-Dollar ausgeschrieben. Bis heute ist keine Faktorisierung bekannt.

Angesichts des in der Schule vermittelten Wissens über Primzahlen ist das eine erstaunliche Behauptung. Zum Beispiel können wir doch mit Hilfe des jahrtausendealten „Siebs des Eratosthenes" (siehe Abschnitt 1.5) feststellen, ob eine gegebene Zahl prim ist; falls das nicht der Fall ist, erhalten wir damit auch gleich eine Liste ihrer Primfaktoren.

Wer allerdings das Sieb des Eratosthenes einmal zum Auffinden etwa aller Primzahlen unter 400 verwendet hat, dem leuchtet ein, dass dieses Verfahren für Zahlen mit mehreren hundert oder gar tausend Stellen – und solche werden in der Kryptographie tatsächlich verwendet – selbst für moderne Computer nicht praktikabel ist. Um die Forschung in diesem Gebiet voranzutreiben, gab es zwischen 1991 und 2007 eine wahre Herausforderung für Experten und Knobler auf der ganzen Welt: die Factoring Challenge der RSA Laboratories. Veröffentlicht wurde eine Liste sogenannter RSA-Zahlen (Produkte zweier verschiedener, extrem großer Primzahlen), mit dem Aufruf, sie zu faktorisieren. Für manche Zahlen wurden bei erfolgreicher Faktorisierung sogar hohe Preisgelder gezahlt. Dass die offizielle Herausforderung beendet ist, heißt übrigens nicht, dass alle Faktorisierungen gefunden wurden!

Warum sollte aber – wie oben behauptet – das Erkennen von Primzahlen einfacher sein als das Auffinden von Primfaktoren? Der Schlüssel ist, Eigenschaften von Primzahlen zu finden, die eben nicht auf das Auffinden von Faktoren oder Ähnliches hinauslaufen, sondern die mit weniger Aufwand überprüfbar sind.

Bereits 1640 wurde von Fermat eine Eigenschaft von Primzahlen formuliert, die leicht testbar ist. In den 1970er Jahren wurde dann eine Verfeinerung dieser Eigenschaft von den Informatikern Miller und Rabin in einen praxistauglichen Primzahltest umgewandelt, welcher heute die Basis der Verschlüsselung mit Hilfe des RSA-Verfahrens darstellt. Nebenbei bemerkt ist das ein Beispiel dafür, dass auch aus mathematischen Theorien, welche nicht im Hinblick auf Anwendbarkeit entwickelt wurden, im Nachhinein praktischer Nutzen gezogen werden kann.

Auch wenn die Relevanz der im zwanzigsten Jahrhundert entdeckten Verfahren zur Primzahlerkennung für die Praxis außer Frage steht, haben sie eine aus theoretischer Sicht etwas unbefriedigende Eigenschaft – sie sind **randomisiert**, d.h. ihre Ausführung basiert auf der zufälligen Auswahl gewisser Parameter. Daher besteht auch eine (geringe) Chance, dass die Ausführung nicht in befriedigender Zeit ein korrektes Ergebnis liefert. Da erreicht werden kann, dass diese „Fehlerwahrscheinlichkeit" verschwindend gering ist, hat dies für die Praxis keine ernsthaften Auswirkungen. Es wirft aber die Frage auf, ob Randomisierung wirklich notwendig ist oder ob es auch ein effizientes Verfahren der Primzahlerkennung geben könnte, welches **deterministisch** ist, also ohne die Verwendung von Zufallszahlen auskommt.

Dieses Problem blieb über Jahrzehnte ungelöst, bis im Jahr 2002 die indischen Informatiker Agrawal, Kayal und Saxena eine elegante Lösung vorlegten. Wegen der grundlegenden Bedeutung des Resultats und der elementaren Natur der Lösung stieß dieses Ergebnis quer durch die Mathematik auf große Beachtung. In den *Mitteilungen der Deutschen Mathematiker-Vereinigung* wurde die Arbeit dementsprechend noch im selben Jahr in einem Artikel von Folkmar Bornemann als „Durchbruch für Jedermann" gefeiert [Bo]. Im Jahr 2004 wurde sie in den „Annals of Mathematics" veröffentlicht [AKS], der renommiertesten Fachzeitschrift für Mathematik.

Das Ziel des vorliegenden Buches ist es, den Beweis des Resultats von Agrawal, Kayal und Saxena vollständig darzustellen, ohne von der Leserin Vorwissen zu erwarten, welches über allgemeine Rechenkenntnisse und die Fähigkeit und Bereitschaft zum logischen Denken hinausgeht. Dabei werden wir naturgemäß die mathematischen und informatischen Hintergründe entwickeln, die für das Verständnis des Beweises und seiner mathematischen Bedeutung vonnöten sind. Wir hoffen, dass die Lektüre zugleich einen Eindruck von der Schönheit der behandelten Methoden vermitteln kann und davon, wie viele Fragen trotz aller Fortschritte noch offen sind.

Über dieses Buch

Dieses Buch richtet sich an interessierte Schülerinnen und Lehrerinnen, aber auch an Mathematik- und Informatik-Studierende (für die es schon im Grundstudium zugänglich ist). Es eignet sich etwa zur Begleitung eines intensiven Sommerkurses für Schülerinnen oder eines (Pro-)Seminars während des Studiums.

Es ist dabei nicht unsere Absicht, vor allem eine Einführung in die Zahlentheorie oder Algorithmik zu geben. Derartiger Bücher gibt es viele – in den Literaturangaben zu den einzelnen Kapiteln wird die Leserin einige dieser Texte wiederfinden – und wir könnten ihnen nicht viel hinzufügen. Andererseits ist unser Buch auch keine mathematische Forschungsarbeit; es ist weder von noch für Experten geschrieben. Mathematikerinnen oder Informatikerinnen mit einem soliden Grundwissen, die sich für die Arbeit von Agrawal, Kayal und Saxena interessieren, werden im Original-Artikel oder in anderen Quellen (wie dem für eine fortgeschrittenere Zielgruppe geschriebenen Buch „Primality Testing in Polynomial Time" von Dietzfelbinger [Dtz]) ein angemesseneres Schritttempo vorfinden.

Unsere Absicht ist, über das gesamte Buch das eigentliche Ziel – die Behandlung des Algorithmus von Agrawal, Kayal und Saxena („AKS-Algorithmus") – im Auge zu behalten und genau jene Konzepte zu behandeln, welche als Hintergrund erforderlich sind. Gleichzeitig führen wir die Leserin behutsam in die Welt der mathematischen Beweisführung ein. Unseres Wissens nach unterscheidet sich unser Text in dieser vollständigen Behandlung eines aktuellen mathematischen Ergebnisses grundlegend von anderen Büchern mit derselben Zielgruppe.

Der erste Teil des Buches dient hauptsächlich der Einführung in die Zahlen- und Algorithmentheorie, soweit das für den AKS-Algorithmus erforderlich ist. Wir geben außerdem einen kurzen historischen und mathematischen Einblick in das Gebiet der Kryptographie. Insgesamt haben wir uns in Inhalt und Reihenfolge stark an den entsprechenden Vorbereitungen in unserem Kurs bei der Deutschen SchülerAkademie orientiert, auch was die Ausführlichkeit betrifft.

Im zweiten Teil stellen wir dann im Wesentlichen den Inhalt der AKS-Arbeit dar – dabei können wir mathematisch auf den ersten Teil zurückgreifen und uns weitere „Zutaten" zu gegebener Zeit erarbeiten. Hier ist es uns wichtig, die zugrundeliegenden Ideen zu erläutern und gleichzeitig den Beweis korrekt und ausführlich darzustellen. Leserinnen mit soliden Grundkenntnissen können den ersten Teil überspringen, sich gleich am AKS-Algorithmus versuchen und gegebenenfalls zurückblättern.

Zahlreiche Aufgaben und Bemerkungen sollen die Lektüre vertiefen. Dabei sind die Aufgaben nicht nur dazu gedacht, zu überprüfen, ob man die neuen Ideen verstanden hat, sondern sollen eine generelle Einladung zum „Lernen durch Selbermachen" sein. Unserer Meinung nach begreift man Mathematik so am besten. Und man weiß eine ansonsten ganz natürlich erscheinende Idee viel mehr zu schätzen, wenn man sie nach eventuell tagelangem Überlegen selbst gefunden hat! Wir haben die Aufgaben absichtlich nicht nach Schwierigkeit geordnet und diejenigen, die den Einsatz eines Computers erfordern, mit (P) gekennzeichnet. Falls eine Aufgabe später im Text verwendet wird, versehen wir sie mit einem (!). Am Ende eines Abschnittes gibt es meist weiterführende (evtl. schwierigere) Übungen und Anmerkungen. Wir möchten damit interessierte Leserinnen einladen, sich das jeweilige Thema weiter zu erschließen – sie können aber beim ersten Lesen getrost übersprungen werden. Im Anhang befinden sich ein Abschnitt über offene Probleme im Zusammenhang mit Primzahlen sowie Lösungen und Hinweise zu den mit (!) gekennzeichneten Übungsaufgaben. Vollständige Aufgabenlösungen sind auf der Internetseite

http://www.springer.com/de/book/9783658112165

zu finden. Wir freuen uns über Hinweise auf Fehler (selbst, wenn es nur Tippfehler sind) und über Fragen und Verbesserungsvorschläge!

Beweise

Der „Beweis" ist ein zentrales Konzept der Mathematik. Er dient dazu, die Wahrheit einer mathematischen Behauptung nachzuweisen und sie damit über jeden Zweifel zu erheben. In einem Beweis machen wir eine Reihe logischer Schlüsse, eventuell unter Verwendung schon bekannter Ergebnisse, um aus den gegebenen Voraussetzungen die gewünschte Aussage zu folgern. In der Schule werden Beweise manchmal etwas stiefmütterlich behandelt und erscheinen dann oft mysteriös und unverständlich.

Im Wort „Beweis" steckt aber auch „weisen"; daher kann man einen Beweis als den Versuch verstehen, der Leserin einen Weg zu weisen, wie sie das Resultat einsehen kann. Das ist es, was wir mit den Beweisen in unserem Buch erreichen möchten. Ausgehend nur von elementaren, aus der Schule bekannten Rechenregeln leiten wir im Laufe des Buches die notwendigen Grundlagen her, um schließlich das Resultat von Agrawal, Kayal und Saxena beweisen zu können. Dabei bemühen wir uns stets, die Ideen klar herauszuarbeiten und die einzelnen logischen Schritte sehr deutlich zu machen. Aus diesem Grund verzichten wir manchmal auf die mathematisch elegantesten und kürzesten Argumente, um stattdessen eine tiefere Einsicht in das Ergebnis zu ermöglichen.

Wir hoffen, dass die Leserin sich im Laufe der Lektüre nicht nur an das Prinzip der mathematischen Beweisführung gewöhnt, sondern sie dann auch in der Lage ist, einfache Ergebnisse selbst herzuleiten. In späteren Kapiteln verlagern wir daher einzelne Beweisschritte gern in die Aufgaben – mit großzügigen Hinweisen.

Sätze, Hilfssätze und Definitionen

Der Begriff **Satz** bezeichnet in der Mathematik eine bewiesene Aussage. Um dabei schwierigere und tieferliegende Resultate von Hilfs- oder Zwischenergebnissen zu unterscheiden, werden letztere als **Hilfssätze** (oder auch „Lemmata") bezeichnet. In welche der beiden Kategorien wir eine gegebene Aussage einordnen, kann allerdings vom persönlichen Geschmack abhängen.

Ergebnisse, die auf einfache Art und Weise aus einem zuvor bewiesenen Satz folgen, werden wir naturgemäß als **Folgerungen** bezeichnen. Die Einführung einer mathematischen Schreibweise oder eines neuen Konzeptes wird **Definition** genannt.

Der Einfachheit halber sind Sätze, Hilfssätze, Definitionen, Aufgaben etc. in jedem Abschnitt durchgehend numeriert.

Mathematische Schreibweisen

Aus der Schule kennen wir die folgenden Zahlbereiche:

- die natürlichen Zahlen $\mathbb{N} = \{1, 2, 3, 4, \dots\}$;

- die ganzen Zahlen $\mathbb{Z} = \{\dots, -2, -1, 0, 1, 2, \dots\}$;

- die rationalen Zahlen (Brüche) $\mathbb{Q} = \left\{\dfrac{p}{q} : p, q \in \mathbb{Z}, q \neq 0\right\}$;

- die reellen Zahlen $\mathbb{R}$.

Sind a und b Zahlen aus einem dieser Zahlbereiche, so schreiben wir $a \leq b$ bzw. $a < b$ für „a ist kleiner als b oder $a = b$" bzw. „a ist echt kleiner als b". Analog definieren wir $a \geq b$ und $a > b$.

Wir weisen ausdrücklich darauf hin, dass $\mathbb{N}$ nach unserer Konvention die Null nicht enthält. (Darüber besteht in der Mathematik keinerlei Konsens.) Wir definieren daher zusätzlich die Menge

$$\mathbb{N}_0 := \{a \in \mathbb{Z} : a \geq 0\}. \tag{$*$}$$

Das Symbol := bedeutet dabei „definitionsgemäß gleich". Es wird benutzt, um eine Abkürzung bzw. Bezeichnung einzuführen, und *nicht*, um eine Gleichheit zu behaupten. (Wir lesen $(*)$ also als „$\mathbb{N}_0$ bezeichne die Menge aller nicht-negativen ganzen Zahlen".) Allgemeiner schreiben wir

$$\{x \in M : x \text{ hat die Eigenschaft } \dots\}$$

für die Menge aller Elemente von M, welche die angegebene Eigenschaft besitzen.

Grundsätzlich verwenden wir Bezeichnungen der Mengenlehre, die aus der Schule bekannt sind und betrachten dabei fast ausschließlich Mengen von Zahlen. Ist M eine Menge, so schreiben wir $x \in M$ für „x ist ein Element der Menge M". Umgekehrt bedeutet $y \notin M$, dass y *nicht* in M liegt. Eine Menge N ist eine

Teilmenge der Menge M, falls jedes Element von N auch ein Element von M ist; in diesem Fall schreiben wir $N \subseteq M$. Zum Beispiel gilt

$$\mathbb{N} \subseteq \mathbb{N}_0 \subseteq \mathbb{Z} \subseteq \mathbb{Q} \subseteq \mathbb{R}.$$

Nach Definition ist M selbst eine Teilmenge von M. Ist $N \subseteq M$ und $N \neq M$, so heißt N eine **echte Teilmenge** von M, und wir schreiben $N \subsetneq M$. Das Symbol $\emptyset$ steht für die leere Menge. Mit $\#M$ bezeichnen wir die Anzahl der Elemente in M, zum Beispiel ist $\#\{2, 4, 6, 8, 10\} = 5$ und $\#\mathbb{N} = \infty$. (Das Zeichen ∞ heißt wie üblich „unendlich").

Wir halten uns an die Standardnotation aus der Schule für Addition, Subtraktion, Multiplikation und Division sowie für die Darstellung von Potenzen. Gelegentlich lassen wir den Punkt bei der Multiplikation weg, z.B. $3x$ anstelle von $3 \cdot x$. Elementare Rechenregeln, wie z.B. das Distributivgesetz, werden ohne weitere Verweise benutzt.

Sind $x_1, \ldots, x_n$ Zahlen, so verwenden wir die übliche Summen- und Produktschreibweise:

$$\sum_{i=1}^{n} x_i = x_1 + x_2 + \cdots + x_n; \quad \prod_{i=1}^{n} x_i = x_1 \cdot x_2 \cdots x_n.$$

Zum Beispiel ist $\sum_{i=1}^{n} i = 1 + 2 + \cdots + n$ und $\sum_{i=1}^{n} \frac{1}{i} = \frac{1}{1} + \frac{1}{2} + \cdots + \frac{1}{n}$.

Für jede natürliche Zahl n ist $n!$ („n Fakultät") definiert durch

$$n! := \prod_{i=1}^{n} i \quad \left(= 1 \cdot 2 \cdots (n-1) \cdot n \right).$$

Es ist also etwa $1! = 1$, $3! = 6$ und $5! = 120$. Außerdem setzen wir $0! := 1$.

Wir erinnern an die Potenzregeln: Sind $a, b > 0$ und $x, y \in \mathbb{R}$, so gilt

$$a^x \cdot a^y = a^{x+y}, \quad (ab)^x = a^x \cdot b^x \quad \text{und} \quad (a^x)^y = a^{x \cdot y}.$$

Anstelle von $a^{(x^y)}$ schreiben wir a^{x^y}. Im Allgemeinen ist das *nicht* dasselbe wie $(a^x)^y$, zum Beispiel gilt $2^{3^2} = 512$ und $(2^3)^2 = 64$. Definitionsgemäß ist $a^0 = 1$. Wir sagen, dass eine natürliche Zahl n eine **echte Potenz** von $a \in \mathbb{N}$ ist, falls es ein $b \in \mathbb{N}$ gibt mit $b \geq 2$ und $n = a^b$.

Den Logarithmus der Zahl x zur Basis 2 bezeichnen wir mit $\log x$, d.h. $\log x$ ist diejenige Zahl ℓ mit der Eigenschaft $2^\ell = x$, etwa $\log 2 = 1$ und $\log 8 = 3$. Ab und zu verwenden wir auch den **natürlichen Logarithmus** $\ln x$, also den Logarithmus zur Basis e, wobei e die Eulersche Konstante ist. D.h. $\ln x$ ist diejenige Zahl ℓ mit der Eigenschaft $e^\ell = x$.

Mit „$f : \mathbb{N} \to \mathbb{R}$" meinen wir „$f$ ist eine Funktion von $\mathbb{N}$ nach $\mathbb{R}$". Das bedeutet, dass f jedem $n \in \mathbb{N}$ eine reelle Zahl, $f(n)$ genannt, zuordnet. Zum Beispiel definiert $f(n) := \log n$ eine Funktion von $\mathbb{N}$ nach $\mathbb{R}$.

Ist $x \in \mathbb{R}$, so schreiben wir $|x|$ für den **Betrag** von x. (Also $|x| = x$ für $x \geq 0$ und andernfalls $|x| = -x$.) Wir bezeichnen außerdem mit $\lfloor x \rfloor$ die größte ganze Zahl n mit $n \leq x$. Zum Beispiel ist $\lfloor \frac{3}{2} \rfloor = 1$. Analog steht $\lceil x \rceil$ für die kleinste ganze Zahl n mit $n \geq x$. (Siehe Aufgabe 1.1.7.)

Alle weiteren Begriffe und Schreibweisen werden zu gegebener Zeit eingeführt und mit Beispielen versehen – wir verweisen auch auf den Index und das Notationsverzeichnis am Ende des Buches.

Teil I

Grundlagen

Kapitel 1

Natürliche Zahlen und Primzahlen

Im ganzen Buch beschäftigen wir uns mit natürlichen Zahlen und der Frage, welche natürlichen Zahlen Primzahlen sind und welche nicht. Daher beginnen wir damit, uns an einige ihrer grundlegenden Eigenschaften zu erinnern und diese sorgfältig herzuleiten.

Zunächst behandeln wir das Prinzip der vollständigen Induktion und definieren Teilbarkeit. Auf dieser Basis können wir den Euklidischen Algorithmus erarbeiten und anwenden und schließlich beweisen, dass jede natürliche Zahl sich eindeutig als Produkt von Primzahlpotenzen schreiben lässt („Fundamentalsatz der Arithmetik"). Gegen Ende dieses ersten Kapitels betrachten wir den ältesten bekannten Primzahltest – das sogenannte Sieb des Eratosthenes – und zeigen, dass es unendlich viele Primzahlen gibt.

1.1 Die natürlichen Zahlen

Wir haben ein intuitives Verständnis dafür, was natürliche Zahlen sind – vielleicht abgesehen von der Frage, ob die Zahl 0 dazugehört oder nicht. Von diesem Standpunkt aus möchten wir nun einige wichtige Eigenschaften besprechen, welche die natürlichen Zahlen von den anderen Zahlbereichen unterscheiden.

Die Zahlen in $\mathbb{N}$ stellen wir uns dabei vor als diejenigen, die wir ganz naiv zum Zählen benötigen – das heißt, wann immer wir Objekte zählen, soll ihre Anzahl ein Element von $\mathbb{N}$ sein. Da Zählen erst dann sinnvoll ist, wenn etwas zum Zählen da ist, gehört für uns vor diesem Hintergrund 0 *nicht* zu $\mathbb{N}$. Die erste bzw. kleinste natürliche Zahl ist demnach 1.

Wenn wir $\mathbb{N}$ mit anderen Zahlbereichen vergleichen, fallen uns zunächst viele Dinge auf, die in den natürlichen Zahlen *nicht* möglich sind. Wir können sie nicht beliebig voneinander subtrahieren, sie nicht beliebig durcheinander teilen und erst recht keine beliebigen Wurzeln ziehen. Diesen Defekten steht aber eine Eigenschaft gegenüber, die $\mathbb{N}$ den anderen Zahlbereichen voraus hat und die viele nützliche Konsequenzen hat: das „Wohlordnungsprinzip".

1.1.1. Wohlordnungsprinzip.
Jede nicht-leere Teilmenge von $\mathbb{N}$ enthält ein kleinstes Element.

Wir sehen sofort, dass das Wohlordnungsprinzip für $\mathbb{Z}$, $\mathbb{Q}$ und $\mathbb{R}$ nicht gilt. Ist nämlich a eine beliebige ganze Zahl, so ist $a - 1$ eine ganze Zahl mit $a - 1 < a$; also besitzt $\mathbb{Z}$ kein kleinstes Element. Allerdings gilt das Wohlordnungsprinzip für *nach unten beschränkte* Teilmengen von $\mathbb{Z}$; siehe Aufgabe 1.1.7. Von dieser Tatsache werden wir häufig Gebrauch machen.

Umgekehrt ist das Prinzip für die natürlichen Zahlen sofort intuitiv einsichtig. Ist nämlich A eine nicht-leere Teilmenge von $\mathbb{N}$, so enthält A ja irgendein Element $n_0 \in A$. Ist n_0 nicht kleinstes Element von A, so gibt es ein weiteres Element $n_1 \in A$ mit $n_1 < n_0$. Ist n_1 nicht kleinstes Element von A, so gibt es ein noch kleineres Element n_2, und so weiter. Nun gibt es aber nur $n_0 - 1$ natürliche Zahlen, die kleiner als n_0 sind, also muss dieser Prozess zwangsläufig irgendwann ein Ende finden und wir ein kleinstes Element von A erhalten.

Das ist streng genommen kein Beweis – einen solchen können wir nicht führen, da wir keine formale Definition der natürlichen Zahlen aufgestellt haben. Stattdessen setzen wir das Wohlordnungsprinzip als „Axiom" voraus, also als einleuchtenden Grundsatz, welchen wir ohne Beweis als wahr annehmen. (Siehe aber auch Aufgabe 1.1.18.)

Das Prinzip des kleinsten Verbrechers

Das Wohlordnungsprinzip ist unter anderem deshalb sehr nützlich, weil es uns ein Werkzeug in die Hand gibt, um Aussagen für alle Zahlen aus $\mathbb{N}$ zu beweisen. Im nächsten Satz illustrieren wir diese Idee. (Zum Namen siehe Anmerkung 1.1.15.)

1.1.2. Satz (Irrationalität von $\sqrt{2}$).
Es sei n eine natürliche Zahl. Dann gibt es keine natürliche Zahl m mit $2m^2 = n^2$.

Beweis. Wir nehmen an, die Aussage sei falsch, d.h. es gebe natürliche Zahlen n und m mit $2m^2 = n^2$, und führen das zum Widerspruch. Nach unserer Annahme ist die Menge

$$A := \{n \in \mathbb{N} :\ \text{es gibt ein } m \in \mathbb{N} \text{ mit } 2m^2 = n^2\}$$

nicht leer, sie hat also aufgrund des Wohlordnungsprinzips ein kleinstes Element n_0. Nach Definition von A gibt es daher ein $m_0 \in \mathbb{N}$ mit $2m_0^2 = n_0^2$; insbesondere ist n_0^2 eine gerade Zahl. Wegen $1 < 2$ ist außerdem $m_0 < n_0$.

Das Quadrat einer ungeraden Zahl ist nie gerade (siehe Aufgabe 1.1.6), also ist auch n_0 selbst gerade. Deshalb ist $n_0 = 2n'$ für ein geeignetes $n' \in \mathbb{N}$. Nun gilt

$$2m_0^2 = n_0^2 = (2n')^2 = 4n'^2,$$

und damit ist $m_0^2 = 2n'^2$. Also ist $m_0 \in A$. Das ist der gewünschte Widerspruch, da $m_0 < n_0$ ist und n_0 als kleinstes Element von A gewählt war. ∎

Die Grundidee des vorangehenden Beweises wird als das Beweisprinzip des **unendlichen Abstiegs** oder auch das **Prinzip des kleinsten Verbrechers** bezeichnet. Wir nehmen dabei an, dass es eine natürliche Zahl gibt, für die die betrachtete Aussage falsch ist. Nach dem Wohlordnungsprinzip gibt es dann einen „kleinsten Verbrecher", also eine kleinste Zahl, die unsere Aussage verletzt. Können wir folgern, dass es einen noch kleineren „Verbrecher" geben muss, so erhalten wir einen Widerspruch.

Vollständige Induktion

Das Prinzip des kleinsten Verbrechers ist eng verwandt mit dem Beweisprinzip der **vollständigen Induktion**. Der folgende Satz formuliert dieses Prinzip allgemein; weiter unten führen wir es dann an einem Beispiel vor.

1.1.3. Satz (Vollständige Induktion).
Es sei $M \subseteq \mathbb{N}$ eine Menge natürlicher Zahlen. Ferner gelte:

(a) Die Zahl 1 ist ein Element von M, und

(b) ist n eine natürliche Zahl mit $n \in M$, so ist auch der Nachfolger $n + 1$ ein Element von M.

Dann ist $M = \mathbb{N}$, d.h. jede natürliche Zahl liegt in M.

Beweis. Wir nehmen $M \neq \mathbb{N}$ an und leiten mit Hilfe des Prinzips des kleinsten Verbrechers einen Widerspruch her. Das Komplement $A := \{n \in \mathbb{N} : n \notin M\}$ von M ist dann nämlich eine nicht-leere Menge natürlicher Zahlen und besitzt nach dem Wohlordnungsprinzip ein kleinstes Element n_0. Mit Voraussetzung (a) ist $1 \notin A$, also insbesondere $n_0 \neq 1$. Daher ist auch $m := n_0 - 1$ eine natürliche Zahl. Da n_0 das kleinste Element von A ist, ist m kein Element von A, also $m \in M$. Laut Voraussetzung (b) ist dann aber auch $m + 1 = n_0$ ein Element von M, und das ist ein Widerspruch. ∎

Anschaulich können wir uns zur Erklärung des Induktionsprinzips eine (unendliche) Reihe von Dominosteinen vorstellen. Stoßen wir den ersten Dominostein an, und sind die Steine so aufgestellt, dass jeder beim Umfallen den nächsten anstößt, so besagt das Prinzip der vollständigen Induktion, dass dann jeder der Dominosteine irgendwann umfällt. Das entspricht sicherlich unserer Intuition!

Um durch vollständige Induktion eine Aussage über natürliche Zahlen zu beweisen, müssen wir Folgendes zeigen:

- Die Aussage ist für die Zahl 1 erfüllt (**Induktionsanfang**), und

- gilt sie für eine natürliche Zahl n, so auch für $n + 1$ (**Induktionsschritt**).

Dann folgt aus Satz 1.1.3, dass die Aussage für jede natürliche Zahl n erfüllt ist.

1.1.4. Beispiel. Wir zeigen: Für alle natürlichen Zahlen n ist $n^3 - n$ ein Vielfaches von 3. (Das heißt, es gibt ein $m \in \mathbb{Z}$ mit $n^3 - n = 3m$.)

Beweis. Es gilt
$$1^3 - 1 = 1 - 1 = 0 = 3 \cdot 0,$$
die Behauptung ist also im Fall $n = 1$ wahr. Dies liefert den Induktionsanfang.

Jetzt nehmen wir uns eine beliebige natürliche Zahl n her, für die die Behauptung stimmt; es sei also $n^3 - n = 3m$ für ein geeignetes $m \in \mathbb{Z}$. Das wird als **Induktionsvoraussetzung** bezeichnet.

Wir müssen nun zeigen, dass die Behauptung auch für $n + 1$ erfüllt ist, also dass $(n + 1)^3 - (n + 1)$ ein Vielfaches von 3 ist. Dazu multiplizieren wir $(n + 1)^3$ aus (siehe auch Satz 1.1.5) und erhalten

$$(n + 1)^3 - (n + 1) = n^3 + 3n^2 + 3n + 1 - n - 1$$
$$= n^3 - n + 3(n^2 + n) = 3m + 3(n^2 + n) = 3(m + n^2 + n).$$

Dabei haben wir in der vorletzten Gleichung die Induktionsvoraussetzung verwendet. Also ist $(n + 1)^3 - (n + 1)$ ein Vielfaches von 3, wie behauptet.

Damit ist die Induktion abgeschlossen, und die Behauptung gilt in der Tat für alle natürlichen Zahlen n.   ∎

Wir möchten noch auf einige Varianten des Induktionsprinzips hinweisen, die wir gelegentlich verwenden.

(a) Manchmal ist es zweckmäßig, den Induktionsschritt nicht von n nach $n + 1$, sondern von $n - 1$ nach n zu vollziehen.

(b) Auch Aussagen, die für alle natürlichen Zahlen ab einer bestimmten Größe gelten, können mit vollständiger Induktion bewiesen werden. Man beginnt dann anstatt mit 1 mit dem kleinsten Element, auf das sich die Aussage bezieht, alles andere ist genau wie oben.

(c) Wenn es zum Beweis einer Aussage für den Nachfolger $n + 1$ von n nicht ausreicht, die Aussage nur für n anzunehmen, sondern sie auch noch für $n - 1$ oder sogar für alle $m \leq n$ benötigt wird, so funktioniert die Induktion trotzdem; siehe Aufgabe 1.1.19. Dementsprechend sieht man den Induktionsschluss oft in der Form „Wir nehmen an, dass die Aussage für alle kleineren Zahlen richtig ist, ...".

Da wir das Verfahren der vollständigen Induktion aus dem Wohlordnungsprinzip abgeleitet haben, lässt sich jeder Beweis durch Induktion auch mit dem Prinzip des kleinsten Verbrechers als Widerspruchsbeweis formulieren (und umgekehrt, siehe Aufgabe 1.1.18). Die vollständige Induktion erlaubt es allerdings, einen **direkten** (widerspruchsfreien) Beweis zu führen, was oft eleganter ist. Wir entscheiden im Folgenden je nach zu beweisender Aussage und auch nach persönlichem Geschmack, welche der beiden Methoden wir verwenden.

Rekursive Definitionen

Mit Hilfe des Induktionsprinzips können wir gewisse Zahlenfolgen $a_1, a_2, a_3, \ldots$ definieren, ohne explizit eine Formel hinzuschreiben. Geben wir nämlich das erste Folgenglied a_1 an und außerdem eine Vorschrift, wie man a_{k+1} aus den Folgengliedern $a_1, \ldots, a_k$ gewinnt, so genügt das, um a_k für alle $k \in \mathbb{N}$ eindeutig zu bestimmen. Dies wird als **rekursive Definition** bezeichnet.

Als Beispiel definieren wir

$$a_1 := 1; \quad a_{k+1} := \frac{1}{1 + a_k}.$$

Mit diesen Informationen können ausgehend von a_1 alle Folgenglieder berechnet werden: $1, \frac{1}{2}, \frac{2}{3}, \frac{3}{5}, \ldots$. Für rekursiv definierte Folgen können wir oft Beweise durch vollständige Induktion führen, auch wenn wir keine explizite Formel für das k-te Folgenglied kennen. Eine wichtige rekursiv definierte Folge natürlicher Zahlen sind die sogenannten **Fibonacci-Zahlen**, gegeben durch

$$f_1 := 1; \quad f_2 := 1; \quad f_k := f_{k_1} + f_{k_2} \text{ für } k \geq 3.$$

Die ersten Folgenglieder sind $1, 1, 2, 3, 5, 8, \ldots$.

Zu guter Letzt erwähnen wir die **Binomialkoeffizienten** aus der Kombinatorik, die an verschiedenen Stellen dieses Buches eine wichtige Rolle spielen. Sind $n, k \geq 0$, so bezeichnet der Binomialkoeffizient $\binom{n}{k}$ die Anzahl der Möglichkeiten, aus n verschiedenen Kugeln ohne Zurücklegen und ohne Beachtung der Reihenfolge genau k Kugeln auszusuchen. (Mit anderen Worten, $\binom{n}{k}$ ist *die Anzahl der k-elementigen Teilmengen von* $\{1, 2, \ldots, n\}$.) Zum Beispiel gibt es beim Lotto genau $\binom{49}{6}$ Möglichkeiten, aus 49 Zahlen 6 verschiedene auszuwählen.

$$1$$
$$1 \quad 1$$
$$1 \quad 2 \quad 1$$
$$1 \quad 3 \quad 3 \quad 1$$
$$1 \quad 4 \quad 6 \quad 4 \quad 1$$
$$1 \quad 5 \quad 10 \quad 10 \quad 5 \quad 1$$
$$1 \quad 6 \quad 15 \quad 20 \quad 15 \quad 6 \quad 1$$

$$\ldots \quad \ldots \quad \ldots \quad \ldots \quad \ldots \quad \ldots \quad \ldots \quad \ldots$$

Abbildung 1.1. Die ersten Zeilen des Pascalschen Dreiecks. Die $(n + 1)$-te Zeile enthält die Binomialkoeffizienten $\binom{n}{0} \ldots, \binom{n}{n}$. Gemäß (1.1) ist jeder Eintrag die Summe der beiden diagonal über ihm stehenden.

Die Binomialkoeffizienten genügen der rekursiven Formel

$$\binom{0}{0} = 1, \quad \binom{0}{k} = 0 \quad \text{für alle } k \neq 0 \quad \text{und} \tag{1.1}$$

$$\binom{n+1}{k} = \binom{n}{k-1} + \binom{n}{k} \quad \text{für alle } n \geq 0 \text{ und } k \in \mathbb{N}.$$

(Siehe Aufgabe 1.1.11.) Dies werden wir im Folgenden als formale (rekursive) Definition der Koeffizienten auffassen. Eine sehr prägnante Art und Weise, die Formel (1.1) graphisch darzustellen, ist das sogenannte *Pascalsche Dreieck* (Abbildung 1.1).

Die Bedeutung der Binomialkoeffizienten liegt unter anderem im *binomischen Lehrsatz* begründet. Sein Beweis gibt uns die Gelegenheit, etwas mehr Routine in der Anwendung vollständiger Induktion zu gewinnen.

1.1.5. Satz (Binomischer Lehrsatz).
Es seien a und b beliebige reelle Zahlen, und es sei $n \geq 0$. Dann gilt

$$(a + b)^n = \sum_{k=0}^{n} \binom{n}{k} a^k b^{n-k}.$$

Bemerkung. Für $n = 2$ erhalten wir die binomische Formel $(a+b)^2 = a^2 + 2ab + b^2$. Den Fall $n = 3$ haben wir in der Form $(n + 1)^3 = n^3 + 3n^2 + 3n + 1$ bereits in Beispiel 1.1.4 verwendet.

Beweis (des binomischen Lehrsatzes). Wir argumentieren mit vollständiger Induktion. Für $n = 0$ gilt $(a + b)^n = 1$ und

$$\sum_{k=0}^{n} \binom{n}{k} a^k b^{n-k} = \binom{0}{0} a^0 b^0 = 1,$$

also ist die Behauptung in diesem Fall richtig. Damit ist der Induktionsanfang vollbracht.

Nun gelte die Behauptung für n; wir müssen zeigen, dass sie dann auch für $n + 1$ erfüllt ist. Wir haben

$$(a + b)^{n+1} = (a + b) \cdot (a + b)^n$$

$$= (a + b) \sum_{k=0}^{n} \binom{n}{k} a^k b^{n-k} \qquad \text{(Induktionsvoraussetzung.)}$$

$$= \sum_{k=0}^{n} \binom{n}{k} a^{k+1} b^{n-k} + \sum_{k=0}^{n} \binom{n}{k} a^k b^{n+1-k}. \qquad \text{(Wir multiplizieren aus.)}$$

Substituieren wir in der ersten Summe $j = k + 1$ und in der zweiten Summe $j = k$, so erhalten wir

$$(a + b)^{n+1} = \sum_{j=1}^{n+1} \binom{n}{j-1} a^j b^{n+1-j} + \sum_{j=0}^{n} \binom{n}{j} a^j b^{n+1-j}.$$

(Wir erinnern daran, dass die Summenschreibweise nur eine Abkürzung ist und es deshalb egal ist, welchen Namen wir der Summierungsvariablen geben!)

Lösen wir den letzten Term der ersten Summe und den ersten Term der zweiten Summe heraus, so können wir die beiden Restsummen zusammenfassen. Es gilt nach Definition $\binom{n}{0} = \binom{n}{n} = 1$, also ist

$$(a + b)^{n+1} = a^{n+1} + b^{n+1} + \sum_{j=1}^{n} \binom{n}{j-1} a^j b^{n+1-j} + \sum_{j=1}^{n} \binom{n}{j} a^j b^{n+1-j}$$

$$= a^{n+1} + b^{n+1} + \sum_{j=1}^{n} \left(\binom{n}{j-1} + \binom{n}{j} \right) a^j b^{n+1-j}.$$

Nun können wir die Rekursionsformel (1.1) anwenden:

$$(a + b)^{n+1} = a^{n+1} + b^{n+1} + \sum_{j=1}^{n} \binom{n+1}{j} a^j b^{n+1-j}$$

$$= \sum_{j=0}^{n+1} \binom{n+1}{j} a^j b^{n+1-j}.$$

Damit ist der Induktionsschritt abgeschlossen und der binomische Lehrsatz bewiesen. ∎

Aufgaben

1.1.6. Aufgabe (!). Zur Erinnerung: Eine natürliche Zahl n heißt **gerade**, falls es eine natürliche Zahl m gibt mit $n = 2m$. Die Zahl n heißt **ungerade**, falls es eine natürliche Zahl m gibt mit $n = 2m - 1$.

(a) Zeige, dass jede natürliche Zahl entweder gerade oder ungerade ist, aber nicht beides. (*Hinweis:* Nach dem Wohlordnungsprinzip gibt es eine kleinste Zahl m mit $2m \geq n$.)

(b) Zeige: Das Produkt zweier gerader Zahlen ist gerade, und das Produkt zweier ungerader Zahlen ist ungerade.

1.1.7. Aufgabe (!). Es sei M eine nicht-leere Teilmenge von $\mathbb{Z}$. Dann heißt M **nach oben beschränkt** bzw. **nach unten beschränkt**, falls es eine ganze Zahl $K \in \mathbb{Z}$ gibt mit $x \leq K$ bzw. $x \geq K$ für alle $x \in M$.

Zeige: Ist M nach unten beschränkt, so hat M ein kleinstes Element; ist M nach oben beschränkt, so hat M ein größtes Element.

(*Hinweis:* Für den ersten Teil betrachte die Menge $\{1 + x - K : x \in M\}$ und wende das Wohlordnungsprinzip an. Für den zweiten Teil betrachte die Menge $\{-x : x \in M\}$ und wende den ersten Teil an.)

Als Zusatz überlege, ob diese Aussagen auch für Teilmengen von $\mathbb{Q}$ oder $\mathbb{R}$ gelten.

1.1.8. Aufgabe (!). Beweise durch vollständige Induktion, dass für alle $n \in \mathbb{N}$ gilt:

(a) $2^n \geq 2n$.

(b) $\displaystyle\sum_{k=1}^{n} k = \frac{n(n+1)}{2}$ („Gaußsche Summenformel").

(c) $\displaystyle\sum_{k=0}^{n-1} x^k = \frac{1 - x^n}{1 - x}$ für alle reellen Zahlen $x \neq 1$.

(d) $\displaystyle\sum_{k=0}^{n-1} (k+1) \cdot x^k = \frac{nx^{n+1} - (n+1)x^n + 1}{(1-x)^2}$ für alle reellen Zahlen $x \neq 1$.

(e) $\displaystyle\sum_{k=1}^{n} k^2 = \frac{n(n+1)(2n+1)}{6}$.

(f) $\displaystyle\sum_{k=0}^{n} (k \cdot k!) = (n+1)! - 1$.

(g) $\displaystyle\sum_{k=1}^{n} \frac{1}{k(k+1)} = \frac{n}{n+1}$.

1.1.9. Aufgabe.   (a) Zeige: Für alle $n \in \mathbb{N}$ ist $n^5 - n$ ein Vielfaches von 5.

(b) Ist für alle $n \in \mathbb{N}$ die Zahl $n^4 - n$ ein Vielfaches von 4? Falls nicht, gib ein Gegenbeispiel und erläutere, woran der Beweis aus (a) hier scheitert.

1.1.10. Aufgabe. Gegeben seien n paarweise nicht parallele Geraden $g_1, ..., g_n$ in der Ebene. (D.h. sind i und j zwei verschiedene Zahlen zwischen 1 und n, so setzen wir g_i und g_j als nicht parallel voraus.) Weiter gebe es keinen Punkt der Ebene, in dem sich mehr als zwei dieser Geraden schneiden. In wie viele Teile wird die Ebene von diesen n Geraden zerteilt? Entwickle eine Idee, stelle eine Behauptung auf und beweise sie mit vollständiger Induktion. Was ändert sich, wenn doch zwei oder mehr Geraden parallel sein dürfen?

1.1.11. Aufgabe (!). (a) Begründe anhand der intuitiven Definition von Binomialkoeffizienten, wieso die rekursive Formel (1.1) gilt.

(b) Begründe außerdem, weshalb

$$\binom{n}{k} = \frac{n!}{k!(n-k)!} \tag{1.2}$$

gilt für alle $k, n \in \mathbb{N}_0$ mit $k \leq n$.

(c) Beweise die Formel (1.2) durch Induktion mit Hilfe der rekursiven Formel (1.1).

1.1.12. Aufgabe (!). Seien $n, k, \ell \in \mathbb{N}_0$. Zeige:

(a) Es gilt $\binom{n+\ell}{k} \geq \binom{n}{k}$.

(b) Es gilt $\binom{n+\ell}{k+\ell} \geq \binom{n}{k}$.

(c) Die „mittleren" Binomialkoeffizienten $\binom{2n}{n}$ wachsen mindestens exponentiell:

$$\binom{2n}{n} \geq 2^n.$$

(*Hinweis:* Für die ersten beiden Teile ist es nützlich, sich die Behauptungen erst einmal am Pascalschen Dreieck klarzumachen. Für den dritten Teil verwende Induktion, die rekursive Formel für Binomialkoeffizienten und die ersten beiden Teilaufgaben.)

1.1.13. Aufgabe (!). Es seien $n, k \in \mathbb{N}_0$. Die Anzahl der Möglichkeiten, ohne Berücksichtigung der Reihenfolge bis zu k (nicht notwendigerweise verschiedene) Zahlen zwischen 1 und n auszuwählen, werde mit $a(n, k)$ bezeichnet. (Dabei zählt es als eine Möglichkeit, *gar keine* Zahlen auszuwählen; z.B. ist $a(n, 0) = 1$ und $a(n, 1) = n + 1$ für alle n.)

(a) Begründe, dass $a(n, m)$ für $n, m \geq 1$ die Rekursionsformel

$$a(n, m) = a(n-1, m) + a(n, m-1)$$

erfüllt.

(b) Beweise durch Induktion, dass

$$a(n, m) = \binom{n+m}{m}$$

gilt.

1.1.14. Aufgabe. Zeige, dass die Folge f_n der Fibonacci-Zahlen durch folgende Formel gegeben ist:
$$f_n = \frac{(1 + \sqrt{5})^n - (1 - \sqrt{5})^n}{2^n \cdot \sqrt{5}}.$$

(*Hinweis:* Verwende Variante (c) des Induktionsprinzips.)

Weiterführende Übungen und Anmerkungen

1.1.15. Satz 1.1.2 ist äquivalent zu der bekannten Tatsache, dass $\sqrt{2}$ irrational ist. In der Tat ist ja $2m^2 = n^2$ nur eine andere Art, die Gleichung
$$\left(\frac{n}{m}\right)^2 = 2$$

zu schreiben. Wir können diese Aussage auch geometrisch interpretieren: Es gibt kein Quadrat, für das sowohl die Seitenlänge a als auch die Länge d der Diagonalen natürliche Zahlen sind. (Sonst wäre nach Pythagoras $2a^2 = d^2$.)

1.1.16. Ist n eine natürliche Zahl, so sagen wir, dass $n + 1$ der **Nachfolger** von n ist. Es gilt:

  (I) 1 ist eine natürliche Zahl.

  (II) Jede natürliche Zahl besitzt genau einen Nachfolger.

  (III) Es gibt keine natürliche Zahl, deren Nachfolger 1 ist, aber jede natürliche Zahl $n \neq 1$ ist selbst Nachfolger einer natürlichen Zahl.

  (IV) Verschiedene natürliche Zahlen haben verschiedene Nachfolger.

  (V) Ist M eine Teilmenge von $\mathbb{N}$, die 1 enthält und mit jedem Element auch dessen Nachfolger, so ist $M = \mathbb{N}$.

Hierbei ist (V) genau das in Satz 1.1.3 bewiesene Induktionsprinzip. Die Eigenschaften (I) bis (V) werden als **Peano-Axiome** bezeichnet, nach dem italienischen Mathematiker Guiseppe Peano.

Es stellt sich heraus, dass die Peano-Axiome die natürlichen Zahlen eindeutig beschreiben, d.h. es gibt (bis auf Umbenennung der Elemente) keine andere Menge mit diesen Eigenschaften. Aus diesem Grund können sie verwendet werden, um die natürlichen Zahlen zu *definieren*; dies ist der heute in der Mathematik übliche Weg. Wir haben uns entschieden, statt dem Induktionsprinzip mit dem Wohlordnungsprinzip zu beginnen, da das für Einsteiger vielleicht intuitiver einsichtiger ist.

1.1.17. Aufgabe. Wir weisen darauf hin, dass die Peano-Axiome keine Aussagen über die Grundrechenarten enthalten: Sie erfordern nur, dass für jede natürliche Zahl n der Nachfolger $n + 1$ definiert ist.

Zeige, dass mit Hilfe dieser Nachfolgerfunktion die Summen $n + m$, $n \cdot m$ und n^m rekursiv definiert werden können.

1.1.18. Aufgabe. Zeige, dass das Wohlordnungsprinzip aus dem Induktionsprinzip (und damit aus den Peano-Axiomen) folgt.

1.1.19. Aufgabe. Beweise – entweder mit Hilfe des Wohlordnungsprinzips oder direkt aus den Peano-Axiomen – die Korrektheit der angeführten „Varianten" des Induktionsprinzips.

1.1.20. Pierre de Fermat (1601 – 1665) war ein französischer Jurist, der sich in seiner Freizeit intensiv mit Mathematik beschäftigte. Er selbst hat keine mathematischen Texte veröffentlicht; wir wissen von seiner Arbeit aus Briefwechseln mit anderen Mathematikern sowie Notizen, die er in Büchern hinterließ. Fermat erlangte Berühmtheit mit seiner Behauptung, dass für $n > 2$ keine natürlichen Zahlen a, b und c existieren, für die

$$a^n + b^n = c^n$$

gilt. Obwohl heute angenommen wird, dass Fermat keinen korrekten Beweis dieser Aussage besaß, ist sie als **Großer Satz von Fermat** oder auch **Fermats Letzter Satz** bekannt geworden. Sie wurde erst mehr als 300 Jahre später durch den englischen Mathematiker Andrew Wiles bewiesen. (Erschienen 1995 in den *Annals of Mathematics*.)

1.1.21. Beispiel 1.1.4 und Aufgabe 1.1.9 (a) sind Spezialfälle des **Kleinen Satzes von Fermat**, den wir in Abschnitt 3.2 kennenlernen.

1.1.22. Aufgabe. Wir behaupten, dass jede natürliche Zahl durch einen weniger als zweihundert Buchstaben umfassenden Satz beschrieben werden kann.

„Beweis": Wir nehmen an, das sei nicht der Fall. Dann existiert *die kleinste natürliche Zahl, die nicht durch einen weniger als zweihundert Buchstaben umfassenden Satz beschrieben werden kann.* Diese Beschreibung umfasst weniger als zweihundert Buchstaben. Widerspruch!

Obige Aussage ist aber falsch, denn es gibt nur endlich viele Sätze, die weniger als zweihundert Buchstaben umfassen, aber unendlich viele natürliche Zahlen. Wo steckt der Fehler?

1.2   Teilbarkeit und Primzahlen

Wir benötigen einige Begriffe – teils neu, teils sicher bekannt – die wir hier definieren und mit Beispielen versehen.

1.2.1. Definition (Teiler, Vielfache und Primzahlen).
Seien $n, k \in \mathbb{Z}$. Wir bezeichnen k als einen **Teiler** von n, und n als ein **Vielfaches** von k, wenn es eine ganze Zahl m gibt derart, dass $k \cdot m = n$ ist. Wir schreiben dann $k \mid n$.

Eine **Primzahl** ist eine natürliche Zahl, die von genau zwei verschiedenen natürlichen Zahlen geteilt wird.

Eine Zahl $n > 1$, welche keine Primzahl ist, wird als **zusammengesetzte Zahl** bezeichnet.

So haben wir zum Beispiel $3 \,|\, 6$, denn es ist $3 \cdot 2 = 6$, aber auch $-3 \,|\, 6$, denn $(-3) \cdot (-2) = 6$. Jede ganze Zahl wird von 1 und -1 geteilt. Umgekehrt ist jede ganze Zahl ein Teiler von Null. (Das ist ein guter Grund, die Null in der Zahlentheorie aus den natürlichen Zahlen auszuschließen.) Sind a, b natürliche Zahlen, so sehen wir weiterhin, dass aus $a \,|\, b$ schon $a \leq b$ folgt. Die Leserin überzeuge sich davon, dass das bei ganzen Zahlen nicht wahr ist!

Ist $n \in \mathbb{Z}$, so sind auf jeden Fall 1, -1, n und $-n$ Teiler von n; sie werden die **trivialen Teiler** genannt. Gibt es darüber hinaus weitere Teiler, so heißen diese **nicht-triviale Teiler**. Primzahlen besitzen also nur triviale Teiler. Beachte, dass 1 *keine* Primzahl ist, denn 1 wird nur von genau einer natürlichen Zahl geteilt! Wir halten noch einige einfache Tatsachen fest:

1.2.2. Satz (Teilbarkeitsregeln).
Seien $a, b, c \in \mathbb{Z}$. Wenn b und c von a geteilt werden, dann auch $b + c$, $b - c$ und $b \cdot c$. Jeder Teiler von a teilt auch $a \cdot n$ für jedes $n \in \mathbb{Z}$, und aus $a \,|\, b$ und $b \,|\, c$ folgt $a \,|\, c$.

Beweis. Sei a ein Teiler von b und c. Dann gibt es nach Definition ganze Zahlen n und m derart, dass $a \cdot n = b$ und $a \cdot m = c$ ist. Also gilt

$$b + c = a \cdot n + a \cdot m = a \cdot (n + m)$$
$$b - c = a \cdot n - a \cdot m = a \cdot (n - m)$$
$$b \cdot c = (an) \cdot (am) = a \cdot (n \cdot a \cdot m).$$

Da $n + m$, $n - m$ und $n \cdot a \cdot m$ ganze Zahlen sind, ist a nach Definition ein Teiler von $b + c$, $b - c$ und $b \cdot c$. Die anderen Teilaussagen folgen auf ähnliche Art und Weise; wir überlassen sie der Leserin als kleine Übungsaufgabe. ∎

1.2.3. Definition (Gemeinsame Teiler und Vielfache; ggT und kgV).
Seien $a, b \in \mathbb{Z}$ und sei $k \in \mathbb{Z}$ so, dass k sowohl a als auch b teilt. Dann ist k ein **gemeinsamer Teiler** von a und b. Analog heißt eine Zahl $v \in \mathbb{Z}$, die sowohl von a als auch von b geteilt wird, ein **gemeinsames Vielfaches** von a und b.

Sei jetzt $a \neq 0$ oder $b \neq 0$. Dann bezeichnen wir die größte Zahl $k \in \mathbb{N}$, die gemeinsamer Teiler von a und b ist, als den **größten gemeinsamen Teiler** (ggT) von a und b und schreiben $k = \text{ggT}(a, b)$.

Entsprechend heißt, wenn weder a noch b gleich Null ist, die kleinste natürliche Zahl v, die ein gemeinsames Vielfaches von a und b ist, das **kleinste gemeinsame Vielfache** (kgV) von a und b; wir schreiben $v = \text{kgV}(a, b)$. Zur Vollständigkeit definieren wir außerdem $\mathrm{ggT}(0,0) := 0$ und $\mathrm{kgV}(a,0) := \mathrm{kgV}(0,a) := 0$ für alle $a \in \mathbb{Z}$.

Zwei ganze Zahlen a, b heißen **teilerfremd**, wenn $\mathrm{ggT}(a,b) = 1$ ist, d.h. wenn a und b keinen positiven gemeinsamen Teiler außer 1 haben.

Bemerkungen. (a) Das kleinste gemeinsame Vielfache existiert nach dem Wohlordnungsprinzip. Außerdem ist für jedes $c \neq 0$ die Menge der Teiler von c durch den Betrag $|c|$ nach oben beschränkt. Daher existiert auch der ggT immer (siehe Aufgabe 1.1.7).

(b) Aus der Schule ist bekannt, dass jeder gemeinsame Teiler von a und b auch $\mathrm{ggT}(a,b)$ teilen muss. Das ist aber aus der Definition nicht sofort ersichtlich und bedarf daher eines Beweises – diesen führen wir im nächsten Abschnitt. Dort lernen wir auch eine einfache Methode kennen, um $\mathrm{ggT}(a,b)$ zu bestimmen.

Beispiele. (a) Ist $n \in \mathbb{Z}$, so gilt $\mathrm{ggT}(1,n) = 1$ und $\mathrm{ggT}(0,n) = n$.

(b) Die positiven gemeinsamen Teiler von 12 und 18 sind 1, 2, 3 und 6. Also ist $\mathrm{ggT}(12,18) = 6$.

(c) Die Zahlen 3 und -6 sind *nicht* teilerfremd, denn $\mathrm{ggT}(3,-6) = 3$. Dagegen ist $\mathrm{ggT}(5,12) = \mathrm{ggT}(5,17) = \mathrm{ggT}(12,17) = 1$; die Zahlen 5, 12 und 17 sind also paarweise teilerfremd.

Ein weiteres wichtiges Konzept ist das **Teilen mit Rest**. Es spielt in unserem Buch und in der Zahlentheorie ganz allgemein eine extrem wichtige Rolle. Deshalb beweisen wir hier formal, dass Teilen mit Rest immer möglich ist.

1.2.4. Satz (Teilen mit Rest).
Seien $a \in \mathbb{Z}$ und $b \in \mathbb{N}$. Dann existieren ganze Zahlen q und r mit $0 \leq r < b$ so, dass

$$a = q \cdot b + r$$

*ist. Wir sagen, dass a **von** b **mit Rest** r **geteilt wird**. Die Zahlen q und r sind durch a und b eindeutig bestimmt.*

Bemerkungen. (a) Es folgt, dass a von b genau dann mit Rest 0 geteilt wird, wenn b ein Teiler von a ist.

(b) Die Zahlen q und r können mit dem üblichen Verfahren der **schriftlichen Division** berechnet werden.

Beweis. Die Idee ist einfach: Wir wählen q so groß wie möglich mit der Eigenschaft, dass der Rest $r = a - q \cdot b$ nicht negativ ist. Dann haben q und r die gewünschte Eigenschaft und sind durch diese Beschreibung eindeutig bestimmt. Wir führen das jetzt etwas genauer aus.

Es sei also $Q := \{q \in \mathbb{Z} : a - q \cdot b \geq 0\}$. Es gilt

$$a - (-|a| \cdot b) = a + |a| \cdot b \geq a + |a| \geq 0,$$

also ist $-|a| \in Q$ und insbesondere $Q \neq \emptyset$. Andererseits ist $a - nb < 0$ für alle $n > |a|$, also ist die Menge Q nach oben beschränkt. Nach Aufgabe 1.1.7 hat Q dann ein größtes Element q. Wir setzen $r := a - q \cdot b \geq 0$. Wegen $q + 1 \notin Q$ gilt

$$r - b = a - q \cdot b - b = a - (q + 1) \cdot b < 0.$$

Deshalb ist $0 \leq r < b$ und $a = qb + r$ wie behauptet.

Um die Eindeutigkeit zu zeigen, nehmen wir an, dass $a = q' \cdot b + r'$ mit $0 \leq r' < b$ gilt; wir müssen zeigen, dass $q' = q$ und $r' = r$ ist. Nach Definition von Q ist $q' \in Q$. Außerdem ist für alle $n \geq q' + 1$:

$$a - n \cdot b \leq a - (q' + 1) \cdot b = a - q' \cdot b - b = r' - b < 0,$$

also $n \notin Q$. Das heißt, q' ist das größte Element von Q, und damit $q' = q$. Dann gilt aber auch $r' = a - q' \cdot b = a - q \cdot b = r$, wie gewünscht. $\blacksquare$

Beispiel. Die Zahl 47 wird von 5 mit Rest 2 geteilt, denn es ist $47 = 9 \cdot 5 + 2$.

In Abschnitt 3.1 werden wir die Eigenschaften des Teilens mit Rest weiter besprechen und vertiefen; es wird aber schon in Abschnitt 1.4 wichtig werden, wenn wir den **Euklidischen Algorithmus** erläutern.

Aufgaben

1.2.5. Aufgabe. Seien n und m ganze Zahlen und $k \in \mathbb{N}$. Beweise oder widerlege die folgenden Aussagen!

(a) Wenn k ein Teiler von $m + n$ ist, dann auch jeweils von n und m.

(b) Wenn k ein Teiler von $m \cdot n$ ist, dann auch jeweils von n und m.

(c) Wenn k ein Teiler von $m \cdot n$ ist, dann auch von n oder von m.

(d) Wenn k zwar m teilt, aber nicht n, dann ist k auch kein Teiler von $m + n$.

(e) Wenn k zwar m teilt, aber nicht n, dann ist k auch kein Teiler von $m \cdot n$.

(f) Wenn k jeweils n und m mit Rest 1 teilt, dann teilt k auch $n \cdot m$ mit Rest 1.

(g) Wenn k jeweils n und m mit Rest 1 teilt, dann teilt k auch $n + m$ mit Rest 1.

1.2.6. Aufgabe (!). (a) Zeige, dass jede natürliche Zahl $n > 1$ mindestens einen **Primfaktor** besitzt, also eine Primzahl p mit $p \,|\, n$.

(b) Zeige, dass eine zusammengesetzte Zahl $n > 1$ mindestens einen nicht-trivialen Teiler k besitzt mit $k^2 \leq n$.

1.2.7. Aufgabe. Es seien $k \in \mathbb{N}$ und $a, b \in \mathbb{Z}$. Weiterhin teile k die Zahl a mit Rest r und die Zahl b mit Rest s. Überlege dir Regeln dafür, welchen Rest $a + b$, $a - b$ und $a \cdot b$ beim Teilen durch k haben, und beweise diese!

1.2.8. Aufgabe. Sei $n \in \mathbb{N}$. Zeige, dass dann genau eine der Zahlen n, $n + 1$, $n + 2$ durch 3 teilbar ist!

1.2.9. Aufgabe. Sei $n \geq 3$ eine ungerade natürliche Zahl. Zeige, dass dann genau eine der Zahlen $n + 1$, $n - 1$ durch 4 teilbar ist!

1.2.10. Aufgabe. Seien a, b, c, d ganze Zahlen mit $a \,|\, b$ und $c \,|\, d$. Folgt daraus $ac \,|\, bd$?

1.2.11. Aufgabe. Zeige für alle ganzen Zahlen a, b, dass $2a + b$ durch 7 teilbar ist genau dann, wenn $100a + b$ durch 7 teilbar ist. Verwende dies, um zu entscheiden, ob die Zahl 100002 durch 7 teilbar ist. Überlege und beweise selbst ähnliche „Teilbarkeitsregeln".

1.2.12. Aufgabe (!). Sei $n \in \mathbb{N}$ und p eine Primzahl. Zeige: Wenn p kein Teiler von n ist, dann ist $\mathrm{ggT}(p, n) = 1$.

1.3 Primfaktorzerlegung

Die Bedeutung der Primzahlen rührt daher, dass sie gewissermaßen die „Grundbausteine" der natürlichen Zahlen sind. Es hat nämlich jede natürliche Zahl $n \geq 2$ eine **Primfaktorzerlegung**[1], d.h. sie lässt sich als Produkt von Primzahlen $p_1, \ldots, p_k$ (den **Primfaktoren** von n) schreiben:

$$n = p_1 \cdot p_2 \cdots p_k. \tag{1.3}$$

Dabei kann dieselbe Primzahl mehrfach auftreten, d.h. die Faktoren $p_1, \ldots, p_k$ sind nicht notwendigerweise voneinander verschieden. Außerdem darf die Reihenfolge der Faktoren verändert werden; zum Beispiel hat 12 die Primfaktorzerlegung $12 = 2 \cdot 2 \cdot 3 = 2 \cdot 3 \cdot 2$. Diese Tatsachen, die als **Fundamentalsatz der Arithmetik** bekannt sind, werden wir nun formal beweisen.

---

[1]Manchmal verwendet man die Konvention, dass auch $n = 1$ eine Primfaktorzerlegung besitzt, nämlich die *leere* Primfaktorzerlegung. Das macht dann einige Aussagen und Beweise einfacher, weil keine Ausnahmen betrachtet werden müssen.

1.3.1. Satz (Fundamentalsatz der Arithmetik).
Sei $n \geq 2$ eine natürliche Zahl. Dann ist n Produkt von Primzahlen, und die Zerlegung in Primzahlen ist bis auf die Reihenfolge der Faktoren eindeutig. (Insbesondere ist die Anzahl der Faktoren in einer Primfaktorzerlegung von n eindeutig bestimmt.)

Beweis. Wir verwenden hier Variante (c) des Prinzips der vollständigen Induktion. Sei dazu also $n \geq 2$ eine beliebige natürliche Zahl. Dann setzen wir voraus, dass alle *kleineren* Zahlen $k \geq 2$ bereits eine eindeutige Primfaktorzerlegung besitzen. Dabei schreiben wir verkürzt „eindeutig", meinen aber die Eindeutigkeit bis auf Reihenfolge, so wie es im Satz formuliert ist. Für jedes $k \in \{2, 3, \ldots, n-1\}$ kürzen wir die in diesem Sinne eindeutige Primfaktorzerlegung, die es nach Induktionsvoraussetzung gibt, mit $\Pi(k)$ ab.

Falls n eine Primzahl ist, dann gilt (1.3) mit $k = 1$ und $p_1 = n$. Nach Definition ist keine andere Primzahl ein Teiler von n, also ist die Darstellung auch eindeutig. In diesem Fall ist also nichts mehr zu zeigen! Ab jetzt betrachten wir daher den Fall, dass n nicht selbst prim ist. Wir verwenden Aufgabe 1.2.6 und wählen einen möglichst kleinen Primteiler p von n. Dann wählen wir noch $k \in \mathbb{N}$ so, dass $n = p \cdot k$ ist. Da n nicht selbst prim ist, ist $n \neq p$ und daher $k \neq 1$. Ferner ist p eine Primzahl, also ist $p \geq 2$ und daher $k \neq n$. Wir haben also $2 \leq k < n$.

Nach Induktionsvoraussetzung besitzt also k eine eindeutige Primfaktorzerlegung $\Pi(k)$. So erhalten wir *eine* Primfaktorzerlegung für n, nämlich

$$n = p \cdot \Pi(k).$$

Diese Zerlegung ist noch nicht unbedingt eindeutig, aber dank der Eindeutigkeit von $\Pi(k)$ wissen wir zumindest, dass sie bis auf Reihenfolge die einzige Primfaktorzerlegung von n ist, in der die Primzahl p vorkommt.

Jetzt seien $m \in \mathbb{N}$ und $p_1, .., p_m \in \mathbb{N}$ Primzahlen, und zwar so, dass

$$n = p_1 \cdot p_2 \cdots p_m$$

gilt. Wir können hier die Faktoren der Größe nach anordnen: $p_1 \leq p_2 \leq \cdots \leq p_m$.

Zu Beginn haben wir p als einen möglichst kleinen Primteiler von n gewählt, daher wissen wir schon, dass $p \leq p_1$ ist. Unser Ziel ist es, zu zeigen, dass $p = p_1$ ist und dass daher die angegebene Zerlegung bis auf Reihenfolge mit der Zerlegung $n = p \cdot \Pi(k)$ übereinstimmt.

Angenommen, dies sei nicht der Fall. Dann gilt $p_1 > p$ und wir teilen p_1 durch p mit Rest. Wir nehmen also $q, r \in \mathbb{Z}$ her mit der Eigenschaft

$$p_1 = q \cdot p + r,$$

wobei $0 \leq r < p$ sein soll. Da p and p_1 verschiedene Primzahlen sind, gilt $p \nmid p_1$; es ist daher $r \geq 1$. Wir schreiben

$$n = (q \cdot p + r) \cdot p_2 \cdot \cdots \cdot p_m = p \cdot q \cdot \ell + r \cdot \ell, \tag{1.4}$$

mit der Abkürzung $\ell := p_2 \cdot \cdots \cdot p_m$. Die Zahl $r \cdot \ell$ besitzt die Primfaktorzerlegung

$$r \cdot \ell = \Pi(r) \cdot p_2 \cdot \cdots \cdot p_m. \tag{1.5}$$

Da sowohl n als auch $p \cdot q \cdot \ell$ durch p teilbar sind, erhalten wir mit (1.4), dass auch $r \cdot \ell$ durch p teilbar ist. Jetzt kommt wieder unsere Induktionsvoraussetzung: p muss in der eindeutigen Primfaktorzerlegung von $r \cdot \ell$ auftauchen! Aber in (1.5) ist p nicht sichtbar (schließlich ist $r < p$). Das ist ein Widerspruch. Damit ist unsere Annahme, dass $p_1 > p$ sei, falsch, und stattdessen ist $p = p_1$.

Also ist die Primfaktorzerlegung von n (bis auf die Reihenfolge der Faktoren) eindeutig, und der Beweis ist abgeschlossen. ∎

Rückblickend war der Beweis der Existenz einer Zerlegung in Primfaktoren gar nicht so schwierig, aber für die Eindeutigkeit mussten wir uns etwas einfallen lassen. Dabei haben wir eigentlich Folgendes gezeigt: *Wenn eine Primzahl ein Produkt mehrerer Zahlen teilt, dann teilt sie auch mindestens einen der Faktoren.* Diese Eigenschaft von Primzahlen ist so wichtig, dass wir sie separat festhalten.

1.3.2. Korollar (Primteiler eines Produkts).
Seien a, b ganze Zahlen und p eine Primzahl, die das Produkt $a \cdot b$ teilt. Dann ist p ein Teiler von a oder von b.

Allgemeiner: Sind $a, b \in \mathbb{Z}$ beide teilerfremd zu $k \in \mathbb{Z}$, so ist auch das Produkt $a \cdot b$ teilerfremd zu k.

Beweis. Für die erste Aussage beachten wir, dass die ganzzahligen Teiler von a bzw. b genau dieselben sind wie die von $|a|$ bzw. $|b|$. Daher dürfen wir voraussetzen, dass a und b natürliche Zahlen sind. Ferner ist nichts zu zeigen, sobald $a = 1$ oder $b = 1$ ist. Daher seien ab jetzt $a, b \geq 2$.

Da p als Primteiler von $a \cdot b$ vorausgesetzt ist, können wir $k \in \mathbb{N}$ so wählen, dass $p \cdot k = a \cdot b$ gilt. Wir verwenden wieder die Abkürzung aus dem Beweis von Satz 1.3.1; für jedes $n \in \mathbb{N}$ bezeichne also $\Pi(n)$ die eindeutige Primfaktorzerlegung. Jetzt haben wir

$$a \cdot b = p \cdot \Pi(k) \qquad \text{und} \qquad a \cdot b = \Pi(a) \cdot \Pi(b).$$

Aus der in Satz 1.3.1 bewiesenen Eindeutigkeit folgt, dass die Zerlegungen $p \cdot \Pi(k)$ und $\Pi(a) \cdot \Pi(b)$ bis auf die Reihenfolge der Faktoren übereinstimmen. Also muss p in $\Pi(a)$ oder in $\Pi(b)$ sichtbar sein und somit a oder b teilen.

Für die zweite Behauptung können wir die erste anwenden. Seien nämlich $a, b, c \in \mathbb{Z}$ derart, dass a und b beide teilerfremd zu k sind. Wären $a \cdot b$ und k *nicht* zueinander teilerfremd, also $\text{ggT}(a \cdot b, k) \neq 1$, so gäbe es einen Primteiler p von $\text{ggT}(a \cdot b, k)$. Als Teiler von k teilt p dann nach Voraussetzung weder a noch b. Das widerspricht aber der bereits bewiesenen Aussage, denn p teilt ja $a \cdot b$. ∎

Unsere bisherigen Überlegungen zeigen, dass eine natürliche Zahl n genau dann durch eine natürliche Zahl k teilbar ist, wenn die Primfaktorzerlegung von k vollständig in der von n „enthalten ist". Auf diese Weise kann man auch größte gemeinsame Teiler und kleinste gemeinsame Vielfache explizit bestimmen.

Betrachten wir exemplarisch $n := 90$ and $m := 315$. Diese Zahlen haben Primfaktorzerlegungen $n = 2 \cdot 3 \cdot 3 \cdot 5$ und $m = 3 \cdot 3 \cdot 5 \cdot 7$, also sehen wir

$$\text{ggT}(n, m) = 3 \cdot 3 \cdot 5 = 45 \quad \text{und} \quad \text{kgV}(n, m) = 2 \cdot 3 \cdot 3 \cdot 5 \cdot 7 = 630.$$

Die Darstellung von ggT und kgV durch Primfaktoren ist sehr nützlich und liefert zum Beispiel folgende schöne Eigenschaft des größten gemeinsamen Teilers:

1.3.3. Satz (Teiler des ggT).
Seien $a, b \in \mathbb{Z}$. Dann ist jeder gemeinsame Teiler von a und b ebenfalls ein Teiler von $\text{ggT}(a, b)$. ∎

Es ist allerdings schwierig, die Primfaktorzerlegung großer Zahlen explizit zu bestimmen. Daher ist dieses Verfahren für praktische Zwecke dem Euklidischen Algorithmus, den wir im nächsten Abschnitt kennenlernen, weit unterlegen (siehe die Aufgaben 1.3.5 und 1.4.5).

Aufgaben

1.3.4. Aufgabe. Bestimme die Primfaktorzerlegungen der Zahlen 600, 851 und 1449.

1.3.5. Aufgabe. Berechne $\text{ggT}(1961, 1591)$ durch Bestimmung der Primfaktorzerlegung.

1.3.6. Aufgabe (!). Es seien $a, b \in \mathbb{Z}$ und $d := \text{ggT}(a, b)$. Zeige:

(a) $\frac{a}{d}$ und $\frac{b}{d}$ sind teilerfremd.

(b) Ist v ein gemeinsames Vielfaches von a und b, so ist v auch ein Vielfaches von $\text{kgV}(a, b)$.

(c) Es gilt $\text{kgV}(a, b) \cdot d = |a \cdot b|$. Sind a und b teilerfremd, so gilt $\text{kgV}(a, b) = |a \cdot b|$.

1.3.7. Aufgabe. Seien a, b, c ganze Zahlen, wobei c das Produkt $a \cdot b$ teilt. Ist dann c auch ein Teiler von $\text{ggT}(a, c) \cdot \text{ggT}(b, c)$?

Weiterführende Übungen und Anmerkungen

1.3.8. Der Fundamentalsatz der Arithmetik taucht implizit schon in den *Elementen* von Euklid auf. Zuerst explizit formuliert und bewiesen wurde er schließlich von Gauß in seiner *Disquisitiones Arithmetica* von 1801. Für eine detaillierte Übersicht über die Geschichte dieses Satzes verweisen wir auf den Artikel [AÖ].

1.3.9. Oft wird innerhalb der natürlichen Zahlen der ggT als ein gemeinsamer Teiler definiert, welcher ein Vielfaches *jedes* gemeinsamen Teilers ist. Satz 1.3.3 zeigt, dass eine solche Zahl stets existiert und mit dem von uns definierten ggT übereinstimmt.

1.4 Der Euklidische Algorithmus

Wie finden wir den größten gemeinsamen Teiler zweier ganzer Zahlen a und b? Wir könnten dazu *alle* Teiler von a und b berechnen; alternativ könnten wir die Primfaktorzerlegungen von a und b verwenden, die wir bereits kennengelernt haben. Beide Methoden sind aber für sehr große Zahlen nicht praktikabel. In diesem Abschnitt stellen wir den **Euklidischen Algorithmus** vor, der sich auch für große Zahlen sehr schnell ausführen lässt. Seine Entwicklung liefert auch wichtige theoretische Erkenntnisse. (Was der Namensbestandteil „Algorithmus" bedeutet, und dass er gerechtfertigt ist, werden wir in Kapitel 2 sehen.)

Die Grundidee ist, auf einfache Art und Weise aus a und b neue Zahlen zu konstruieren, welche dieselben gemeinsamen Teiler haben:

1.4.1. Hilfssatz (Zahlenpaare mit denselben gemeinsamen Teilern).
Es seien $a, b, m \in \mathbb{Z}$ beliebig. Dann ist jeder gemeinsame Teiler von a und b auch ein gemeinsamer Teiler von a und $c := b + m \cdot a$; umgekehrt ist jeder gemeinsame Teiler von a und c ein gemeinsamer Teiler von a und b.
Insbesondere gilt $\mathrm{ggT}(a, b) = \mathrm{ggT}(a, b + m \cdot a)$.

Beweis. Ist k ein gemeinsamer Teiler von a und b, so teilt k nach Satz 1.2.2 zuerst $m \cdot a$ und dann auch $c = b + m \cdot a$, wie behauptet.

Ist k umgekehrt ein gemeinsamer Teiler von a und c, so wenden wir den bereits bewiesenen Teil des Hilfssatzes auf die Zahlen a, c und $-m$ an. Es ist also k ein gemeinsamer Teiler von a und $c + (-m) \cdot a = (b + m \cdot a) - m \cdot a = b$, wie gewünscht.

Die letzte Behauptung folgt aus der Definition des ggT. ∎

Sind nun $a, b \in \mathbb{N}$ natürliche Zahlen mit $a > b$, so können wir a durch b mit Rest teilen: $a = q \cdot b + r$ mit $0 \le r < b$. Nach Hilfssatz 1.4.1 ist dann $\mathrm{ggT}(a, b) = \mathrm{ggT}(b, r)$; wir haben das Problem also auf die Berechnung des ggT eines kleineren Zahlenpaars reduziert. Ist $r \neq 0$, so fahren wir fort und teilen b

mit Rest durch r. Der Rest wird in jedem Schritt echt kleiner. Wir erhalten also irgendwann den Rest 0, und können den ggT einfach ablesen.

Bevor wir das Verfahren formal beschreiben, berechnen wir als Beispiel den ggT von 250 und 36. Dazu teilen wir 250 mit Rest durch 36:

$$250 = 6 \cdot 36 + 34;$$

also $\mathrm{ggT}(250, 36) = \mathrm{ggT}(36, 34)$. Nun teilen wir 36 mit Rest durch 34:

$$36 = 1 \cdot 34 + 2.$$

Es ist 34 durch 2 teilbar, also $\mathrm{ggT}(250, 36) = \mathrm{ggT}(36, 34) = \mathrm{ggT}(34, 2) = 2$. Allgemein haben wir also folgendes Verfahren:

EUKLIDISCHER ALGORITHMUS

Eingabe: Zwei Zahlen $a, b \in \mathbb{Z}$.

1. Falls $|a| \geq |b|$, setze $r_0 := |a|$ und $r_1 := |b|$; andernfalls setze $r_0 := |b|$ und $r_1 := |a|$.

2. Setze $j := 1$.

3. Ist $r_j = 0$, so ist $\mathrm{ggT}(a, b) = r_{j-1}$, und wir hören auf.

4. Andernfalls teile r_{j-1} mit Rest durch r_j:

$$r_{j-1} = q_j \cdot r_j + r_{j+1}.$$

5. Ersetze j durch $j + 1$, und kehre zu Schritt **3.** zurück.

Wie oben erwähnt, müssen wir für irgendein j_* einmal $r_{j_*} = 0$ erhalten und hören dann im Schritt **3.** auf. Also findet die Ausführung des Algorithmus für jedes Paar von ganzen Zahlen irgendwann ein Ende. Es seien $r_0, \ldots, r_{j_*}$ die bei der Ausführung des Algorithmus auftretenden Zahlen. Dann folgt, durch mehrfache Anwendung von Hilfssatz 1.4.1, dass für $j \in \{1, \ldots, j_*\}$ die gemeinsamen Teiler von r_{j-1} und r_j genau die gemeinsamen Teiler von a und b sind.

Insbesondere ist $\mathrm{ggT}(a, b) = \mathrm{ggT}(r_{j_*-1}, 0) = r_{j_*-1}$, so dass der Algorithmus wirklich (wie in Schritt **3.** behauptet) den ggT von a und b berechnet. Allgemeiner sind die gemeinsamen Teiler von a und b genau die Teiler von r_{j_*-1}, also haben wir ganz nebenbei einen weiteren Beweis für Satz 1.3.3 gefunden!

Wir haben außerdem gesehen, dass der Euklidische Algorithmus uns zusätzlich zu der Zahl $\mathrm{ggT}(a, b)$ auch eine Darstellung dieser Zahl mit Hilfe von a und b liefert. Betrachten wir zum Beispiel die Gleichungen, die oben bei der Ausführung des Euklidischen Algorithmus für $a = 250$ und $b = 36$ aufgetreten sind, so sehen wir:

$$\mathrm{ggT}(250, 36) = 2 = 36 - 1 \cdot 34$$
$$= 36 - 1 \cdot (250 - 6 \cdot 36) = 7 \cdot 36 - 250 = (-1) \cdot a + 7 \cdot b.$$

Dieses Prinzip lässt sich allgemein formulieren.

1.4.2. Satz (Lemma von Bézout).
Seien $a, b \in \mathbb{Z}$. Dann existieren $s, t \in \mathbb{Z}$ derart, dass $\mathrm{ggT}(a, b) = s \cdot a + t \cdot b$ ist.

Beweis. Es seien wieder $r_0, \ldots, r_{j_*}$ die Zahlen aus dem Euklidischen Algorithmus. Wir behaupten: Für jedes $j \in \{0, \ldots, j_*\}$ gibt es Zahlen $s_j, t_j \in \mathbb{Z}$ so, dass $r_j = s_j \cdot a + t_j \cdot b$ ist; wegen $\mathrm{ggT}(a, b) = r_{j_*-1}$ sind wir dann fertig.

Der Beweis erfolgt per Induktion. Für r_0 und r_1, also für $|a|$ und $|b|$, ist die Behauptung klar. Es sei nun $j \geq 1$; wir nehmen an, dass $r_j = s_j \cdot a + t_j \cdot b$ ist und $r_{j-1} = s_{j-1} \cdot a + t_{j-1} \cdot b$. Wir müssen zeigen, dass auch r_{j+1} eine solche Darstellung hat. Es gilt:

$$r_{j+1} = r_{j-1} - q_j \cdot r_j = s_{j-1} \cdot a + t_{j-1} \cdot b - q_j \cdot s_j \cdot a - q_j \cdot t_j \cdot b$$
$$= (s_{j-1} - q_j s_j) \cdot a + (t_{j-1} - q_j t_j) \cdot b.$$

Wir setzen also $s_{j+1} = s_{j-1} - q_j s_j$ und $t_{j+1} = t_{j-1} - q_j t_j$ und sind fertig. ∎

Das Lemma von Bézout ist extrem nützlich, um Eigenschaften des ggT zu beweisen. Als Anwendungsbeispiel schauen wir uns eine Charakterisierung von „Teilerfremdheit" an.

1.4.3. Folgerung (Teilerfremde Zahlen).
Zwei Zahlen $a, b \in \mathbb{Z}$ sind genau dann teilerfremd, wenn es $s, t \in \mathbb{Z}$ gibt mit $s \cdot a + t \cdot b = 1$.

Beweis. Nach Definition sind a und b teilerfremd genau dann, wenn $\mathrm{ggT}(a, b) = 1$ ist. Die Existenz der Zahlen s und t folgt dann aus dem Lemma von Bézout.

Wir nehmen nun umgekehrt an, dass es Zahlen s und t gibt mit $s \cdot a + t \cdot b = 1$. Es sei $k := \mathrm{ggT}(a, b)$. Da k ein Teiler von a und ein Teiler von b ist, gilt $k \mid s \cdot a + t \cdot b$ und daher $k \mid 1$. (Wir erinnern an Satz 1.2.2.) Aber 1 und -1 sind die einzigen Teiler von 1 und k ist nach Voraussetzung nicht negativ, also muss $k = 1$ sein. ∎

Aufgaben

1.4.4. Aufgabe. Finde $\mathrm{ggT}(135, 36)$ und $\mathrm{ggT}(851, 1449)$ durch Anwendung des Euklidischen Algorithmus. Bestimme für jedes dieser Zahlenpaare auch eine Darstellung des ggT gemäß des Lemmas von Bézout.

1.4.5. Aufgabe. Berechne $\mathrm{ggT}(1961, 1591)$ mit Hilfe des euklidischen Algorithmus. Vergleiche den erforderlichen Aufwand mit Aufgabe 1.3.5.

1.4.6. Aufgabe. Seien a, b ganze Zahlen mit $\mathrm{ggT}(a, b) = 1$. Berechne $\mathrm{ggT}(a^2 - b^2, a + b)$ und $\mathrm{ggT}(a^2 + b^2, a + b)$.

1.4.7. Aufgabe (P). Implementiere den Euklidischen Algorithmus in einer gängigen Programmiersprache. Verwende diese Implementation, um den größten gemeinsamen Teiler der beiden Zahlen $a = 1\,726\,374\,899\,084\,624\,209$ und $b = 6\,641\,819\,896\,288\,796\,729$ zu finden. (Die meisten Programmiersprachen unterstützen Zahlen dieser Größe direkt – es wird hierfür eine 64-bit Integer-Datenstruktur benötigt.)

Implementiere ausserdem die Berechnung der Zahlen s und t aus dem Lemma von Bézout.

Weiterführende Übungen und Anmerkungen

1.4.8. Der Euklidische Algorithmus wurde vom griechischen Mathematiker und Philosophen Euklid etwa um das Ende des vierten Jahrhunderts vor Christus im siebten Buch seiner *Elemente* (einer Sammlung von 13 Lehrbüchern) beschrieben. Der Algorithmus war mit großer Wahrscheinlichkeit auch schon früheren griechischen Mathematikern bekannt.

1.4.9. Aufgabe. Beweise das Lemma von Bézout ohne Verwendung des Euklidischen Algorithmus. (*Hinweis:* Betrachte die Menge M aller natürlichen Zahlen, welche sich als $ra + qb$ schreiben lassen mit $r, q \in \mathbb{Z}$. Nach dem Wohlordnungsprinzip hat M ein kleinstes Element k. Zeige, dass $M = \{nk : n \in \mathbb{N}\}$ gilt, und folgere daraus, dass $k = \mathrm{ggT}(a, b)$ ist.)

1.4.10. Aufgabe. Beweise Satz 1.3.3 alternativ mit Hilfe des Lemmas von Bézout.

Beweise außerdem Satz 1.3.1 mit Hilfe von Folgerung 1.4.3. Dies liefert auch einen alternativen Beweis des Fundamentalsatzes der Arithmetik, welcher einerseits vielleicht eleganter, aber andererseits weniger direkt ist als der in Abschnitt 1.3 geführte.

1.5   Das Sieb des Eratosthenes

Einer der einfachsten Primzahltests ist das **Sieb des Eratosthenes**: Für eine gegebene Zahl N kann es verwendet werden, um alle Primzahlen $p \leq N$ zu bestimmen. Die Idee ist, nach und nach alle zusammengesetzten Zahlen „auszusieben", bis am Ende nur noch die Primzahlen übrig sind.

Dazu schreiben wir alle Zahlen von 1 bis N in eine Liste. Dann verfahren wir wie folgt:

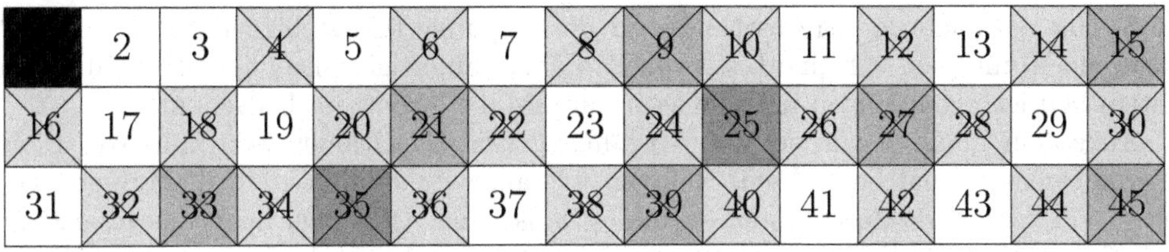

Abbildung 1.2. Die Anwendung des Siebs des Eratosthenes auf die Zahlen ≤ 45 ergibt die Primzahlen 2, 3, 5, 7, 11, 13, 17, 19, 23, 29, 31, 37, 41 und 43. (Die verschiedenen Schattierungen zeigen an, in welchem Schritt des Algorithmus die Zahl aus der Liste entfernt wurde.)

- Da 1 nicht prim ist, streichen wir 1 und beginnen bei 2.

- 2 muss prim sein, da als Teiler höchstens 1 und 2 in Frage kommen. Die anderen Vielfachen von 2 streichen wir nun, angefangen bei 4, da sie nicht prim sein können.

- 3 ist stehen geblieben, muss also prim sein. Wir streichen alle weiteren Vielfachen von 3, beginnend bei 6.

- Wir gehen zur nächsten Zahl über, die noch nicht durchgestrichen ist – die 5. Wir streichen ihre Vielfachen ab 10 und machen weiter, bis wir bei $\lceil\sqrt{N}\rceil$ angelangt sind. Zahlen zwischen $\sqrt{N}$ und N, die nicht prim sind, müssen mindestens einen Faktor besitzen, der höchstens so groß wie $\sqrt{N}$ ist (Aufgabe 1.2.6), wurden also bereits gestrichen. Daher können wir aufhören; die nicht gestrichenen Zahlen sind genau die Primzahlen zwischen 1 und N.

Diese Methode lässt sich sehr einfach auf einem Computer implementieren und verwenden. Allerdings ist sie für große Zahlen mit hunderten oder tausenden von Stellen in der Praxis nicht anwendbar. (Siehe Anmerkung 1.5.3.) Das Verfahren ist **ineffizient** – was genau das bedeutet, lernen wir in Abschnitt 2.3.

Aufgaben

1.5.1. Aufgabe. Wende das Sieb des Eratosthenes an, um alle Primzahlen p mit $p \leq 200$ zu finden.

Weiterführende Übungen und Anmerkungen

1.5.2. Eratosthenes von Kyrene [ANF, S. 57] war im dritten Jahrhundert vor Christus Bibliothekar der berühmten *Bibliothek von Alexandria*. Er ist auch bekannt für seine (erstaunlich genaue) Berechnung des Erdumfangs.

1.5.3. Um das Sieb des Eratosthenes auf die einhunderteinsstellige Zahl $N = 10^{100}$ anzuwenden, müssten wir eine Liste von N Zahlen anfertigen. Das übersteigt aber bei weitem heutige Schätzungen für die Gesamtanzahl der Atome im Universum.

Außerdem müssten wir bei der Ausführung des Algorithmus jede Zahl von 1 bis N mindestens einmal betrachten. Nehmen wir an, wir könnten 10^{20} dieser Operationen in einer Sekunde durchführen – eine optimistische Annahme, denn das übersteigt die Möglichkeiten heutiger Supercomputer bereits um mehrere Größenordnungen. Dann würden wir immer noch 10^{80} Sekunden benötigen, um das Sieb des Eratosthenes auszuführen. Nach derzeitigen Schätzungen ist das Universum um die 14 Milliarden Jahre alt – das sind deutlich weniger als 10^{20} Sekunden!

Für die Zwecke der Kryptographie (siehe Kapitel 4) ist N nicht einmal besonders groß, denn dort kommen oft Zahlen mit mehreren tausend Stellen zum Einsatz.

1.6   Es gibt unendlich viele Primzahlen

Wenn wir eine große Menge natürlicher Zahlen mit dem Sieb des Eratosthenes untersuchen, bekommen wir den Eindruck, dass es „nach oben hin" immer weniger Primzahlen gibt. Das wirft verschiedene Fragen auf: Gibt es endlich oder unendlich viele Primzahlen? Wie sind sie verteilt? Gibt es Häufungen und/oder Lücken? Mit der ersten Frage beschäftigte sich schon Euklid. Seinen eleganten Beweis dafür, dass es unendlich viele Primzahlen gibt, wollen wir hier vorführen.

1.6.1. Satz.
Es gibt unendlich viele Primzahlen.

Beweis. Wir führen einen Widerspruchsbeweis, nehmen also an, die Behauptung sei falsch. Dann gibt es ein $n \in \mathbb{N}$ und Primzahlen $p_1, \ldots, p_n$ so, dass $\{p_1, \ldots, p_n\}$ die Menge *aller* Primzahlen ist. Wir betrachten $q := p_1 \cdot p_2 \cdots p_n + 1$. Dann ist auf jeden Fall $q \geq 2$, also hat q mindestens einen Primteiler p (Aufgabe 1.2.6). Nach Annahme ist $p \in \{p_1, \ldots, p_n\}$, daher gibt es ein i zwischen 1 und n mit $p = p_i$. Aus der Definition von q folgt aber sofort, dass q von p_i mit Rest 1 geteilt wird, und das ist ein Widerspruch. ∎

Obwohl die Menge der Primzahlen unendlich ist, gibt es auch beliebig lange Bereiche in den natürlichen Zahlen, in denen *keine* Primzahlen auftreten, sogenannte **Primzahllücken**.

1.6.2. Satz (Primzahllücken).
Es sei $K \in \mathbb{N}$ eine beliebige natürliche Zahl. Dann gibt es eine Primzahllücke der Länge K. Genauer: Die Zahlen $(K+1)! + 2, (K+1)! + 3, \ldots, (K+1)! + K + 1$ sind alle zusammengesetzt.

Beweis. Wir können annehmen, dass $K \geq 2$ ist, denn sonst ist nichts zu beweisen. Setze $N := (K+1)!$. Nach Definition ist N dann durch alle Zahlen von 1 bis $K+1$ teilbar. Mit Satz 1.2.2 ist also 2 ein Teiler von $N+2$, 3 ein Teiler von $N+3$ und allgemein m ein Teiler von $N+m$ für alle m zwischen 2 und $K+1$. Deshalb sind die Zahlen $N+2, N+3, \ldots, N+K+1$ alle zusammengesetzt. ∎

Was die Untersuchung der Verteilung von Primzahlen betrifft, ist das aber erst der Anfang: In Kapitel 4 und im Anhang werden wir wesentlich genauere Ergebnisse und Vermutungen kennenlernen. Zum Beispiel häufen sich selbst in großer Höhe noch Primzahlen (Anmerkung 1.6.5).

Weiterführende Übungen und Anmerkungen

1.6.3. Aufgabe. Zeige, dass wir mit der gleichen Idee wie im Beweis von Satz 1.6.2 anstelle von $(K+1)!$ auch das Produkt aller Primzahlen $\leq K$ verwenden können, um eine Primzahllücke zu konstruieren. (Das sieht dann so ähnlich aus wie im Beweis von Satz 1.6.1.)

1.6.4. Wir haben den Beweis von Satz 1.6.1 per Widerspruch geführt. Er lässt sich aber auch leicht in einen direkten Beweis der Aussage umwandeln, dass es zu jeder gegebenen endlichen Menge von Primzahlen immer noch eine weitere Primzahl gibt.

1.6.5. Es wird vermutet, dass es ebenfalls unendlich viele sogenannte **Primzahlzwillinge** gibt, also Paare von Primzahlen mit Abstand 2. Beispiele sind 3 und 5, 5 und 7, 11 und 13. Diese Vermutung ist trotz intensiver Forschung bis heute nicht bewiesen – mehr dazu im Anhang.

Weiterführende Literatur

Für eine Diskussion des Aufbaus des Zahlensystems verweisen wir z.B. auf die Bücher „Zahlen für Einsteiger" von Kramer [Kra] und „Zahlen" von Ebbinghaus et al. [E]. Eine formalere Einführung in die Mengenlehre und ihren Zusammenhang mit der Entwicklung der natürlichen Zahlen findet man in dem Büchlein „Naive Mengenlehre" von Paul Halmos [Hal].

Wir behandeln weitere Ergebnisse aus der Zahlentheorie in Kapitel 3 und verweisen dort ebenfalls auf Literatur.

Kapitel 2

Algorithmen und Komplexität

In diesem Kapitel beschäftigen wir uns mit **Algorithmen**: automatischen Verfahren zur Lösung von Problemen. Wir beginnen damit, den Begriff des Algorithmus selbst zu erklären – zumindest so genau wie für unsere Zwecke nötig – und machen uns anhand zahlreicher Beispiele mit seinen Eigenschaften vertraut. Daraufhin erläutern wir, was es bedeutet, dass ein mathematisches Problem **algorithmisch lösbar** ist. Ein besonders wichtiger Gesichtspunkt ist dabei *Effizienz*, ein Maß dafür, wie „praktikabel" ein Algorithmus ist. Wir unterscheiden zwischen effizient lösbaren und effizient verifizierbaren Problemen und besprechen, welche Methoden es zur Verkürzung der Laufzeit von Algorithmen gibt.

2.1 Algorithmen

Was ist ein Algorithmus?

Seit ihrem Anbeginn sucht die Mathematik nach Methoden, mit deren Hilfe die Lösung eines Problems möglichst schnell und sozusagen „automatisch" gefunden werden kann. Solche Verfahren werden als **Algorithmen** bezeichnet. Die schriftliche Addition, Multiplikation und Division, die wir schon in der Grundschule lernen, sind Beispiele von Algorithmen, ebenso wie das Sieb des Eratosthenes und der Euklidische Algorithmus, denen wir im letzten Kapitel begegnet sind. Mit der Entwicklung des Computers haben die Suche nach Algorithmen und deren systematische Betrachtung seit der zweiten Hälfte des zwanzigsten Jahrhunderts eine noch größere Bedeutung gewonnen.

Was aber ist ein Algorithmus? Wir stellen uns darunter eine Anleitung vor, die wir – wie ein Kochrezept – nur Schritt für Schritt befolgen müssen, um das vorgegebene Problem zu lösen. Zur Erläuterung betrachten wir zwei sehr unterschiedliche „Algorithmen". Der erste ist in der Tat ein Kochrezept (welches wir im Eigenversuch getestet haben).

ALGORITHMUS PFANNKUCHEN

Eingabe: Ein Ei, eine Tasse Mehl, eine Tasse Milch, eine Prise Salz, ein Teelöffel Sonnenblumenöl.

1. Verrühre das Ei, das Mehl und die Milch in einer Schüssel zu Pfannkuchenteig. Füge das Salz hinzu.

2. Erhitze das Öl in einer Bratpfanne auf mittelhoher Flamme, bis es brutzelt.

3. Fülle den Pfannkuchenteig in die Pfanne und schwenke diese, bis der Teig verteilt ist.

4. Wende den Pfannkuchen nach 2-3 Minuten.

5. Nach weiteren 2 Minuten ist der Pfannkuchen zum Verzehr bereit.

Der zweite „Algorithmus" ist eine Anleitung zum Verfassen eines Bestseller-Krimis.

ALGORITHMUS BESTSELLER-KRIMI

1. Erfinde eine kantige, aber sympathische Hauptfigur, vorzugsweise eine Privatdetektivin oder Polizeikommissarin.

2. Erfinde außerdem eine (fast) perfekte Straftat.

3. Entwirf eine Handlung, in welcher diese Straftat von der Hauptfigur durch Ermittlungen und evtl. eine Reihe glücklicher Zufälle aufgeklärt wird.

4. Beschreibe diese Handlung auf unterhaltsame und spannende Weise in einem Roman.

Es fällt sofort auf, dass diese beiden Anleitungen von sehr verschiedener Natur sind. Während die erste die einzelnen Schritte und ihre Abfolge klar beschreibt, lässt die zweite viele Details offen. Auch wenn diese Beispiele überspitzt erscheinen mögen, veranschaulichen sie genau die wesentliche Eigenschaft von Algorithmen: Ein solcher darf von der ausführenden Person nicht erwarten, eigene Denkarbeit zu leisten und kreativ zu sein. Die korrekte Befolgung der Anweisungen sollte stets – unabhängig von persönlicher Fähigkeit oder Begabung – dasselbe (korrekte) Ergebnis liefern.

Insofern stimmt die Leserin hoffentlich mit uns überein, dass das Pfannkuchen-Rezept sich (sofern das für nicht-mathematische Beispiele überhaupt möglich ist) als Algorithmus qualifiziert, während die Anleitung zum Besteller-Schreiben hinter diesen Ansprüchen weit zurückbleibt.

Wir formulieren nun etwas genauer, welche Forderungen ein Algorithmus erfüllen soll:

(a) Er hat eine endliche Beschreibung;

(b) er besteht nur aus „elementaren" Schritten, seine Durchführung erfordert insbesondere keine Erfindungskraft;

(c) er darf zwar beliebig große, zu jedem Zeitpunkt aber nur **endliche** Ressourcen (Papier, Tinte, Speicherplatz, ...) benötigen;

(d) zu jedem Zeitpunkt ist der nächste auszuführende Schritt eindeutig bestimmt (**Determinismus**).

Wir können stattdessen ebenfalls sagen: *Ein Algorithmus ist ein Verfahren, das sich in einer gängigen Programmiersprache auf einem Computer implementieren lässt.* Selbstverständlich ist das keine *Definition* im formalen Sinne der Mathematik. Mit etwas Aufwand ist es zwar möglich, den Algorithmusbegriff mathematisch zu erfassen (siehe unten), aber für dieses Buch begnügen wir uns mit obiger informeller Beschreibung und füllen sie im Folgenden etwas mit Leben.

Beispiele und Erläuterungen zum Algorithmusbegriff

Wir beginnen mit einem Verfahren, das schon in der Grundschule gelehrt wird – der schriftlichen Addition. Der Einfachheit halber formulieren wir es für Zahlen im **Binärsystem**. (Siehe Anmerkung 2.1.4.)

	a	0	1			a	0	1
b					b			
0		0	1		0		1	10
1		1	10		1		10	11

(a) Übertrag 0   (b) Übertrag 1

Abbildung 2.1. Binäre Additionstafeln, zur Verwendung im Algorithmus ADDITION.

ALGORITHMUS ADDITION

Eingabe: Zwei natürliche Zahlen m und n, dargestellt in Binärschreibweise.

1. Schreibe beide Zahlen so untereinander, dass die letzten beiden Ziffern von m und n übereinanderstehen, ebenso die vorletzten beiden Ziffern und so weiter. Ziehe einen Strich unter die beiden Zahlen.

2. Haben die Zahlen ungleiche Stellenanzahl, so ergänze die kürzere durch führende Nullen, bis beide Zahlen die gleiche Anzahl s von Stellen haben.

3. Notiere in einem separaten „Übertragskästchen" eine Null und setze $j := 1$.

4. Es sei a die j-te Stelle von m und b die j-te Stelle von n, jeweils von *rechts* gezählt. Lies aus der dem Wert im Übertragskästchen entsprechenden Tabelle aus Abbildung 2.1 den Wert in der a-ten Spalte und b-ten Zeile ab. Wir nennen diese Zahl k.

5. Trage die letzte Ziffer der Zahl k an der j-ten Stelle unterhalb der Zahlen m und n ein.

6. Ist k einstellig, so ersetzen wir die Zahl im Übertragskästchen durch eine Null, andernfalls durch eine Eins.

7. Ist $j \neq s$ (d.h. wir sind noch nicht ganz links angekommen), dann ersetzen wir j durch $j + 1$ und kehren zu 4. zurück.

8. Andernfalls notieren wir die Ziffer aus dem Übertragskästchen als erste Stelle vor dem Rest unseres Ergebnisses und sind fertig.

Die Leserin sei dazu aufgefordert, das Verfahren an einem Beispiel selbst auszuführen. Für die Addition der Zahlen 3 und 6 sind die einzelnen Zwischenschritte in Abbildung 2.2 dargestellt. Im Binärsystem entspricht der Zahl 3 die Ziffern-

$$\boxed{0} \qquad \boxed{0} \qquad \boxed{1} \qquad \boxed{1} \qquad \boxed{1}$$

11	011	011	011	011	011
110	110	110	110	110	110
		1	01	001	1001

Abbildung 2.2. Berechnung von $3 + 6$ mit Hilfe von ADDITION.

folge 11 und der Zahl 6 die Ziffernfolge 110; das Ergebnis 1001 ist in der Tat die Binärdarstellung der Zahl 9.

Auch wenn es sich etwas umständlich liest, haben wir nichts anderes als das übliche Verfahren der schriftlichen Addition beschrieben. (Wir haben übrigens das Binär- nur deshalb anstelle des Dezimalsystems gewählt, weil dann die Additionstafeln überschaubarer bleiben.) Diese Anleitung genügt unseren Kriterien für einen Algorithmus. Die Beschreibung – bestehend aus dem Algorithmus zusammen mit den Additionstafeln aus Abbildung 2.1 – ist sicherlich endlich. Jeder Schritt enthält eine Anweisung, die wir guten Gewissens als „elementar" bezeichnen können, und verwendet außerdem nur endlich viele Ressourcen. Zu guter Letzt ist die Abfolge der Schritte eindeutig bestimmt; unser Verfahren ist also deterministisch.

Vielleicht möchten wir aber nicht nur zwei Zahlen addieren, sondern gleich eine ganze Liste. Wir könnten das übliche Verfahren für die schriftliche Addition mehrerer Zahlen ausformulieren, aber es geht noch einfacher:

ALGORITHMUS ADDITION-VIELE

Eingabe: Eine Liste von mindestens einer und höchstens endlich vielen natürlichen Zahlen.

1. Enthält die gegebene Liste nur eine Zahl, so sind wir fertig.

2. Andernfalls wende den Algorithmus ADDITION auf die letzten beiden Zahlen der Liste an.

3. Ersetze die letzten beiden Zahlen der Liste durch die in Schritt **2.** errechnete Zahl.

4. Kehre zu Schritt **1.** zurück.

Hier sehen wir eine wichtige Eigenschaft von Algorithmen – sie lassen sich kombinieren. Das heißt, wir können in einer Algorithmenbeschreibung andere Algorithmen verwenden, die wir bereits formuliert haben. Das macht das Leben einfacher, denn wie das Beispiel der schriftlichen Addition zeigt, kann es ziemlich aufwendig sein, selbst einfache Verfahren detailliert in ihre Einzelschritte zu zerlegen.

Für den Rest des Buches lassen wir daher die Grundrechenarten in den natürlichen Zahlen als elementare Anweisungen zu, da für diese wohlbekannte Algorithmen existieren (siehe Aufgabe 2.1.1). Ebenso werden wir bereits formulierte Algorithmen in späteren Kapiteln wiederverwenden.

Ein weiteres Beispiel möchten wir noch erwähnen; sei dazu $n \in \mathbb{N}$. Es ist eine bekannte Tatsache (siehe etwa [Lo]), dass $n \cdot \pi$ und $n \cdot e$ selbst keine natürlichen Zahlen sind – unabhängig von der Wahl von n. Aber wie steht es mit der Zahl $n \cdot (\pi + e)$? Um zu versuchen, eine natürliche Zahl n zu finden, für die auch $n \cdot (\pi + e) \in \mathbb{N}$ ist, könnten wir folgenden „Algorithmus" verwenden:

ALGORITHMUS N*(PI+E)

1. Setze $n := 1$.

2. Berechne die Zahl $a_n := n \cdot (\pi + e)$.

3. Falls die errechnete Zahl a_n ganzzahlig ist, sind wir fertig.

4. Andernfalls kehre zu Schritt **2.** zurück, wobei n durch die Zahl $n + 1$ ersetzt wird.

Auf den ersten Blick sieht das wie ein Algorithmus aus. Bei genauerer Betrachtung fällt aber auf, dass wir zum Beispiel nichts dazu gesagt haben, *wie* die Rechnung in Schritt **2.** durchgeführt werden soll. Natürlich können wir mit Hilfe eines Computers oder Taschenrechners (und mit viel Aufwand auch per Hand) die Zahl a_n mit beliebiger Genauigkeit, d.h. gerundet bis auf eine vorgegebene Zahl von Dezimalstellen, ausrechnen. Aber wenn alle so berechneten Nachkommastellen gleich Null sind, so heißt das noch lange nicht, dass $a_n \in \mathbb{N}$ gilt; es könnte sein, dass die gewählte Genauigkeit nicht ausreicht! (Man berechne als Beispiel die Zahl $a_{56602103}$ mit einem Taschenrechner.) Also ist eine solche Rechnung nicht ausreichend, um Schritt **3.** korrekt auszuführen. In Anbetracht dieser Überlegungen ist hier die Forderung nach „elementaren" Schritten verletzt: Das Verfahren stellt keinen Algorithmus dar.

Dieses Beispiel führt vor Augen, dass wir bei der Formulierung von Algorithmen etwas vorsichtig sein müssen. Nichtsdestotrotz hoffen wir, die Leserin davon überzeugt zu haben, dass wir Algorithmen *stets als solche erkennen können*. Ist bei jedem der angegebenen Schritte eindeutig klar, dass und wie dieser automatisch ausgeführt werden kann, so haben wir einen Algorithmus vor uns – sonst nicht. Wir ermutigen explizit dazu, sich bei jeder neuen Algorithmenbeschreibung zu vergewissern, dass die angegebenen Schritte in der Tat entweder elementar sind oder nur die Ausführung eines bereits bekannten Verfahrens erfordern.

Noch eine Bemerkung zum Determinismus, also Teil (d) der zu Anfang des Abschnittes formulierten Bedingungen: Sicherlich erscheint diese Forderung auf den ersten Blick einleuchtend. Allerdings kann es sinnvoll sein, sie etwas abzuschwächen, indem wir **Zufallsentscheidungen** erlauben. Die Vorteile solcher **randomisierter Algorithmen** lernen wir in Abschnitt 2.5 kennen.

Formale Definitionen des Algorithmusbegriffs

Die Suche nach Algorithmen erhielt Ende des neunzehnten und Beginn des zwanzigsten Jahrhunderts eine neue Bedeutung. Die ersten „echten" Computer wurden zwar erst Mitte des zwanzigsten Jahrhunderts, aber die im Rahmen der industriellen Revolution erfolgte Mechanisierung verschiedenster Prozesse hatte bereits begonnen, den Blick von Mathematikerinnen für die algorithmische Lösung von Problemen zu schärfen.

David Hilbert, einer der führenden mathematischen Denker seiner Zeit, stellte daher in den frühen Jahren des zwanzigsten Jahrhunderts ein ambitioniertes Programm auf. Er wollte die Mathematik ein für alle Mal auf eine formale Grundlage stellen, die keine Widersprüche enthielte und in der jede wahre mathematische Aussage auch beweisbar sei. Insbesondere suchte Hilbert nach einer Methode (also einem Algorithmus), mit welcher die Wahrheit einer beliebigen mathematischen Aussage entschieden werden kann. (Dies ist bekannt als **Hilberts Entscheidungsproblem**.)

Hilberts Fragen motivierten in den dreißiger Jahren gleich mehrere Mathematiker (darunter Alan Turing und Alonso Church), den Begriff des Algorithmus mathematisch zu formalisieren. Obwohl die dabei entstandenen Konzepte auf den ersten Blick wenig gemein haben, stellte sich schnell heraus, dass sie äquivalent sind. Dasselbe gilt für alle Algorithmusdefinitionen, die seitdem vorgestellt wurden. Insbesondere sind die Verfahren, die sich in einer der heute üblichen Programmiersprachen implementieren lassen, genau dieselben, welche in Turings Maschinenmodell beschrieben werden können. Aus diesem Grund geht man heute davon aus, dass diese vielfältigen Definitionen tatsächlich genau das widerspiegeln, was wir intuitiv unter einem „Algorithmus" verstehen. Das wird auch als die „Church-Turing-These" bezeichnet und rechtfertigt, dass wir uns in diesem Buch mit einem informellen Algorithmus-Begriff begnügen.

Aufgaben

2.1.1. Aufgabe. Formuliere Algorithmen für:

(a) Die Multiplikation zweier natürlicher Zahlen.

(b) Die Subtraktion einer natürlichen Zahl von einer anderen.

(c) Die Division mit Rest einer natürlichen Zahl durch eine andere.

Formuliere außerdem einen Algorithmus, der bestimmt, welche von zwei gegebenen natürlichen Zahlen größer ist als die andere.

2.1.2. Aufgabe. Überprüfe, dass der in Abschnitt 1.4 besprochene „Euklidische Algorithmus" tatsächlich die Kriterien für einen Algorithmus erfüllt.

Weiterführende Übungen und Anmerkungen

2.1.3. Der Begriff „Algorithmus" leitet sich vom Namen des persischen Mathematikers **al-Chwarizmi** ab, der im neunten Jahrhundert ein wichtiges Rechenwerk verfasste [ANF, S. 158].

2.1.4. Das **Binärsystem**, das aus der Schule bekannt sein dürfte, verwendet nur die Ziffern Null und Eins. (Im Gegensatz dazu verwendet das übliche **Dezimalsystem** die Ziffern Null bis Neun.) Die Zahlen Null bis Zehn zum Beispiel werden im Binärsystem wie folgt dargestellt: 0, 1, 10, 11, 100, 101, 110, 111, 1000, 1001, 1010. In Computern werden Zahlen intern stets im Binärsystem dargestellt. Das liegt daran, dass Speicherzellen üblicherweise genau zwei Zustände (Null und Eins) habe und daher genau eine Ziffer einer Zahl in Binärdarstellung enthalten können.

2.1.5. Einen relativ einfachen Beweis der Irrationalität von π findet man in [NZM]. Dort wird auch im Rahmen der Aufgaben hergeleitet, dass die Eulersche Konstante e irrational ist. Die Frage, auf die sich der „Algorithmus" N*(PI+E) bezog, nämlich ob $\pi + e$ irrational ist, ist dagegen offen!

Ein noch schwierigeres Unterfangen ist es, unter den irrationalen Zahlen noch zwischen sogenannten **algebraischen** Zahlen wie $\sqrt{2}$ und $\sqrt[4]{3}$ und **transzendenten** Zahlen wie e und π zu unterscheiden. Für eine Diskussion dieser Begriffe verweisen wir auf Kapitel 2 in [Lo].

2.1.6. Aufgabe (P). Wir betrachten den folgenden einfachen Algorithmus:

ALGORITHMUS COLLATZ

Eingabe: Eine natürliche Zahl n.

1. Schreibe die Zahl n auf.

2. Falls $n = 1$ ist, sind wir fertig.

3. Falls n gerade ist, ersetze n durch $\frac{n}{2}$. Andernfalls ersetze n durch $3n + 1$.

4. Kehre zu Schritt **1.** zurück.

(a) Implementiere den Algorithmus COLLATZ in einer beliebigen Programmiersprache.

(b) Führe den Algorithmus für die Zahlen 1 bis 100 aus. Was fällt auf?

Die Vermutung liegt nahe, dass der Algorithmus COLLATZ für jeden Startwert irgendwann die Zahl 1 erreicht, also anhält. Das wird als das $3n + 1$-**Problem** bezeichnet oder auch als **Collatz-Vermutung** (nach dem Mathematiker Lothar Collatz, der dieses Problem 1936 formulierte). Obwohl sie durch Computerexperimente für mehr als die ersten 27 000 000 000 000 000 natürlichen Zahlen verifiziert wurde, ist bis heute kein Beweis der Collatz-Vermutung bekannt!

2.2 Algorithmisch lösbare und unlösbare Probleme

Unser Ziel ist es, Algorithmen zur automatischen Lösung von **Problemen** zu verwenden. Dafür sollten wir zunächst klären, was wir überhaupt unter einem Problem verstehen. Auch hier soll uns ein informelles Konzept genügen: Ein Problem besteht aus einer Sammlung von **Instanzen** oder **Eingaben**; für jede von diesen suchen wir nach einer geeigneten **Ausgabe**. Häufig (aber nicht immer) gibt es zu jeder Instanz eine einzige geeignete Ausgabe. Das Problem kann dann oft prägnant als Frage formuliert werden, etwa wie folgt:

PROBLEM SUMME

Eingabe: Zwei natürliche Zahlen n und m.

Frage: Was ist $n + m$?

Sowohl Eingaben als auch Ausgaben werden üblicherweise als **Zeichenketten** dargestellt, d.h. als eine endliche Aneinanderreihung von Buchstaben eines gewissen Alphabets. Um den informellen Charakter unserer Betrachtungen zu erhalten, gehen wir üblicherweise nicht genau darauf ein, wie die Instanzen als Zeichenketten codiert werden. Handelt es sich dabei um natürliche Zahlen (wie bei den Problemen, welche uns am meisten interessieren), so stellen wir sie uns stets als in ihrer Binär- oder Dezimaldarstellung gegeben vor.

Ein Algorithmus **löst** nun ein Problem, falls er für jede Eingabe nach endlich vielen Schritten seine Ausführung mit einer korrekten Ausgabe beendet. Zum Beispiel löst der im vorigen Abschnitt besprochene Algorithmus ADDITION das Problem SUMME. Ein Problem, für welches ein Lösungsalgorithmus existiert, wird als **algorithmisch lösbar** (oder auch **entscheidbar**) bezeichnet; andernfalls ist es **algorithmisch unlösbar** oder **unentscheidbar**.

Ferner werden wir **Entscheidungsprobleme**, deren gesuchte Ausgabe stets entweder „ja" oder „nein" ist, von allgemeineren **Berechnungsproblemen** unterscheiden. Zum Beispiel ist das Problem, welches im Mittelpunkt dieses Buches steht, ein Entscheidungsproblem:

PROBLEM PRIMALITÄT

Eingabe: Eine natürliche Zahl $n \geq 2$.
Frage: Ist n eine Primzahl?

Im nächsten Abschnitt machen wir die – vielleicht überraschende – Entdeckung, dass jedes Berechnungsproblem auf ein äquivalentes Entscheidungsproblem reduziert werden kann. Daher beschränken wir uns im Folgenden meist auf die in vielerlei Hinsicht einfachere Betrachtung von Entscheidungsproblemen.

Diese haben zwei verschiedene Typen von Eingaben: Für **positive** Instanzen ist die gesuchte Antwort „ja", während sie für die übrigen, **negativen**, Instanzen „nein" lautet. Für das Problem PRIMALITÄT sind die positiven Instanzen genau die Primzahlen und die negativen genau die zusammengesetzten Zahlen.

Zu jedem Entscheidungsproblem gibt es ein **duales** Problem, nämlich das, in welchem die Rollen der positiven und negativen Instanzen vertauscht sind. Das zu PRIMALITÄT duale Problem ist dann das der Zusammengesetztheit:

PROBLEM ZUSAMMENGESETZTHEIT

Eingabe: Eine natürliche Zahl $n \geq 2$.
Frage: Ist n eine zusammengesetzte Zahl?

Es mag unsinnig erscheinen, zwischen einem Entscheidungsproblem und seinem dualen Problem zu unterscheiden: Ist eines der beiden algorithmisch lösbar, so auch das andere; wir müssen nur die Antworten „ja" und „nein" vertauschen. In den Abschnitten 2.4 und 2.5 werden wir aber Konzepte der Komplexitätstheorie kennenlernen, in denen positive und negative Instanzen verschiedene Rollen spielen und für die diese Unterscheidung daher wichtig ist!

Zu guter Letzt weisen wir noch darauf hin, dass Probleme, für die es nur *endlich viele* verschiedene Eingaben gibt, nach unserer Definition automatisch algorithmisch lösbar sind. Es gibt dann nämlich eine endliche Liste, die zu jeder möglichen Eingabe eine korrekte Ausgabe enthält; der Algorithmus muss dann nur in dieser Liste nachschlagen, um das Problem zu lösen. Dabei ist zu beachten, dass algorithmische Lösbarkeit eines Problems nur die *Existenz* eines Lösungsalgorithmus fordert. Um sie nachzuweisen, müssen wir daher nicht zwangsläufig einen expliziten Algorithmus hinschreiben, sondern könnten stattdessen etwa mit einem Widerspruchsbeweis oder einer Fallunterscheidung argumentieren; siehe auch Anmerkung 2.2.4.

Als ein Beispiel betrachten wir das Problem „Ist die Zahl $m := 2^{2^{61}-1} - 1$ prim?". Dieses Problem ist algorithmisch lösbar, denn ist m prim, so wird es von dem Algorithmus, der immer „ja" antwortet, gelöst, andernfalls von dem Algorithmus, der immer „nein" antwortet. Welches von beidem der Fall ist, ist eine andere Frage! Für alle algorithmisch lösbaren Probleme, die wir in diesem Buch kennenlernen, können wir aber explizite Algorithmen angeben.

Algorithmisch unlösbare Probleme

In Abschnitt 2.1 erwähnten wir bereits Turings und Churchs formale Untersuchungen des Algorithmenbegriffs. Diese zeigten letztendlich, dass der Wunsch Hilberts nach einer Lösung des Entscheidungsproblems unerfüllbar war. Turing bemerkte nämlich, dass auch Algorithmen (die ja eine endliche Beschreibung haben, z.B. in Form ihres Quellcodes in einer gängigen Programmiersprache) wieder als Eingaben angesehen werden können, und betrachtete folgendes Entscheidungsproblem:

HALTEPROBLEM

Eingabe: Ein Algorithmus A, zusammen mit einer Eingabe x für A.

Frage: Hält der Algorithmus A bei Eingabe x an? D.h. beendet er seine Ausführung nach endlich vielen Schritten?

2.2.1. Satz (Unentscheidbarkeit des Halteproblems).
Das Halteproblem ist algorithmisch unlösbar.

Beweis. Wir nehmen zum Widerspruch an, es gäbe einen Algorithmus, nennen wir ihn HALT, der das Halteproblem löst. Wir betrachten folgenden Algorithmus:

> ### ALGORITHMUS DIAG
>
> **Eingabe:** Ein Algorithmus B.
>
> 1. Führe HALT mit $A = B$ und $x = B$ aus.
>
> 2. Falls die Ausgabe von HALT in Schritt **1.** „nein" war, sind wir fertig.
>
> 3. Andernfalls wiederhole Schritt **2.** .

Mit anderen Worten hält DIAG bei Eingabe von B genau dann an, wenn B bei Eingabe seines eigenen Quelltexts *nicht* anhält. Insbesondere hält der Algorithmus DIAG bei Eingabe seines eigenen Quelltexts genau dann an, wenn er bei Eingabe seines eigenen Quelltexts nicht anhält. Das ist ein Widerspruch! ∎

Die Unlösbarkeit des Halteproblems hat tiefgreifende Konsequenzen.

- Nicht jedes Problem ist algorithmisch lösbar. Wenn wir also vor einer Frage stehen, die wir gern mit einem automatischen Verfahren beantworten möchten, so müssen wir zwei Dinge bedenken: Es ist nicht von vornherein klar (und oftmals schwierig zu entscheiden), ob ein solches Verfahren überhaupt existiert. Und selbst wenn eine automatische Lösung unseres Problems möglich ist, dann muss immer noch ein geeigneter Algorithmus gefunden werden (siehe Anmerkung 2.2.3).

- Insbesondere ist Hilberts Entscheidungsproblem nicht lösbar – es gibt kein Programm, das eine mathematische Aussage daraufhin untersucht, ob sie wahr ist. Sonst könnten wir dieses Programm verwenden, um auch das Halteproblem zu lösen! Ein Computer ist also für die Mathematik keine „Wunderwaffe" – es kann viel Arbeit und Erfindungsgeist nötig sein, um ihn erfolgreich bei der Erforschung von Mathematik einzusetzen.

- Es gibt kein automatisches Verfahren, welches ein Programm daraufhin überprüft, ob es korrekt geschrieben ist; nicht einmal, ob es niemals in eine Endlosschleife gerät, also nicht anhält. Es gibt sehr kurze und einfache Programme, für die das bis heute nicht bekannt ist; wir erinnern an Aufgabe 2.1.6. Mit anderen Worten: Eine Programmiererin muss bereits in der Entwicklungsphase darauf achten, dass ihr Programm das tut, was es soll. Sie sollte ihren Programmcode sauber schreiben und mit vielen Kommentaren versehen, denn eine automatische Überprüfung eines schlecht geschriebenen Programms ist nicht möglich.

125	311	125	3	7
1	253	1	112	537

Abbildung 2.3. Anmerkung 2.2.3 (a)

Aufgaben

2.2.2. Aufgabe. Für welche der folgenden Probleme existiert ein Algorithmus, und für welche nicht?

(a) Gegeben seien zwei natürliche Zahlen n und k. Ist k ein Teiler von n?

(b) Ist die Riemannsche Vermutung wahr (siehe Abschnitt 4.3)?

(c) Gegeben ist ein Computerprogramm. Entscheide, ob es eine Eingabe gibt, von der ausgehend dieses Programm die Zahl 42 ausgibt.

(d) Es sei eine endliche Menge $A \subseteq \mathbb{N}$ gegeben. Ist es möglich, A in zwei Mengen X_1 und X_2 aufzuteilen, so dass die Summe der Elemente in X_1 und die Summe der Elemente in X_2 übereinstimmen?

(e) Gegeben ist eine Liste von endlich vielen natürlichen Zahlen. Man ordne sie ihrer Größe nach an.

Weiterführende Übungen und Anmerkungen

2.2.3. Es gibt viele Probleme, von denen heute bekannt ist, dass sie algorithmisch un-lösbar sind – darunter einige, von denen man es auf den ersten Blick vielleicht nicht erwarten würde! Hier sind zwei berühmte Beispiele:

(a) **Korrespondenzproblem von Post.** Gegeben sei eine endliche Menge von ver-schiedenen Dominosteinen (siehe Abbildung 2.3), die in der oberen und unteren Hälfte jeweils eine natürliche Zahl (in Dezimalschreibweise) eingetragen haben.

Wir nehmen an, dass wir von jedem dieser verschiedenen Dominosteine beliebig viele Kopien zur Verfügung haben. Ist es möglich, endlich viele dieser Steine so nebeneinander zu legen, dass die Folge der Ziffern in der oberen und in der unte-ren Reihe übereinstimmen? (Im Beispiel oben ist das möglich, die Ziffernfolge ist 12531112537.)

(b) **Hilberts zehntes Problem.** Es sei $P = P(X_1, \ldots, X_n)$ ein **Polynom** in den n Variablen $X_1, \ldots, X_n$ mit ganzzahligen Koeffizienten. (D.h. P ist eine endli-che Summe, in der jeder Term die Form $C \cdot X_1^{k_1} \cdots X_n^{k_n}$ hat, wobei $C \in \mathbb{Z}$ und $k_1, \ldots, k_n \in \mathbb{N}_0$ sind; siehe auch Abschnitt 2.5.) Hat P eine ganzzahlige Nullstelle? (Gibt es also $x_1, \ldots, x_n \in \mathbb{Z}$ mit $P(x_1, \ldots, x_n) = 0$?)

2.2.4. Es ist in der Tat schon vorgekommen, dass die Lösbarkeit eines Problems ohne Angabe eines Algorithmus bewiesen wurde. Ein Beispiel dafür ist das Problem, zu entscheiden, ob ein gegebener **Graph** „knotenfrei" ist. (Für Definitionen der Graphentheorie verweisen wir interessierte Leserinnen auf das Buch „Graphentheorie" von Diestel [Dst].) Lange Zeit war nicht bekannt, ob dieses Problem algorithmisch lösbar ist oder nicht.

Anfang des 21. Jahrhunderts wurde aber der berühmte „Minorensatz" der Graphentheorie bewiesen. Aus ihm folgt die Existenz eines Lösungsalgorithmus für das Problem der Knotenfreiheit – sogar eines **effizienten** Algorithmus im Sinne des nächsten Abschnitts. Explizit bekannt ist ein solcher aber bis heute nicht!

2.2.5. Aufgabe. Zusätzlich zu einer Lösung des Entscheidungsproblems war es Hilberts Wunsch, ein formales System einzuführen, in dem eine Aussage genau dann wahr ist, wenn sie beweisbar ist.

Zeige informell, dass die Existenz eines solchen Systems die Lösbarkeit des Entscheidungsproblems zur Folge hätte und daher unmöglich ist. (*Hinweis:* Die Korrektheit eines formalen Beweises lässt sich leicht algorithmisch überprüfen.)

Dass es ein solches System nicht gibt, wurde schon vor Turings Ergebnissen von **Kurt Gödel** bewiesen. Dass Aussagen existieren, die von den üblichen mathematischen Axiomen ausgehend nicht bewiesen oder widerlegt werden können, sorgte in der Mathematik für Bestürzung. Zu diesem Thema ist das Buch „Gödel, Escher, Bach" [Ho] sehr zu empfehlen. Für eine informelle, aber ausführliche Diskussion zum Gödelschen Unvollständigkeitssatz verweisen wir auf das Buch „Gödel's theorem: an incomplete guide to its use and abuse" [Fr] und für eine formale Behandlung der Aussagenlogik auf das Lehrbuch „Einführung in die mathematische Logik" [EFT].

2.2.6. Die Methode, die im Beweis von Satz 2.2.1 verwendet wird, bezeichnet man als **Diagonalisierung**. Sie wird in der Mathematik häufig benutzt, um Widersprüche in Situationen herzustellen, in denen eine Art *Selbstreferenz* auftritt. (In unserem Fall: Man kann in einem Algorithmus den eigenen Quelltext als Eingabe verwenden.) So kann man zum Beispiel zeigen, dass es keine *Menge aller Mengen* geben kann und dass die reellen Zahlen *überabzählbar* sind. Diese Methode wurde auch von Gödel für seinen oben erwähnten Unvollständigkeitssatz verwendet.

2.3   Effizienz von Algorithmen und die Klasse P

Wie wir soeben beobachtet haben, kann es schwierig oder sogar unmöglich sein, für die Lösung eines gegebenen Problems einen Algorithmus zu finden. Als ob das noch nicht schlimm genug wäre, muss für den Nutzen eines solchen Verfahrens auch der Gesichtspunkt der **Effizienz**, also der praktischen Ausführbarkeit, beachtet werden. Schließlich wäre ein Algorithmus, dessen Speicherbedarf die Anzahl der Atome der Erde übersteigt, oder dessen Ausführung mehrere Milliarden Jahre dauert, nicht von großem Nutzen.

Wir müssen uns also mit den für die Ausführung unseres Algorithmus benötigten Ressourcen beschäftigen. Die Art und Weise, in der diese von der Eingabe abhängen, bezeichnet man als **Komplexität** des Algorithmus und ihre Untersuchung als **Komplexitätstheorie**. Wir werden uns im Folgenden auf den zeitlichen Aspekt der Komplexität beschränken, denn ihm kommt in Theorie und Praxis oft die größte Bedeutung zu. Ist A ein Algorithmus und I eine Eingabe für A, so ist die **Laufzeit** von A auf I definiert als die **Anzahl der elementaren Anweisungen**, die die Ausführung von A auf I benötigt. Die **Laufzeitfunktion** des Algorithmus ordnet jedem $n \in \mathbb{N}$ die höchste Laufzeit auf einer Eingabe der Länge n zu, bezeichnet als $s(n)$.

(Wir erinnern daran, dass die Eingaben eines Algorithmus *Zeichenketten* sind; mit der „Länge" meinen wir die Länge dieser Zeichenkette. Ist die Eingabe etwa eine natürliche Zahl m in Binärdarstellung, so ist ihre Länge genau $\lfloor \log(m) \rfloor + 1$.)

Der genaue Wert der Laufzeitfunktion hängt davon ab, was wir unter einer „elementaren Anweisung" verstehen. Dies wiederum ist abhängig vom verwendeten Maschinenmodell: Während für theoretische Zwecke, wie etwa in Turings Algorithmenmodell, sehr wenige elementare Anweisungen ausreichen, steht in modernen Mikroprozessoren eine Vielzahl von Operationen zur Verfügung (zum Beispiel grundlegende Rechenoperationen für Zahlen einer beschränkten Länge). Für uns ist nur von Bedeutung, dass eine solche Operation innerhalb eines bestimmten Zeitrahmens – meist ein Bruchteil einer Sekunde – ausgeführt werden kann.

Asymptotisches Wachstumsverhalten

Wir möchten nun die Effizienz eines Algorithmus anhand seiner Laufzeitfunktion bewerten und die Effizienz verschiedener Algorithmen vergleichen. Das klingt einfach – wir betrachten die Laufzeitfunktionen und entscheiden, welche der beiden kleinere Werte annimmt. Allerdings hängt die Laufzeitfunktion selbst von der genauen Definition einer elementaren Anweisung ab; in Anbetracht der rapiden technologischen Entwicklung im Bereich der Computertechnik sollten unsere Effizienzbetrachtungen aber möglichst *unabhängig* von einer solchen Definition sein. Außerdem ist es immer möglich, unseren Algorithmus für gewisse Instanzen zu beschleunigen, indem passende Spezialfälle gesondert behandelt werden. (Zum Beispiel könnten wir in einen Primzahltest eine Liste der ersten 1000 Primzahlen mit einbeziehen und damit die Ausführungszeit für diese Eingaben künstlich beschleunigen.) Ein Maß für Effizienz, das unabhängig vom momentanen Stand der Technik aussagekräftig ist, sollte daher folgende Eigenschaften haben:

- Es sollte von einer Veränderung der Laufzeitfunktion um eine multiplikative Konstante, wie sie bei einer Änderung des Maschinenmodells oder der Implementierung auftreten kann, unabhängig sein.

- Es sollte sich auf Aussagen über das Verhalten des Algorithmus bei „großen" Eingaben beschränken.

Es gibt ein mathematisches Konzept, welches genau das leistet: die **asymptotische Größenordnung** einer Funktion.

2.3.1. Definition (Asymptotisches Wachstum).
Es seien $f, g : \mathbb{N} \to \mathbb{R}$ Funktionen. Wir sagen, dass f für $x \to \infty$ höchstens die **asymptotische Größenordnung von** g hat, und schreiben $f(n) = O(g(n))$, falls es eine Konstante $C > 0$ gibt derart, dass

$$|f(n)| \leq C \cdot |g(n)|$$

gilt für alle genügend großen n. (Das bedeutet, dass es ein $N \in \mathbb{N}$ so gibt, dass die Ungleichung für alle $n \geq N$ erfüllt ist.)

Beispiele. Es ist $n = O(n^2)$, $n^2 = O(n^5)$, aber nicht $2^n = O(n^2)$ (siehe Aufgaben).

Bemerkung. Es ist zu beachten, dass das Gleichheitszeichen in der O-Notation keine tatsächliche Gleichheit bedeutet. Exakter wäre es vielleicht, $O(g)$ als eine Klasse von Funktionen aufzufassen und $f \in O(g)$ zu schreiben. Die obige Schreibweise ist aber seit langem üblich und sorgt nicht für Verwirrung, solange man etwas Vorsicht walten lässt.

Wir sagen nun, dass unser Algorithmus **asymptotische Laufzeit** höchstens $g(n)$ hat, falls $s(n) = O(g(n))$ gilt. Bei der Betrachtung der Effizienz von Algorithmen diskutiert man meist nur diese asymptotische Laufzeit. Ein Algorithmus mit $s(n) = 20000n$ wird damit als effizienter eingestuft als einer, der $s(n) = 5n^2$ erfüllt. (Allerdings würde in der Praxis der zweite Algorithmus angewendet, solange die Länge der Eingabe kleiner als 4000 ist.)

Nun möchte man gerne eine Grenze einführen, ab der ein Algorithmus wirklich nicht mehr als nützlich angesehen werden kann, und diese Grenze sollte (siehe oben) unabhängig von der heute zur Verfügung stehenden Technologie sein. Hier hat man sich auf Folgendes geeinigt:

2.3.2. Definition (Effizienz von Algorithmen).
Ein Algorithmus heißt **effizient**, falls seine Laufzeitfunktion $s(n)$ **polynomiell** ist, d.h. $s(n) = O(n^k)$ für irgendeine positive Zahl k gilt.

Die Klasse der Entscheidungsprobleme, die **effizient lösbar** sind, für die also ein solcher Algorithmus existiert, wird mit **P** bezeichnet.

Probleme, für die kein effizienter Algorithmus existiert, werden als „praktisch unlösbar" eingestuft. Die Vorstellung ist dabei, dass ein Fortschritt der Technik für einen Algorithmus mit Laufzeit der Größenordnung n^k durchaus eine Verbesserung bewirken kann im Hinblick auf die behandelbaren Eingangsdaten; für einen Algorithmus, der etwa exponentielle Laufzeit hat, ist das unmöglich.

Man kann nun anführen, dass Probleme der Laufzeit $O\left(n^{10^{10^{10}}}\right)$ nicht wirklich als effizient lösbar bezeichnet werden können (siehe auch Aufgabe 2.3.14), aber bis heute hat sich diese Unterscheidung als eine sehr gute Klassifikation von lösbaren und unlösbaren Problemen erwiesen. Außerdem ist es Zweck einer solchen Definition, zunächst eine *grobe* Unterscheidung herbeizuführen. So lange wesentliche offene Fragen selbst für diese Einteilung ungelöst bleiben (siehe Abschnitt 2.4), ist eine feinere Unterscheidung kaum sinnvoll!

Beispiele

Beginnen wir mit dem üblichen Algorithmus der schriftlichen Addition zweier Zahlen, siehe ADDITION. Dabei werden, beginnend mit der letzten Stelle, jeweils zwei Ziffern und gegebenenfalls ein Übertrag addiert. Das Ergebnis der Addition liefert die entsprechende Ziffer des Resultats und den Übertrag für die nächste zu betrachtende Stelle.

Haben unsere Zahlen also Stellenzahl k, so müssen wir k-mal höchstens drei einstellige Zahlen addieren. Diese einzelnen Additionen können wir mit gutem Gewissen als elementare Anweisungen auffassen. *Also hat der Algorithmus „Schriftliche Addition" asymptotische Laufzeit $O(k)$.* (Insbesondere ist er nach unserer Definition effizient, was beruhigend ist.)

Als nächstes betrachten wir konsequenterweise die schriftliche Multiplikation zweier Zahlen n_1 und n_2. Diese besteht aus zwei Schritten: Zunächst wird n_1 mit jeder Ziffer von n_2 multipliziert, und die Ergebnisse werden versetzt untereinander aufgeschrieben. Danach werden diese Zahlen addiert. Haben n_1 und n_2 nun wiederum Stellenanzahl k, so wird, ähnlich wie oben, die Multiplikation von n_1 mit einer einstelligen Zahl eine Laufzeit von $O(k)$ benötigen. Da wir dies für jede der k Stellen von n_2 durchführen müssen, ergibt dies eine Laufzeit von $O(k^2)$ für den ersten Schritt des Verfahrens. Der zweite Schritt, also die Addition von k Zahlen, erfordert ebenfalls eine Laufzeit von $O(k^2)$. *Insgesamt hat der Algorithmus „Schriftliche Multiplikation" daher asymptotische Laufzeit $O(k^2)$.* Also ist auch dieser Algorithmus effizient, aber weniger effizient als die schriftliche Addition. Dies entspricht wohl unserer Erfahrung mit diesen Methoden!

Zuletzt wenden wir uns dem jahrtausendealten Sieb des Eratosthenes zu, welches zu einer gegebenen Zahl n alle Primzahlen $p \leq n$ findet (und insbesondere entscheidet, ob n selbst prim ist). Die Ausführung des Algorithmus beinhaltet die folgenden Schritte:

(a) Jede natürliche Zahl von 1 bis n wird entweder als Primzahl erkannt und ausgegeben oder aber als (zusammengesetztes) Vielfaches einer Primzahl ausgestrichen.

(b) Jede natürliche Zahl von 1 bis $\sqrt{n}$ wird einmal darauf untersucht, ob sie schon durchgestrichen ist.

(c) Für jede Primzahl p zwischen 2 und $\sqrt{n}$ werden einmal alle (zusammengesetzten) Vielfachen bis höchstens n bestimmt und ausgestrichen; d.h. es wird insgesamt $\left\lceil \frac{n}{p} \right\rceil - 1$-mal die Zahl p zu einer Zahl $k \leq n$ addiert.

(Die Leserin ist dazu eingeladen, die Details genauer auszuarbeiten.)

Aus der obigen Beschreibung können wir folgern: *Die Laufzeit des Siebs von Eratosthenes für die Bestimmung aller Primzahlen $\leq n$ ist mindestens n und höchstens polynomiell in n.*

Bedeutet das, dass der Algorithmus effizient ist? Wenn dem so wäre, könnten wir uns nun zufrieden zurücklehnen: Ziel dieses Buches ist schließlich, einen effizienten Algorithmus zur Lösung des Problems PRIMALITÄT zu finden. Wir erinnern uns aber, dass die Laufzeit eines effizienten Algorithmus polynomiell in der Länge der Eingabe als Zeichenkette, also hier polynomiell in $\log n$, sein muss. Damit stellen wir fest, dass unser Algorithmus leider hochgradig ineffizient ist – seine Laufzeit ist **exponentiell** in der Länge der Eingabe. Wer einmal seine Ausführung per Hand für eine 4-stellige natürliche Zahl versucht und das mit der schriftlichen Multiplikation zweier solcher Zahlen vergleicht, wird diesem Ergebnis nur zustimmen können! (Wir erinnern auch an Anmerkung 1.5.3.)

Teile und Herrsche

Das Ziel des Spiels „Berufe Raten" (Grundlage der bis in die 1980er Jahre hinein produzierten Ratesendung „Was bin ich?") ist es, durch möglichst wenige ja/nein-Fragen den Beruf einer Person herauszufinden. Es ist dabei empfehlenswert, zunächst das Arbeitsfeld grob einzuschränken, anstatt gleich sehr spezifisch nachzufragen.

Diese einfache Idee hilft auch bei der Entwicklung von effizienten Algorithmen. Um das zu veranschaulichen, nehmen wir an, dass nicht ein Beruf, sondern eine Zahl, etwa zwischen 1 und 100, erraten werden soll. (Das ist nicht ganz so unterhaltsam wie das ursprüngliche Spiel, aber mathematisch einfacher zu untersuchen.) Wie beim „Berufe Raten" würden wir bei diesem Spiel nicht alle 100 Zahlen nacheinander durchprobieren, sondern die in Frage kommenden Lösungen Schritt für Schritt eingrenzen. Zum Beispiel könnten wir zunächst fragen, ob die

Zahl zwischen 1 und 50 liegt; ist das der Fall, ob sie zwischen 1 und 25 liegt, und so weiter. Auf diese Art und Weise kommen wir dann anstatt mit 100 (im ungünstigsten Fall) mit höchstens

$$\lceil \log(100) \rceil = 7$$

Fragen aus – eine dramatische Verbesserung!

Die zugrundeliegende Idee ist also, ein Problem in den Griff zu bekommen, indem wir es in verschiedene, ungefähr gleich große Teile zerlegen und diese dann einzeln betrachten. Dieses Prinzip wird mit **Teile und Herrsche** bezeichnet und hat in der Algorithmik große Bedeutung. Wir verwenden die obige Variante, um zu einem Berechnungsproblem B ein äquivalentes Entscheidungsproblem E zu konstruieren.

Der Einfachheit halber nehmen wir an, dass die Ausgaben für das Problem B natürliche Zahlen sind. Es ist nicht schwierig, beliebige Zeichenketten durch natürliche Zahlen zu kodieren – tatsächlich geschieht dies heute in jedem Computer. Außerdem setzen wir voraus, dass es für jede Instanz I von B genau eine korrekte Ausgabe gibt; wir bezeichnen diese mit $B(I)$. (Viele Probleme haben diese Eigenschaft ohnehin; ansonsten könnten wir z.B. das etwas stärkere Problem betrachten, in dem nach der *kleinsten* korrekten Ausgabe gesucht wird.) Es sei nun E das folgende Entscheidungsproblem:

PROBLEM E

Eingabe: Eine Instanz I von B und eine natürliche Zahl k.
Frage: Gilt $B(I) \leq k$?

2.3.3. Hilfssatz (Äquivalenz von B und E).
Seien B und E wie oben. Es gebe ein $d \in \mathbb{N}$ derart, dass für alle $n \in \mathbb{N}$ und alle Instanzen I der Länge n
$$\log B(I) = O(n^d)$$
gilt. Dann ist B genau dann effizient lösbar, wenn das für E der Fall ist.

Bemerkung. Die Voraussetzung besagt, dass die Länge der gesuchten Antwort für das Problem B **polynomiell beschränkt** in der Länge der Eingabe ist. Offensichtlich kann für ein Problem, welches diese Eigenschaft nicht besitzt, kein effizienter Algorithmus existieren, denn ansonsten würde schon die *Ausgabe* von $B(I)$ zu viel Zeit in Anspruch nehmen – von der Berechnung ganz zu schweigen!

Beweis. Ist A ein Algorithmus, der B effizient löst, so können wir auch E effizient lösen, indem wir zunächst A auf die Instanz I anwenden und dann die Zahlen $B(I)$ und k miteinander vergleichen.

Für die Umkehrung nehmen wir an, dass A ein effizienter Algorithmus zur Lösung von E ist. Ist I eine Instanz von B, so wissen wir nach Annahme, dass die Zahl $B(I)$ zwischen 1 und 2^{n^d} liegen muss. Wie beim oben beschriebenen „Zahlen Raten"-Spiel können wir also mit Hilfe des Prinzips „Teile und Herrsche" für jede Instanz I die Zahl $B(I)$ durch höchstens n^d Anwendungen des Algorithmus A bestimmen. Damit haben wir einen effizienten Algorithmus für die Berechnung von $B(I)$ gefunden!   ∎

Aufgaben

2.3.4. Aufgabe (!).   (a) Es sei $f : \mathbb{N} \to \mathbb{R}$ eine Funktion, die durch eine positive Konstante nach unten beschränkt ist. (Das heißt, es gibt ein $\varepsilon > 0$ mit $f(n) > \varepsilon$ für alle $n \in \mathbb{N}$.) Sei $C \in \mathbb{R}$ eine beliebige Konstante. Zeige, dass $f(n) + C = O(f(n))$ gilt.

(b) Es seien $k, m \in \mathbb{N}_0$. Zeige: $x^k = O(x^m)$ genau dann, wenn $k \leq m$ ist.

(c) Es sei P ein Polynom des Grades höchstens d. Zeige, dass $P(n) = O(n^d)$ ist.

(d) Es sei $a > 1$ eine reelle Zahl. Gilt dann $a^n = O(2^n)$?

(e) Es sei $\varepsilon > 0$ eine reelle Zahl. Zeige, dass $\log n = O(n^\varepsilon)$ ist.

(f) Es sei $k \in \mathbb{N}$. Zeige, dass $n^k = O(2^n)$ ist.

(*Hinweis:* Für (e) verwende die Potenzregel $\log n^\varepsilon = \varepsilon \log(n)$ und Aufgabe 1.1.8 (a). Alternativ kann (e) auch aus (f) abgeleitet werden. Für (f) zeige zunächst, dass $(n+1)^k < 2n^k$ gilt für alle genügend großen $n \in \mathbb{N}$. Folgere dann hieraus mit vollständiger Induktion, dass es eine Konstante $C \in \mathbb{R}$ gibt mit $n^k \leq C \cdot 2^n$ für alle genügend großen $n \in \mathbb{N}$.)

2.3.5. Aufgabe (!).   (a) Zeige, dass die schriftliche Division mit Rest ein effizienter Algorithmus ist.

(b) Es seien $m, n \in \mathbb{N}$ mit $m > n$. Zeige, dass die Anzahl der Divisionen mit Rest, die der Euklidische Algorithmus für das Auffinden von ggT(m, n) benötigt, $O(\log m)$ ist. (Das heißt, der Algorithmus ist effizient.) *Hinweis:* Man überlege sich, dass die größere der beiden Zahlen sich nach zwei Schritten des Algorithmus mindestens um die Hälfte verringert haben muss.

2.3.6. Aufgabe (!). Es seien n und k natürliche Zahlen. Die einfachste Art und Weise, die Potenz n^k zu berechnen, wäre, gemäß der Definition der Potenz $k - 1$ Multiplikationen auszuführen. Verwende das Prinzip „Teile und Herrsche", um die Anzahl der Multiplikationen auf höchstens $2\lfloor \log k \rfloor$ zu reduzieren.

2.3.7. Aufgabe (!). Finde für die folgenden Probleme effiziente Algorithmen:

(a) Gegeben $n, k \in \mathbb{N}$, finde die Zahl $\lfloor \sqrt[k]{n} \rfloor$ (d.h. die größte natürliche Zahl m, die $m^k \leq n$ erfüllt).

(b) Gegeben $n \in \mathbb{N}$, gibt es natürliche Zahlen m und $k > 1$ mit $n = m^k$?

2.3.8. Aufgabe. Für jedes der folgenden Berechnungsprobleme formuliere man ein äquivalentes Entscheidungsproblem:

(a) Eingabe: eine natürliche Zahl n. Ausgabe: ein nicht-trivialer Teiler von n, falls ein solcher existiert.

(b) Eingabe: eine natürliche Zahl n. Ausgabe: die Anzahl der Teiler von n.

Weiterführende Übungen und Anmerkungen

2.3.9. Die „groß-O-Notation", die wir bei der Betrachtung der asymptotischen Laufzeit verwenden, wurde Ende des neunzehnten Jahrhunderts von dem Zahlentheoretiker Paul Bachmann eingeführt. Sie wurde maßgeblich durch den Mathematiker Edmund Landau bekannt gemacht und wird heute vor allem mit diesem verbunden („Landau-Notation").

2.3.10. Der Begriff „Teile und Herrsche" (*divide et impera*) wird oft auf Julius Caesar zurückgeführt, doch seine genaue Herkunft ist unklar. Er beschreibt ursprünglich die Methode, Uneinigkeit unter Gegnern zu säen, um diese leichter zu besiegen. Zum Glück ist die Anwendung dieser Methode in der Informatik moralisch unbedenklich!

2.3.11. Aufgabe. Es bezeichne $f_1, f_2, \ldots$ die in Abschnitt 1.1 definierte Folge der Fibonacci-Zahlen.

(a) Ein naheliegender rekursiver Algorithmus für die Berechnung von f_n ist der folgende:

ALGORITHMUS FIB

Eingabe: Eine natürliche Zahl n.

1. Ist $n = 1$ oder $n = 2$, so lautet die Antwort $f_n = 1$, und wir sind fertig.

2. Sonst berechne zunächst f_{n-1} und dann f_{n-2}.

3. Das Ergebnis ist nun die Summe der beiden in Schritt 2. berechneten Zahlen.

Wie viele Operationen benötigt dieser Algorithmus?

(b) Wie lässt sich die Anzahl der Operationen für die Berechnung von f_n reduzieren?

2.3.12. Aufgabe. Wir betrachten hier die Laufzeit des Euklidischen Algorithmus noch etwas genauer als in Aufgabe 2.3.5. Es seien $a, b \in \mathbb{N}$ und $r_0, \ldots, r_{j_*}$ die Zahlen, die bei der

Ausführung des Algorithmus auf a und b auftreten, wobei $r_{j_*} = 0$ und $r_{j_*-1} = \mathrm{ggT}(a,b)$ ist. Der Einfachheit halber nehmen wir an, dass $a > b$ gilt.

(a) Es sei wieder f_1, f_2, ... die Folge der Fibonacci-Zahlen. Zeige: Ist $k \in \mathbb{N}$ mit $k \le j_*$, so gilt $r_{j_*-k} \ge f_{k+1}$.

(b) Folgere, dass im Euklidische Algorithmus höchstens $k - 2$ Divisionen mit Rest erforderlich sind, wobei k die größte natürliche Zahl ist mit $f_k \le a$.

(c) Zeige, dass für alle $k \ge 3$ bei Anwendung des Euklidischen Algorithmus auf $a = f_k$ und $b = f_{k-1}$ genau $k - 2$ Divisionen mit Rest benötigt werden.

2.3.13. Aufgabe. Wie wir gesehen haben, hat die übliche schriftliche Multiplikation eine Laufzeit von $O(n^2)$. Es gibt jedoch andere Verfahren, welche die Laufzeit reduzieren. Ein einfaches Beispiel ist der **Karazuba-Algorithmus**, der auf dem Prinzip „Teile und Herrsche" beruht und den wir in dieser Aufgabe entwickeln möchten.

(a) Es seien $a = a_1 + a_2 \cdot 2^j$ und $b = b_1 + b_2 \cdot 2^j$ natürliche Zahlen. Zeige, dass

$$a \cdot b = a_1 \cdot b_1 + a_2 \cdot b_2 \cdot 2^{2j} + (a_1 \cdot b_1 + a_2 \cdot b_2 - (a_1 - a_2) \cdot (b_1 - b_2)) \cdot 2^j$$

gilt. (In dieser Formel tauchen nur *drei* (nicht etwa vier) *verschiedene* Produkte kleinerer Zahlen auf.)

(b) Verwende diese Idee, um einen rekursiven Algorithmus für die Multiplikation zweier Zahlen a und b der Länge k zu entwickeln (nämlich den Karazuba-Algorithmus). Er sollte zunächst a und b in die ersten $k/2$ Ziffern und die letzten $k/2$ Ziffern unterteilen und dann drei Multiplikationen von $k/2$-stelligen Zahlen durchführen.

(c) Zeige, dass die Laufzeit dieses Algorithmus Größenordnung $O(3^{\log k}) = O(k^{\log 3})$ hat. Es gilt $\log 3 \approx 1{,}6$; der Karazuba-Algorithmus ist also (asymptotisch) effizienter als die schriftliche Multiplikation. Allerdings greift die Verbesserung in der Praxis erst für Zahlen mit mehreren hundert Stellen, da die Konstanten in der Landau-Notation hier sehr groß sind.

Die für die Multiplikation benötigte Laufzeit kann noch weiter verringert werden: Der **Schönhage-Strassen-Algorithmus** kommt mit $O(k \cdot \log(k) \cdot \log\log(k))$ Schritten aus. In der Praxis wendet man diesen Algorithmus jedoch nur für Zahlen an, die mehrere zehntausend Stellen haben. Ein Algorithmus mit noch kleinerer asymptotischer Laufzeit wurde 2007 von Fürer vorgestellt [Fü].

2.3.14. Aufgabe. Seien $m, n \in \mathbb{N}_0$. Wir definieren eine Funktion (die **Ackermann-Funktion**) durch

$$A(m,n) := \begin{cases} n + 1 & \text{falls } m = 0 \\ A(m-1, 1) & \text{falls } m > 0 \text{ und } n = 0 \\ A(m-1, A(m, n-1)) & \text{sonst.} \end{cases}$$

(a) Finde explizite Formeln für $A(m,n)$ für $m = 0, 1, 2, 3$. Zeige dann:

$$A(4,n) = \underbrace{2^{2^{\cdot^{\cdot^{\cdot^2}}}}}_{n+3} - 3.$$

(b) Sei $n \in \mathbb{N}_0$. Die **inverse Ackermann-Funktion** ist definiert durch

$$\alpha(n) := \min\{k \in \mathbb{N} : A(k,k) \geq n\}.$$

Zeige, dass $\alpha(n) = O(\log n)$ gilt.

(c) In der Tat wächst die Funktion $\alpha(n)$ noch wesentlich langsamer als $\log n$. Zum Beispiel gilt $A(4,4) \gg A(4,2) = 2^{65536} - 3$. Diese Zahl liegt mehrere Größenordnungen über den heutigen Schätzungen für die Anzahl der Atome im gesamten Universum. Es gilt also für praktische Zwecke $\alpha(n) \leq 4$. Ist ein Algorithmus mit Laufzeit $O(n^{\alpha(n)})$ nach unserer Definition effizienter als einer mit Laufzeit $O(n^5)$? Wäre ein solcher Algorithmus überhaupt effizient?

2.4 Wer wird Millionär? Die Klasse NP

Wir haben im vorigen Abschnitt die Klasse **P** der effizient lösbaren Probleme kennengelernt. Nun möchten wir kurz die ebenso wichtige Klasse **NP** der **effizient verifizierbaren** Probleme vorstellen: Informell sind das genau die Probleme, für welche eine Lösung in polynomieller Zeit überprüft werden kann. Dann können wir eines der zentralen Probleme der Komplexitätstheorie, und der Mathematik im Allgemeinen, diskutieren – die $\mathbf{P} \stackrel{?}{=} \mathbf{NP}$ Frage. Die Einführung des Konzepts von **Prädikaten** wird auch bei der Betrachtung von randomisierten Algorithmen im nächsten Abschnitt sehr nützlich sein.

Zur Motivation betrachten wir das Problem ZUSAMMENGESETZTHEIT. Um zu zeigen, dass eine Zahl n eine positive Instanz ist, müssen wir nämlich „nur" einen nicht-trivialen Teiler k von n aus unserem Ärmel ziehen – die Tatsache, dass k tatsächlich ein solcher Teiler ist, lässt sich dann effizient durch eine einfache Division überprüfen. Wir nennen k ein „Prädikat" für die Zusammengesetztheit von n. Etwas genauer: Wir haben ein Entscheidungsproblem B (in unserem Fall das Problem ZUSAMMENGESETZTHEIT). Zusätzlich haben wir eine Menge P von „möglichen Prädikaten" (hier alle natürlichen Zahlen $k \geq 2$) und ein weiteres Entscheidungsproblem E (die Frage „Ist k ein nicht-trivialer Teiler von n?") mit folgenden Eigenschaften:

(a) Die Instanzen von E sind Paare der Form (I, p), wobei I Instanz von B und $p \in P$ ist.

(b) E ist effizient lösbar.

(c) I ist genau dann eine positive Instanz von B, wenn es mindestens ein $p \in P$ gibt derart, dass (I, p) eine positive Instanz von E ist.

(Die letzte Behauptung besagt im Beispiel ZUSAMMENGESETZTHEIT, dass eine Zahl genau dann zusammengesetzt ist, wenn sie einen nicht-trivialen Teiler besitzt.)

Zusätzlich ist es wichtig, dass jede positive Instanz I von B ein Prädikat hat, das in gewisser Weise „nicht viel größer ist" als I, d.h. es gibt Konstanten C und m derart, dass gilt:

(d) Ist I eine positive Instanz von B der Länge n, so gibt es eine positive Instanz (I, p) von E, für welche die Länge von p höchstens $C \cdot n^m$ ist.

2.4.1. Definition (Klasse **NP**).
Gibt es für ein Entscheidungsproblem B eine Menge P und ein Entscheidungsproblem E mit den oben angegebenen Eigenschaften (a) bis (d), so sagen wir, dass B **effizient verifizierbar** ist. Ist (I, p) eine positive Instanz von E, so nennen wir p ein **Prädikat** für I. Die Klasse aller effizient verifizierbaren Probleme wird mit **NP** bezeichnet.

Wir weisen darauf hin, dass jedes Problem B der Klasse **P** ebenfalls zu **NP** gehört – in diesem Fall ist es gleichgültig, welche Menge von Prädikaten wir verwenden, und E ist einfach das Problem „Gegeben (I, p), ist I eine positive Instanz von B?". Wir haben also $\mathbf{P} \subseteq \mathbf{NP}$.

Beispiele. Um die Definition noch weiter zu veranschaulichen, untersuchen wir exemplarisch einige Probleme auf ihre Zugehörigkeit zur Klasse **NP**.

(a) Gegeben sei eine Landkarte (etwa als endliche Liste von Ländernamen, zusammen mit einer Tabelle, die angibt, welche Länder zueinander benachbart sind). Ist es möglich, die Länder so mit den Farben rot und grün zu färben, dass benachbarte Länder niemals dieselbe Farbe besitzen?

(b) Dasselbe Problem wie in (a), aber diesmal mit drei Farben, zum Beispiel rot, blau und grün.

(c) Gegeben sei wiederum eine Landkarte und zusätzlich eine Zahl k. Gibt es mindestens k verschiedene Möglichkeiten, die Karte wie in (b) zu färben?

(d) Gegeben sei eine Liste von Schülerinnen, Lehrerinnen und Schulfächern zusammen mit der Information, welche Schülerinnen welche Fächer belegen wollen und welche Lehrerinnen welche Fächer unterrichten können. Ist es möglich, einen wöchentlichen Stundenplan zu entwerfen, der diesen Bedingungen genügt?

Das erste Problem ist recht einfach zu lösen. Wir beginnen, indem wir das erste Land auf der Karte grün färben. Dann müssen wir alle benachbarten Länder rot färben; deren Nachbarn wiederum grün, und so weiter. Stoßen wir hierbei irgendwann auf ein Land, welches bereits gefärbt wurde, so gibt es zwei Möglichkeiten:

Hat es bereits die Farbe, mit der wir es einfärben wollten, so ist alles in Ordnung, und wir können mit dem Algorithmus fortfahren. Andernfalls haben wir damit erkannt, dass die gegebene Karte nicht mit zwei Farben gefärbt werden kann, und wir sind fertig!

Offensichtlich muss dieser Algorithmus jedes Land und jede Ländergrenze nur einmal betrachten, um entweder eine akzeptable Färbung zu erzeugen oder aber die Unfärbbarkeit der Landkarte zu erkennen. Damit ist das Problem der Zweifärbbarkeit effizient lösbar – es gehört also zur Klasse **P** und insbesondere auch zu **NP**.

Wenn wir das Problem nun auf drei Farben erweitern, ist die Situation aber nicht mehr so einfach: Wir können zwar nach wie vor versuchen, die Landkarte einzufärben, indem wir jedem Land eine noch verfügbare Farbe zuweisen, aber wenn das nicht gelingt, so ist das aber kein Beweis dafür, dass die Karte gar nicht färbbar ist. Es könnte sein, dass wir einfach in einem der vorherigen Schritte die falsche Farbe gewählt hatten. Daher ist erst einmal nicht klar, ob das Problem in der Klasse **P** liegt oder nicht.

Es gehört aber auf jeden Fall zur Klasse **NP**. Ein mögliches Prädikat besteht hier aus einer Landkarte, zusammen mit einer Färbung mit drei Farben. Um zu überprüfen, ob eine solche Färbung unsere Bedingung erfüllt, müssen wir nur die Liste durchgehen und sicherstellen, dass zwei benachbarte Länder nicht dieselbe Farbe haben. Das ist ein effizienter Algorithmus, und daher ist das Dreifärbbarkeitsproblem effizient verifizierbar.

In (c) wird nun nach der *Anzahl* solcher Färbungen gefragt. Auch hier scheint es auf den ersten Blick ein einfaches Prädikat zu geben: Um zu zeigen, dass es mindestens k Färbungen gibt, müssen wir als Prädikat ja nur diese k verschiedenen Färbungen angeben, oder?

Hier laufen wir aber in eine Falle. Das Problem ist wieder dasselbe wie bei unserer Betrachtung des Siebs des Eratosthenes im vorigen Abschnitt – eine Instanz des ursprüngliches Problems besteht aus einer Landkarte und der Binärdarstellung der Zahl k. Eine Angabe von k verschiedenen Färbungen benötigt also im allgemeinen einen Speicherplatz, der *exponentiell* mit der Größe der Eingabe wächst. Das Problem gehört daher vermutlich nicht zur Klasse **NP**.

Einen gegebenen Stundenplan zu überprüfen, ist aber wiederum einfach: Das letzte Problem gehört zu **NP**.

Eine interessante Eigenschaft der Klasse **NP** ist, dass die positiven und negativen Instanzen sehr unterschiedliche Rollen spielen. In der Tat zeichnen sich *negative* Instanzen eines solches Problems ja nur dadurch aus, dass sie kein Prädikat besitzen. *Im allgemeinen gehört also das zu einem Problem der Klasse **NP** duale Problem nicht unbedingt auch zu **NP***! Als Beispiel hierfür betrachten wir wieder das Problem ZUSAMMENGESETZTHEIT, das ja in **NP** liegt. Das duale

Problem ist PRIMALITÄT, also die Frage, ob n eine Primzahl ist. Während sich ein Prädikat für ZUSAMMENGESETZTHEIT direkt aus der Definition von Primzahlen ergab, stehen wir für PRIMALITÄT momentan mit leeren Händen dar.

Allerdings ist die Tatsache, dass man ein Prädikat nicht auf den ersten Blick sieht, kein Beweis, dass es kein solches gibt! In der Tat ist es ja das Ziel dieses Buches, einen effizienten Algorithmus für PRIMALITÄT anzugeben, also zu beweisen, dass PRIMALITÄT zur Klasse **P** und damit insbesondere auch zu **NP** gehört. (Der Beweis von PRIMALITÄT $\in$ **NP** ist einfacher und wurde schon 1975 von Vaughan Pratt geführt, siehe dazu etwa Abschnitt 10.2 in [P].)

In unseren Betrachtungen zur Klasse **NP** haben wir eines noch nicht besprochen: Gibt es Probleme, die zu **NP** gehören, aber nicht zu **P**? Oder mit anderen Worten, ist es im Allgemeinen schwieriger, die Lösung eines Problems zu finden, als eine solche dann zu überprüfen? Wir würden wohl erwarten, dass das der Fall ist!

In der Tat gibt es eine Vielzahl von Problemen in **NP**, von denen man annimmt, dass sie nicht effizient lösbar sind. Die oben erwähnten Probleme der Drei-Färbbarkeit und des Aufstellens eines Stundenplans gehören zu dieser Gattung. Wenn wir aber für eines dieser Probleme formal beweisen wollten, dass es nicht in **P** liegt, stehen wir vor großen Schwierigkeiten: Es gibt unendlich viele mögliche Algorithmen, und einer davon könnte mit Hilfe eines nicht offensichtlichen „Tricks" vielleicht doch effizient ein erforderliches Prädikat auffinden! Wie wollen wir das ausschließen? Diese Frage (das „$\mathbf{P} \overset{?}{=} \mathbf{NP}$ Problem") konnte bis heute trotz intensiver Forschung niemand beantworten. Für eine Lösung sind 1 000 000 US-Dollar Belohnung ausgesetzt – daher der Titel dieses Abschnitts.

Aufgaben

2.4.2. Aufgabe. Welche der Probleme aus Aufgabe 2.2.2 gehören zur Klasse **NP**? Welche der in Aufgabe 2.3.8 formulierten Entscheidungsprobleme gehören zu **NP**?

Weiterführende Übungen und Anmerkungen

2.4.3. Die Bezeichnung **NP** steht für „nicht-deterministisch polynomiell". Der Hintergrund dieser Formulierung ist, dass man ein solches Problem effizient lösen kann, wenn man zunächst das richtige Prädikat „errät". Dieser Rateschritt ist aber nicht deterministisch (und praktisch nicht auszuführen; es handelt sich bei „nicht-deterministischen Algorithmen" um ein rein theoretisches Konzept).

2.4.4. Ein faszinierender Aspekt der Klasse **NP** ist, dass sie gewisse „schwierigste" Probleme enthält. Genauer gesagt gibt es Probleme – sie werden „**NP**-vollständig" genannt – deren effiziente Lösung auch einen effizienten Algorithmus für jedes andere Problem der

Klasse **NP** liefern würde. Es sind hunderte, wenn nicht gar tausende solcher Probleme bekannt; die oben diskutierte Drei-Färbbarkeit und das Stundenplanproblem gehören ebenso dazu wie das beliebte „Minesweeper"-Spiel.

Falls tatsächlich **P** $\neq$ **NP** gilt, können daher all diese Probleme nicht effizient gelöst werden. Umgekehrt würde aus der Existenz eines effizienten Algorithmus für ein einziges **NP**-vollständiges Problem schon gleich die Beziehung **P** = **NP** folgen.

2.4.5. Nicht nur **P** $\overset{?}{=}$ **NP** ist eine ungeklärte Frage; es gibt viele weitere offene Vermutungen über das Verhältnis verschiedener Komplexitätsklassen zueinander. Zum Beispiel ist nicht bekannt, ob das Problem (c) in den Beispielen oben (über die Anzahl von Drei-Färbungen) tatsächlich nicht zu **NP** gehört.

Eine Liste von gängigen (und nicht so gängigen) Komplexitätsklassen findet sich im Internet als „Komplexitätszoo": `http://qwiki.caltech.edu/wiki/Complexity_Zoo`.

2.5 Randomisierte Algorithmen

Bisher haben wir von unseren Algorithmen erwartet, dass sie **deterministisch** sind, dass also ihre Ausführung bei gleicher Eingabe stets dieselbe Folge von Berechnungsschritten und mithin auch dasselbe Ergebnis zur Folge hat.

In der Praxis ist es aber oft sinnvoll, diese Bedingung abzuschwächen und zuzulassen, dass ein Algorithmus in einem Schritt eine **Zufallsentscheidung** über sein weiteres Vorgehen fällt. Solche Verfahren werden als **randomisierte Algorithmen** bezeichnet. Je nach der Form des Algorithmus kann die Zufälligkeit während der Ausführung verschiedene Auswirkungen haben:

(a) Die Ausgabe des Algorithmus ist nur mit einer gewissen Wahrscheinlichkeit richtig (**Monte-Carlo-Methode**) oder

(b) der Algorithmus liefert stets eine korrekte Ausgabe, aber die *Laufzeit* des Algorithmus variiert (**Las-Vegas-Methode**).

Monte-Carlo-Algorithmen

Es sei P ein Polynom in den n Variablen $X_1, \ldots, X_n$. Das heißt, es ist

$$P = \sum_{i=1}^{k} C_i \cdot X_1^{d_{1,i}} \cdot X_2^{d_{2,i}} \cdot \ldots \cdot X_n^{d_{n,i}}, \tag{2.1}$$

wobei die Koeffizienten C_i Konstanten und die Exponenten $d_{j,i}$ nicht-negative ganze Zahlen sind. (Zum Beispiel ist $P(X, Y, Z) = X^2 + Y^2 - Z^2$ ein Polynom in drei Variablen. Polynome in *einer* Variablen betrachten wir viel genauer in Abschnitt 3.4.)

Wir können jetzt gegebene ganze Zahlen $x_1, \ldots, x_n \in \mathbb{Z}$ in so ein Polynom P einsetzen; wir bezeichnen das Ergebnis dann mit $P(x_1, \ldots, x_n)$. (Für $P(X, Y, Z) = X^2 + Y^2 - Z^2$ ist also z.B. $P(3, 4, 5) = 0$.) Wir nehmen an, *dass wir zwar für gegebene Werte von $x_1, \ldots, x_n$ den Wert $P(x_1, \ldots, x_n)$ berechnen können, aber die Koeffizienten von P selbst nicht kennen.* Das mag auf den ersten Blick weit hergeholt erscheinen, aber es gibt tatsächlich viele Situationen, in denen ein solches Polynom (z.B. als *Determinante* einer sogenannten symbolischen Matrix) zwar implizit gegeben ist, eine tatsächliche Berechnung der Koeffizienten aber nicht effizient möglich ist. (Ein ähnliches Problem wird auch im zweiten Teil des Buches die Entwicklung eines effizienten Primzahltests motivieren.)

Wir beschäftigen uns nun mit der folgenden Frage: Gibt es Werte $x_1, \ldots, x_n$, für die $P(x_1, \ldots, x_n) \neq 0$ gilt? Mit anderen Worten – besitzt P überhaupt einen nicht-trivialen Koeffizienten?

Wir können versuchen, möglichst viele verschiedene Zahlen $x_1, \ldots, x_n$ in das Polynom einzusetzen; finden wir dabei einen von Null verschiedenen Wert, so haben wir das Problem gelöst. Aber auch ein nicht-konstantes Polynom in mehreren Variablen kann unendlich viele Nullstellen haben – z.B. ist das für $X^2 + Y^2 - Z^2$ der Fall. Es könnte also sein, dass P gerade die Werte als Nullstellen hat, die wir ausprobieren. Andererseits hätten wir dann wirklich Pech gehabt, denn selbst wenn P viele Nullstellen hat, gibt es doch wesentlich mehr Werte, an denen P ungleich Null ist:

2.5.1. Hilfssatz (Anzahl von Nullstellen).
Sei P wie in 2.1, sei d der höchste Exponent, mit dem eine der Variablen in P auftritt, und sei $M > 0$. Ist P nicht konstant gleich Null, so gibt es höchstens $n \cdot d \cdot M^{n-1}$ Nullstellen $(x_1, x_2, \ldots, x_n)$ von P derart, dass $x_j \in \{1, \ldots, M\}$ ist für alle $j \in \{1, \ldots, n\}$.

Beweis. Siehe Aufgabe 2.5.4.   ■

Da es insgesamt M^n Möglichkeiten gibt, ganzzahlige Werte $x_1, \ldots, x_n$ zwischen 1 und M auszuwählen, gibt es also für $M > n \cdot d$ mindestens eine Wahl, die keine Nullstelle liefert. Suchen wir nach einem deterministischen Algorithmus, so hilft dies noch immer nicht viel weiter: Wir müssten bis zu $(n \cdot d)^n$ verschiedene Werte ausprobieren, um mit Sicherheit ausschließen zu können, dass unser Polynom nicht konstant ist.

Wählen wir die Werte $x_1, \ldots, x_n$ aber *zufällig* aus, so haben wir – völlig unabhängig davon, welches Polynom wir betrachten – eine hohe Chance, eine Nicht-Nullstelle zu entdecken. Als Beispiel sei $M := 2 \cdot n \cdot d$. Dann sagt der Hilfssatz aus, dass die Wahrscheinlichkeit, zufällig eine Nullstelle $(x_1, x_2, \ldots, x_n)$ von P zu finden, höchstens $\frac{n \cdot d \cdot M^{n-1}}{M^n} = \frac{n \cdot d}{M} = \frac{1}{2}$ ist.

Das führt zu folgendem randomisierten Algorithmus (mit Notation wie in Hilfssatz 2.5.1):

ALGORITHMUS POLY-NULL

1. Wähle $x_1, \ldots, x_n$ zufällig zwischen 1 und $M = 2 \cdot n \cdot d$ aus.

2. Falls $P(x_1, \ldots, x_n) \neq 0$ ist, antworte „ja".

3. Andernfalls antworte „wahrscheinlich nein".

Dieser Algorithmus hat folgende Eigenschaften:

(a) Die Antwort „ja " ist immer richtig, d.h. falls der Algorithmus „ja" antwortet, dann liegt eine positive Instanz vor.

(b) Er liefert für jede positive Instanz mit Wahrscheinlichkeit mindestens p die (korrekte) Antwort „ja".

(Dabei gilt im Algorithmus POLY-NULL $p = \frac{1}{2}$.)

2.5.2. Definition (Monte-Carlo-Algorithmen).
Ist E ein Entscheidungsproblem, so heißt ein Algorithmus A ein **Monte-Carlo-Algorithmus** für E, falls es eine Wahrscheinlichkeit $p > 0$ gibt derart, dass A die Eigenschaften (a) und (b) erfüllt.

Wenn wir einen solchen Algorithmus auf eine Instanz I anwenden und er „ja" ausgibt, so wissen wir, dass die Instanz positiv ist. Andernfalls wissen wir nicht mit Gewissheit, ob I eine negative Instanz ist – wir können aber die Fehlerwahrscheinlichkeit durch mehrfache Ausführung des Algorithmus auf dieselbe Instanz extrem schnell reduzieren (siehe Aufgabe 2.5.5).

Vom Standpunkt der Praxis aus gesehen ist daher die Existenz eines effizienten Monte-Carlo-Algorithmus zur Lösung eines Problems genauso gut wie die eines deterministischen Algorithmus. Die Klasse aller Entscheidungsprobleme, für die ein effizienter Monte-Carlo-Algorithmus existiert (d.h. einer mit polynomieller Laufzeit), wird mit **RP** bezeichnet.

Las-Vegas-Algorithmen

Als ein weiteres Beispiel für den Vorteil von Randomisierung betrachten wir ein beliebtes Sortierverfahren namens **Quicksort**. Gegeben ist eine Liste von

k natürlichen Zahlen, und unser Ziel ist es, diese Zahlen der Reihe nach zu ordnen. Der Einfachheit halber nehmen wir an, dass keine Zahl mehrfach in der Liste
auftaucht, obwohl das für die besprochenen Methoden nicht notwendig ist.

Eine naheliegende Idee ist, zunächst die kleinste Zahl der Liste zu suchen und
diese an die erste Stelle der Liste zu setzen, dann den Rest der Liste nach der
nächstkleineren Zahl zu durchsuchen, und so weiter. Was ist die Laufzeit dieser
Methode? Wir müssen im ersten Schritt k Elemente betrachten, dann im zweiten
nur noch $k-1$, und so weiter; insgesamt erfordert dieser Sortieralgorithmus also
nach der Gaußschen Summenformel (vgl. Aufgabe 1.1.8 (b))

$$k + (k-1) + \cdots + 2 + 1 = \frac{k(k+1)}{2} = O(k^2)$$

Vergleiche. Er ist damit effizient. Bei sehr großen Listen dauert ein Durchführen
von $O(k^2)$ Vergleichen aber doch eine Weile. (Man stelle sich etwa das Problem
vor, ein komplettes Lexikon oder Telefonbuch alphabetisch zu ordnen.)

Das Quicksort-Verfahren bietet eine Möglichkeit, die Laufzeit zu verringern.
Es beruht wieder einmal auf dem Prinzip „Teile und Herrsche": Wir bilden zwei
Teillisten derart, dass jedes Element der ersten Teilliste kleiner als jedes Element
der zweiten ist. Dann sortieren wir rekursiv diese beiden Listen und erhalten als
Resultat eine vollständig sortierte Liste.

ALGORITHMUS QUICKSORT

Eingabe: Eine Liste L.

1. Besteht L nur aus einem Element, so ist L bereits sortiert,
   und wir sind fertig.

2. Andernfalls wähle ein beliebiges Element x aus der Liste aus.

3. Teile die restlichen Elemente in zwei Listen L_1 und L_2 auf:
   L_1 enthält alle Elemente, die kleiner als x sind, und L_2 alle
   größeren.

4. Sortiere L_1 und L_2. Unser Ergebnis ist dann die (sortierte)
   Liste, die aus L_1, gefolgt von x, gefolgt von L_2 besteht.

Die Laufzeit dieses Algorithmus hängt offenkundig von der Wahl unseres Vergleichselements x ab. Im *schlechtesten* Fall ist x selbst schon das kleinste Element der Liste L, und wir müssen im nächsten Schritt eine Liste der Größe
$k-1$ sortieren, und so weiter. Das bedeutet, dass die Laufzeit von QUICKSORT
im schlimmsten Fall ebenso schlecht ist wie die des oben betrachteten naiven

Algorithmus, also $O(k^2)$. Im *besten* Fall allerdings haben die beiden erzeugten Teillisten stets dieselbe Länge. Dann benötigt der Algorithmus nur $\log k$ Rekursionsstufen, um jede Liste auf ein einzelnes Element zu reduzieren. Da in jeder Rekursionsstufe jedes Element der Liste höchstens einmal betrachtet wird, resultiert das im besten Fall in einer Laufzeit von nur $O(k \cdot \log(k))$; eine deutliche Verbesserung.

Wie beim Beispiel der Nullstellen eines Polynoms gibt es nun keine einfache deterministische Methode, das Element x so auszuwählen, dass die Listen L_1 und L_2 die gleiche Länge haben. Falls wir x aber *zufällig* auswählen, so werden wir aller Wahrscheinlichkeit nach ein Element erwischen, das sich eher in der Mitte der Liste befindet. Wir verzichten hier darauf, die genauen Rechnungen anzugeben (sondern verweisen auf die angegebene weiterführende Literatur), aber es ergibt sich, *dass Quicksort bei einer zufälligen Auswahl des Vergleichselements x für jede gegebene Liste mit k Elementen im Durchschnitt nur $O(k \cdot \log(k))$ Vergleiche benötigt.* Beachte, dass selbst im Fall einer ungünstigen Zufallsauswahl am Ende stets eine korrekt sortierte Liste ausgegeben wird; es dauert nur gegebenenfalls etwas länger.

Randomisierte Algorithmen dieser Art, die im Gegensatz zu Monte-Carlo-Methoden *immer* die korrekte Antwort ausgeben und deren Randomisierung sich nur in der Verwendung der Ressourcen niederschlägt, werden als **Las-Vegas-Verfahren** bezeichnet.

2.5.3. Definition (Las-Vegas-Algorithmen).
Ist E ein Entscheidungsproblem und A ein randomisierter Algorithmus, so nennen wir A einen **effizienten Las-Vegas-Algorithmus** für E, falls

(a) A für jede Eingabe ein richtiges Ergebnis liefert und

(b) der Algorithmus polynomielle **durchschnittliche Laufzeit** hat.

(Mit durchschnittlicher Laufzeit ist hier der Durchschnitt der Laufzeitfunktion $s(I)$ über alle möglichen Ausführungen des Algorithmus für die feste Instanz I gemeint.) Die Klasse aller Entscheidungsprobleme, für die ein solcher Algorithmus existiert, wird mit **ZPP** (**Zero-error Probability Polynomial time**) bezeichnet.

Von Las Vegas nach Monte Carlo und zurück

Die beiden soeben besprochenen Konzepte hängen eng miteinander zusammen. In der Tat ist es nicht schwierig, einen vorgegebenen effizienten Las-Vegas-Algorithmus A zu einem effizienten Monte-Carlo-Algorithmus A' zu modifizieren. Wir bezeichnen für jede Instanz I mit $e(I)$ die erwartete Laufzeit von A auf I. Der Algorithmus A' führt dann A für $2 \cdot e(I)$ Schritte aus. Hält der Algorithmus innerhalb dieser Zeit an, so geben wir das (notwendigerweise korrekte) Ergebnis aus. Andernfalls antworten wir „nein".

Es ist eine Konsequenz der **Markow-Ungleichung** aus der Wahrscheinlichkeitslehre (Aufgabe 2.5.9), dass der Algorithmus A mit positiver Wahrscheinlichkeit innerhalb der $2 \cdot e(I)$ Schritte anhält. Damit ist A' ein effizienter Monte-Carlo-Algorithmus für E, denn $e(I)$ ist nach Voraussetzung (b) in der Definition oben polynomiell in der Länge von I.

Nehmen wir umgekehrt an, dass es sowohl für das Problem E als auch für das zu E duale Problem effiziente Monte-Carlo-Algorithmen A_1' und A_2' gibt, so erhalten wir einen effizienten Las-Vegas-Algorithmus A wie folgt:

ALGORITHMUS A

Eingabe: Eine Instanz I des Entscheidungsproblems E.

1. Führe A_1' auf die Instanz I aus.

2. Falls A_1' in **1.** die Instanz als positiv identifiziert, gib „ja" aus; wir sind fertig.

3. Andernfalls führe A_2' auf die Instanz I aus.

4. Falls A_2' in **3.** die Instanz als negativ identifiziert, gib „nein" aus; wir sind fertig.

5. Andernfalls kehre zu **1.** zurück.

Prädikate und Monte-Carlo-Algorithmen

Es sei B ein Entscheidungsproblem der Klasse **NP**. Wir erinnern daran, dass dann jede positive Instanz von B ein *Prädikat* besitzt. Um das Problem zu lösen, reicht es also, entweder ein Prädikat anzugeben oder auszuschließen, dass ein solches existiert. Eine geeignete Menge von Prädikaten für ein Problem zu finden, kann daher ein erster Schritt zur Entwicklung eines Monte-Carlo-Algorithmus sein. Nehmen wir dazu an, dass für jede Instanz I bei zufälliger Auswahl eines möglichen Prädikats p die Wahrscheinlichkeit, dass p ein Prädikat für I ist, oberhalb einer festen Schranke liegt. Dann haben wir einen Monte-Carlo-Algorithmus zur Lösung von B gefunden: Wir müssen nur per Zufall ein mögliches Prädikat p auswählen, überprüfen, ob dies ein Prädikat für I ist, und die entsprechende Antwort ausgeben. Ist I eine negative Instanz, so wird dieser Algorithmus stets die richtige Antwort liefern; andernfalls gibt es eine positive Wahrscheinlichkeit, ein gültiges Prädikat zu erwischen und damit ebenfalls die richtige Antwort zu erhalten. Ein Beispiel für diese Idee haben wir bereits in der Bemerkung nach Hilfssatz 2.5.1 gesehen.

Wir können auch versuchen, auf diese Art und Weise für das Problem ZUSAMMENGESETZTHEIT, das ja zu **NP** gehört, einen randomisierten Algorithmus zu entwerfen. Ein nicht-trivialer Teiler m von n ist ein Prädikat für die Zusammengesetztheit von n. Unser Algorithmus wählt also zufällig eine Zahl k zwischen 2 und $n - 1$ aus und testet, ob $k \mid n$ gilt. Leider ist es aber extrem unwahrscheinlich, so einen Faktor von n zu finden, wenn z.B. n das Produkt zweier großer Primzahlen ist. Denn dann hat n nur zwei nicht-triviale Teiler, und die Wahrscheinlichkeit, einen davon zu finden, ist genau $2/(n - 2)$, also insbesondere nicht durch eine positive Konstante p nach unten beschränkt. (Wir können dieses Verfahren ein wenig verbessern, indem wir k und n stattdessen auf *Teilerfremdheit* untersuchen. Aber auch das liefert uns keinen Monte-Carlo-Algorithmus; siehe Aufgabe 2.5.7.)

Randomisierung hilft uns an dieser Stelle also leider nicht weiter. Wir werden aber im Folgenden noch mehrere, weniger offensichtliche Prädikate für die Zusammengesetztheit einer natürlichen Zahl kennenlernen und diese auf ihre Eignung in Bezug auf Randomisierung untersuchen. In Abschnitt 4.5 finden wir auf diese Art und Weise dann in der Tat einen Monte-Carlo Algorithmus für ZUSAMMENGESETZTHEIT. Im zweiten Teil des Buches wird diese Idee noch einen Schritt weiter verfolgt. Dort beschreiben wir ein Prädikat für die Zusammengesetztheit einer natürlichen Zahl n und zeigen dann, dass das *kleinste* Prädikat höchstens polynomiell in $\log n$ wächst. Damit können wir dieses Prädikat sogar deterministisch finden und erhalten einen effizienten deterministischen Algorithmus für ZUSAMMENGESETZTHEIT (und daher auch für PRIMALITÄT). Bis wir soweit sind, fehlen uns aber noch weitere Grundlagen – davon handeln die nächsten beiden Kapitel.

Aufgaben

2.5.4. Aufgabe (!). Beweise Hilfssatz 2.5.1. (*Hinweis*: Verwende induktiv die Tatsache, dass ein Polynom des Grades d in *einer* Variablen höchstens d Nullstellen besitzt, siehe Folgerung 3.4.5.)

2.5.5. Aufgabe (!). Um sich zu überlegen, wie oft ein Monte-Carlo-Algorithmus ausgeführt werden muss, um eine möglichst geringe Fehlerwahrscheinlichkeit zu erhalten, ist es sinnvoll, sich eine Münze vorzustellen, die bei jedem Wurf mit Wahrscheinlichkeit p „Kopf" und mit Wahrscheinlichkeit $q = 1 - p$ „Zahl" zeigt.

(a) Wie groß ist die Wahrscheinlichkeit, dass nach n Würfen keinmal „Kopf" gefallen ist?

(b) Wie oft muß im Fall $q = 1/2$ die Münze geworfen werden, damit die in (a) gesuchte
     Wahrscheinlichkeit höchstens 0,0001% beträgt?

(c) Wir werfen die Münze nun so lange, bis wir einmal „Kopf" erhalten. Was ist die
     durchschnittliche Anzahl der Würfe, die hierzu nötig sind?

     Hinweis: Verwende hierzu folgende Tatsache, die aus Aufgabe 1.1.8 (d) folgt: Für
     jede reelle Zahl $x \in \mathbb{R}$ mit $|x| < 1$ gilt

$$\sum_{k=1}^{\infty} k \cdot x^{k-1} = \frac{1}{(1-x)^2}.$$

(d) Folgere, dass der Algorithmus POLY-NULL für ein nicht-konstantes Polynom im
     Durchschnitt höchstens zwei Ausführungen benötigt, um eine Nicht-Nullstelle zu
     finden.

Weiterführende Übungen und Anmerkungen

2.5.6. In unserer Darstellung der Randomisierung haben wir eine wichtige Frage aus-
gespart: Inwiefern ist die Annahme, dass ein Algorithmus eine Zahl zufällig auswählen
kann, in der Praxis vernünftig? Welche Bedeutung haben randomisierte Algorithmen also für die tatsächliche Lösung von Problemen? Wir möchten hier nur anmerken, dass
Randomisierung in der alltäglichen Praxis (wie etwa im Bereich der Internet-Sicherheit)
tatsächlich erfolgreich angewandt wird und verweisen ansonsten auf weiterführende Literatur zur Algorithmentheorie, s.u..

2.5.7. Aufgabe. Wir betrachten den folgenden randomisierten Algorithmus: Gegeben
$n \in \mathbb{N}$ mit $n \geq 2$, wähle zufällig eine Zahl $m \in \{1, \ldots, n-1\}$ aus. Ist $\mathrm{ggT}(n, m) \neq 1$, so
schreibe „n ist zusammengesetzt". Andernfalls schreibe „n ist vielleicht prim".

(a) Zeige: Ist n das Produkt zweier verschiedener Primzahlen p und q, so gibt es genau
     $(p-1)+(q-1)$ Zahlen zwischen 1 und $n-1$, die mit n einen Primfaktor gemeinsam
     haben.

(b) Folgere daraus, dass das oben beschriebene Verfahren kein Monte-Carlo-Algorith-
     mus für das Problem ZUSAMMENGESETZTHEIT ist.

2.5.8. Aufgabe (P). Implementiere das Verfahren aus Aufgabe 2.5.7 in einer gängigen
Programmiersprache. Führe es dann für jede der (zusammengesetzten) Zahlen 120, 143,
7 327 883 und 1 726 374 899 084 624 209 aus, bis entweder eine zu n teilerfremde Zahl gefunden wird oder bis 1 000 000 Ausführungen erreicht sind.

2.5.9. Aufgabe. In dieser Aufgabe verwenden wir die üblichen Begriffe der Wahrscheinlichkeitslehre. Es sei X eine Zufallsvariable, die nur positive Werte annimmt. Ferner sei
μ der **Erwartungswert** von X.

     Es sei nun $a > 1$. Beweise die **Markow-Ungleichung**: Die Wahrscheinlichkeit, dass
X größer als $a \cdot \mu$ ist, beträgt höchstens $1/a$.

2.5.10. Aufgabe. Es sei $k \in \mathbb{N}$. Zeige, dass sich die Definition der Klasse **RP** nicht ändert, wenn wir in (b) nur Folgendes fordern: Für eine positive Instanz der Länge n beträgt die Wahrscheinlichkeit einer richtigen Antwort mindestens $1/n^k$.

2.5.11. Aufgabe. Zeige, dass **RP** $\subseteq$ **NP** ist. (*Hinweis:* Betrachte die Folge von Zufallsentscheidungen, die der Monte-Carlo-Algorithmus im Laufe seiner Ausführung trifft. Ist die Instanz positiv, so gibt es eine solche Folge derart, dass die die Ausgabe „ja" lautet.)

Insbesondere gilt also **P** $\subseteq$ **ZPP** $\subseteq$ **RP** $\subseteq$ **NP**. Von keiner dieser Inklusionen ist bekannt, ob sie echt ist.

Weiterführende Literatur

Das Buch „Algorithmik für Einsteiger" von Armin P. Barth [Ba] liefert eine leicht lesbare Einführung in die Algorithmentheorie. Studienanfängerinnen und fortgeschrittene Schülerinnen finden eine formalere Einführung in die Informatik in den Büchern „Elements of the theory of computation" von Lewis und Papadimitriou [LPa] sowie „Introduction to Automata Theory, Languages, and Computation" von Hopcroft, Motwani und Ullman [HMU] finden. Zuletzt möchten wir noch ein fortgeschritteneres Werk empfehlen, nämlich „Computational complexity" von Papadimitriou [P]. Dieses hervorragende Buch beschreibt alle erdenklichen Aspekte der Komplexitätstheorie und enthält Kapitel über $\mathbf{P} \stackrel{?}{=} \mathbf{NP}$, randomisierte Algorithmen, Kryptographie und vieles mehr. Etwa lehnt sich unsere Behandlung des Algorithmus POLY-NULL an die Diskussion von symbolischen Determinanten in diesem Buch an. Für randomisierte Algorithmen ist außerdem die Wahrscheinlichkeitstheorie relevant; siehe hierzu etwa das Lehrbuch [Kre].

Kapitel 3

Zahlentheoretische Grundlagen

Dieses Kapitel stellt gewissermaßen das Herzstück des ersten Teils des Buches dar – wir leisten hier die wichtigste Vorarbeit für den AKS-Algorithmus. In Abschnitt 1.2 haben wir bereits das Teilen mit Rest kennengelernt; nun wollen wir uns mit diesem Konzept weiter vertraut machen. Das führt zum **modularen Rechnen**. Wie wir sehen werden, hat das modulare Rechnen bezüglich einer Primzahl besonders schöne Eigenschaften, was bei der Entwicklung von Primzahltests von Interesse ist. Ein Beispiel hierfür ist der **kleine Satz von Fermat**, den wir (zusammen mit zwei Verallgemeinerungen, den Sätzen von Fermat-Euler und Lagrange) in Abschnitt 3.2 beweisen. Dieses Resultat bildet dann in Abschnitt 3.3 die Grundlage unseres ersten Primzahltests.

Am Ende des Kapitels widmen wir uns dem Rechnen mit Polynomen. Insbesondere werden wir – nach Einführung der üblichen Notation und einfacher Rechenregeln – auch für Polynome modulares Rechnen erklären. Dieses spielt im zweiten Teil des Buches eine zentrale Rolle.

3.1 Modularrechnung

Bei der **Modularrechnung** bezüglich einer natürlichen Zahl $n \geq 2$ behandeln wir Zahlen, die beim Teilen durch n denselben Rest haben, so, als seien sie gleich. Ein Beispiel hierfür ist das Rechnen mit der Uhrzeit. Wenn es zehn Uhr ist und wir wissen möchten, wie spät es in neunundsiebzig Stunden sein wird, dann addieren wir 10 und 79 und berechnen den Rest beim Teilen durch 24, nämlich 17. Die Antwort ist also „17 Uhr".

Um das Konzept weiter zu veranschaulichen, betrachten wir die Aufteilung von $\mathbb{Z}$ in **gerade** und **ungerade** Zahlen. (Zur Erinnerung: Erstere sind durch 2 teilbar, während letztere beim Teilen durch 2 den Rest 1 lassen).

Die Summe zweier gerader Zahlen ist wieder gerade, ebenso die Summe zweier

ungerader Zahlen; dagegen ist die Summe einer geraden und einer ungeraden Zahl
stets ungerade. Das Produkt einer geraden mit einer beliebigen ganzen Zahl ist
gerade; das Produkt zweier ungerader Zahlen ist wieder ungerade. (Wir erinnern
auch an Aufgabe 1.1.6.)

Wenn uns bei einer Rechnung also nur interessiert, ob das Resultat durch zwei
teilbar ist, müssen wir uns in jedem Schritt lediglich merken, welche der auftretenden Zahlen gerade bzw. ungerade sind. Etwa ist $2^{23} \cdot 5 - 27^5 + 33^2 - 1$ ungerade,
was wir sehen können, ohne die (recht große) Zahl explizit auszurechnen.

Wir formulieren diese Idee jetzt allgemein.

3.1.1. Definition (Kongruenz).
Sei $n \geq 2$ eine natürliche Zahl. Sind a und b ganze Zahlen, die beim Teilen durch
n den gleichen Rest haben, so schreiben wir $a \equiv b \pmod{n}$. Wir sagen dann:
a **ist kongruent zu** b **modulo** n.

Beispiel. Zwei nicht-negative Zahlen sind kongruent modulo 10 genau dann, wenn
sie dieselbe letzte Ziffer haben; etwa ist $13 \equiv 33 \pmod{10}$. Ebenso gilt $-2 \equiv$
$38 \pmod{10}$, denn beide Zahlen lassen beim Teilen durch 10 den Rest 8.

Die Anwendung elementarer Rechenoperationen auf zueinander kongruente
Zahlen liefert stets auch zueinander kongruente Ergebnisse:

3.1.2. Hilfssatz (Regeln für modulares Rechnen).
Sei $n \geq 2$ und seien a, b, c und d beliebige ganze Zahlen.

(a) *Ist $a \equiv b$ und $b \equiv c \pmod{n}$, so ist auch $a \equiv c \pmod{n}$.*

(b) *Die Zahlen a und b sind kongruent modulo n genau dann, wenn n ein Teiler
der Differenz $a - b$ ist.*

(c) *Ist $a \equiv b$ und $c \equiv d \pmod{n}$, so gilt auch $a + c \equiv b + d$, $a - c \equiv b - d$ und
$a \cdot c \equiv b \cdot d \pmod{n}$.*

(d) *Ist $a \equiv b \pmod{n}$, so ist $a^k \equiv b^k \pmod{n}$ für alle $k \in \mathbb{N}$.*

Beweis. Die erste Behauptung folgt sofort aus der Definition.

Für (b) seien $r_a, r_b \in \mathbb{N}_0$ die Reste von a bzw. b beim Teilen durch n. Es gibt
dann also $s, t \in \mathbb{Z}$ mit $a = s \cdot n + r_a$ und $b = t \cdot n + r_b$, und die Zahlen r_a und r_b
sind nach Definition kleiner als n.

Ist nun $a \equiv b \pmod{n}$, also $r_a = r_b$, so gilt

$$a - b = s \cdot n - t \cdot n = (s - t) \cdot n,$$

und $a - b$ ist wie behauptet durch n teilbar. Ist umgekehrt $a - b$ durch n teilbar, so ist auch $r_a - r_b = a - b + (t - s) \cdot n$ durch n teilbar. Es gilt aber $-n < r_a - r_b < n$, also muss $r_a - r_b = 0$ sein. Damit sind die Reste r_a und r_b gleich, wie gewünscht.

Teil (b) erweist sich nun bei den restlichen Aussagen als nützlich. Sind nämlich $a \equiv b$ und $c \equiv d \pmod{n}$, so wissen wir, dass $a - b$ und $c - d$ von n geteilt werden. Dann wird aber auch $(a - b) + (c - d) = (a + c) - (b + d)$ von n geteilt, und wir haben $a + c \equiv b + d \pmod{n}$, wie behauptet. Ganz genauso beweisen wir die Aussagen über Differenzen und Produkte, und für die Potenzen kann man beispielsweise vollständige Induktion verwenden: eine gute Übung. ∎

Beispiel. Hilfssatz 3.1.2 besagt, dass wir modulo n wie gewohnt addieren, subtrahieren und multiplizieren bzw. potenzieren können. Etwa gilt modulo 2:

$$2^{23} \cdot 5 - 27^5 + 33^2 - 1 \equiv 0^{23} \cdot 1 - 1^5 + 1^2 - 1 = 0 - 1 + 1 - 1 = -1 \equiv 1.$$

Die Aufgaben 3.1.17 und 3.1.18 illustrieren, dass mit Hilfe von Modularrechnung auch Fragen beantwortet werden können, die auf den ersten Blick nichts mit „Teilen mit Rest" zu tun haben.

Jede ganze Zahl $a \in \mathbb{Z}$ ist modulo n zu genau einer der Zahlen $0, 1, \ldots, n - 1$ kongruent, nämlich zu ihrem Rest beim Teilen durch n. Bei der Modularrechnung kann also das Ergebnis jeder Rechenoperation durch seinen Rest ersetzt werden. Wir verwenden daher manchmal die Notation $M \bmod n$ für den Rest von M beim Teilen durch n. Zum Beispiel ist $5 + 7 \bmod 8 = 4$.

Wir können uns die Modularrechnung auch so vorstellen, dass wir auf der Menge $\{0, \ldots, n - 1\}$ durch $a \oplus b := a + b \bmod n$ und $a \odot b := a \cdot b \bmod n$ eine „neue" Addition $\oplus$ und Multiplikation $\odot$ definieren. (Vergleiche auch Anmerkung 3.1.23.) Für diese Operationen lassen sich vollständige Additions- und Multiplikationstafeln aufstellen – etwa zeigt Abbildung 3.1 die Addition und Multiplikation modulo 10.

Addition, Subtraktion und Multiplikation modulo n funktionieren ganz problemlos und intuitiv – das ist bei der Division anders. Wir erinnern uns zunächst einmal daran, wie diese in den uns vertrauten Zahlbereichen aussieht: In $\mathbb{Q}$ und $\mathbb{R}$ können wir durch jede beliebige Zahl außer Null teilen; dagegen sind 1 und -1 die einzigen ganzen Zahlen, durch die wir in $\mathbb{Z}$ beliebig teilen können. (Beim Teilen durch andere Zahlen erhalten wir im Allgemeinen nicht wieder ein Element von $\mathbb{Z}$.) Wir stellen uns jetzt dieselbe Frage bei der Modularrechnung – unter welchen Voraussetzungen an $n \geq 2$ und $a \in \mathbb{Z}$ können wir jede Zahl $x \in \mathbb{Z}$ modulo n

$\oplus$	0	1	2	3	4	5	6	7	8	9
0	0	1	2	3	4	5	6	7	8	9
1	1	2	3	4	5	6	7	8	9	0
2	2	3	4	5	6	7	8	9	0	1
3	3	4	5	6	7	8	9	0	1	2
4	4	5	6	7	8	9	0	1	2	3
5	5	6	7	8	9	0	1	2	3	4
6	6	7	8	9	0	1	2	3	4	5
7	7	8	9	0	1	2	3	4	5	6
8	8	9	0	1	2	3	4	5	6	7
9	9	0	1	2	3	4	5	6	7	8

$\odot$	0	1	2	3	4	5	6	7	8	9
0	0	0	0	0	0	0	0	0	0	0
1	0	1	2	3	4	5	6	7	8	9
2	0	2	4	6	8	0	2	4	6	8
3	0	3	6	9	2	5	8	1	4	7
4	0	4	8	2	6	0	4	8	2	6
5	0	5	0	5	0	5	0	5	0	5
6	0	6	2	8	4	0	6	2	8	4
7	0	7	4	1	8	5	2	9	6	3
8	0	8	6	4	2	0	8	6	4	2
9	0	9	8	7	6	5	4	3	2	1

Abbildung 3.1. Addition und Multiplikation modulo 10

durch a teilen? Wann hat also die Kongruenz

$$y \cdot a \equiv x \quad (\text{mod } n) \tag{3.1}$$

für jedes $x \in \mathbb{Z}$ eine Lösung $y \in \mathbb{Z}$? Oder noch anders gesagt: Wann enthält die a-te Spalte der Multiplikationstabelle jeden der Reste $0, 1, \ldots, n-1$? Schauen wir einmal in die Tabelle für $n = 10$ (Abbildung 3.1), so ist das gerade für die Zahlen 1, 3, 7 und 9 der Fall, aber nicht für 0, 2, 4, 5, 6 und 8. Das legt nahe, dass wir nur durch zu n teilerfremde Zahlen beliebig teilen können.

3.1.3. Definition und Satz (Teilen modulo n).
Es sei $n \geq 2$ und $a \in \mathbb{Z}$. Ist a zu n teilerfremd, so gibt es für jedes $x \in \mathbb{Z}$ eine Zahl $y \in \mathbb{Z}$ so, dass (3.1) gilt.

Außerdem gibt es für jedes $a \in \mathbb{Z}$ genau dann eine Zahl y mit $y \cdot a \equiv 1 \pmod{n}$, wenn a und n teilerfremd sind. Wir nennen y dann ein (multiplikatives) **Inverses** *von a modulo n.*

Beweis. Es seien zunächst a und n teilerfremd. Wir müssen zeigen, dass es ganze Zahlen y und m gibt mit $y \cdot a + m \cdot n = x$. Diese Darstellung erinnert uns an das Lemma von Bézout (Satz 1.4.2): Es besagt, dass es $s, t \in \mathbb{Z}$ gibt mit $s \cdot a + t \cdot n = \text{ggT}(a, n) = 1$. Setzen wir also $y := s \cdot x$ und $m := t \cdot x$, so haben wir die erste Behauptung bewiesen. Der zweite Teil des Satzes ist eine Umformulierung von Folgerung 1.4.3. ■

Der Beweis von Satz 3.1.3 zeigt uns nicht nur, dass die gesuchte Zahl y existiert, sondern auch, wie wir sie explizit berechnen können. Denn die Darstellung von $\text{ggT}(a, n) = 1$ durch a und n gemäß des Lemmas von Bézout kann ja mit Hilfe des Euklidischen Algorithmus gefunden werden. Als Beispiel berechnen wir das Inverse von 5 modulo 73. Wir führen zuerst den Euklidischen Algorithmus aus:

$$73 = 14 \cdot 5 + 3; \quad 5 = 1 \cdot 3 + 2; \quad 3 = 1 \cdot 2 + 1.$$

Dann rechnen wir wie in Abschnitt 1.4 rückwärts:

$$1 = 3 - 1 \cdot 2 = 3 - 1 \cdot (5 - 1 \cdot 3)$$
$$= 2 \cdot 3 - 1 \cdot 5 = 2 \cdot (73 - 14 \cdot 5) - 1 \cdot 5$$
$$= 2 \cdot 73 - 29 \cdot 5 \equiv 44 \cdot 5 \pmod{73}.$$

Also ist 44 ein Inverses von 5 modulo 73.

3.1.4. Folgerung (Kürzungsregel).
Sei $n \geq 2$ und seien $a, b, c \in \mathbb{Z}$ mit $a \cdot b \equiv a \cdot c \pmod{n}$. Sind dann a und n teilerfremd, so gilt auch $b \equiv c \pmod{n}$. Insbesondere ist das Inverse der Zahl a „modulo n eindeutig", d.h. verschiedene Inverse lassen beim Teilen durch n den gleichen Rest.

Beweis. Nach Satz 3.1.3 gibt es ein Inverses y von a modulo n. Es gilt

$$b = 1 \cdot b \equiv (y \cdot a) \cdot b = y \cdot (a \cdot b)$$
$$\equiv y \cdot (a \cdot c) = (y \cdot a) \cdot c \equiv 1 \cdot c = c \pmod{n}.$$

Sind y und y' beide invers zu a modulo n, so ist $y \cdot a \equiv 1 \equiv y' \cdot a$. Also gilt wegen der gerade bewiesenen Aussage auch $y \equiv y'$, wie behauptet. ∎

Beispiele. Es ist $45 \equiv 15 \pmod 6$, denn $45 - 15 = 30$ ist durch 6 teilbar. Da 5 und 6 teilerfremd sind, dürfen wir auf beiden Seiten durch 5 teilen: Es gilt $9 \equiv 3 \pmod 6$. Aber wenn wir auf beiden Seiten durch 3 teilen (nicht teilerfremd zu 6), erhalten wir die Zahlen 15 und 5, und die sind *nicht* kongruent modulo 6. Die in Folgerung 3.1.4 geforderte Teilerfremdheit von a und n ist also notwendig.

Aus Satz 3.1.3 folgt insbesondere, dass wir modulo einer Primzahl besonders einfach rechnen können. Schließlich ist eine Zahl a teilerfremd zu p genau dann, wenn sie nicht von p geteilt wird, d.h. wenn $a \not\equiv 0 \pmod p$ ist (Aufgabe 1.2.12). Das bedeutet, dass wir modulo p durch jede Zahl teilen können, die nicht zu Null kongruent ist – im Prinzip genau wie bei den rationalen und reellen Zahlen. Viele Eigenschaften dieser Zahlbereiche gelten daher auch bei der Modularrechnung bezüglich einer Primzahl; im Laufe dieses Kapitels lernen wir einige Beispiele dafür kennen. Das Rechnen modulo einer zusammengesetzten Zahl n ist deutlich unangenehmer: Teilen und Kürzen können wir nur bei zu n teilerfremden Zahlen, und Summen oder Differenzen solcher Zahlen sind im Allgemeinen nicht zu n teilerfremd. Das führt dazu, dass Effekte auftreten, die wir vom „gewöhnlichen" Rechnen nicht kennen – etwa kann das Produkt zweier nicht zu Null kongruenter Zahlen dennoch zu Null kongruent sein. (Siehe Aufgabe 3.1.11.) Wesentlichen Unterschieden zwischen Primzahlen und zusammengesetzten Zahlen bei der Modularrechnung begegnen wir in der Folge immer wieder, und genau diese helfen uns dabei, Verfahren zu entwickeln, um Primzahlen und zusammengesetzte Zahlen voneinander zu unterscheiden.

Zuletzt stellen wir noch den **Chinesischen Restsatz** vor. Er besagt, dass das Rechnen modulo einer zusammengesetzten Zahl $n = n_1 \cdot n_2$ auf das Rechnen modulo n_1 und n_2 zurückgeführt werden kann, sofern n_1 und n_2 zueinander teilerfremd sind. Das heißt im Wesentlichen, dass wir die Modularrechnung bezüglich einer zusammengesetzten Zahl n gut verstehen können, *vorausgesetzt, wir können n faktorisieren.* (Wir verwenden diesen Satz nur in Abschnitt 4.5 und einigen Aufgaben; für den AKS-Algorithmus selbst wird er nicht benötigt.)

3.1.5. Satz (Chinesischer Restsatz).
Seien $n_1, n_2 \geq 2$ teilerfremde natürliche Zahlen und $n := n_1 \cdot n_2$.

Dann sind zwei ganze Zahlen genau dann kongruent modulo n, wenn sie sowohl modulo n_1 als auch modulo n_2 kongruent sind. Umgekehrt gibt es zu zwei Zahlen $a_1, a_2 \in \mathbb{Z}$ stets $x \in \mathbb{Z}$ mit $x \equiv a_1 \pmod{n_1}$ und $x \equiv a_2 \pmod{n_2}$.

Bemerkung. Oft wird der Satz allgemeiner für Produkte beliebig vieler paarweise teilerfremder Zahlen formuliert – diese Version folgt aus unserer durch Induktion (siehe Aufgabe 3.1.19).

Beweis des Chinesischen Restsatzes. Es seien $b, c \in \mathbb{Z}$. Ist b kongruent zu c modulo n, so gilt auch $b \equiv c \pmod{n_1}$ und $b \equiv c \pmod{n_2}$ (Aufgabe 3.1.8).

Ist umgekehrt $b \equiv c \pmod{n_1}$ und $b \equiv c \pmod{n_2}$, so ist $b - c$ nach Hilfssatz 3.1.2 durch n_1 und n_2 teilbar. Also ist $b - c$ auch durch $\mathrm{kgV}(n_1, n_2)$ teilbar, und da n_1 und n_2 teilerfremd sind, ist $\mathrm{kgV}(n_1, n_2) = n_1 \cdot n_2 = n$ (Aufgabe 1.3.6). Es gilt also $b \equiv c \pmod{n}$, und die erste Behauptung ist bewiesen.

Den zweiten Teil des Satzes können wir einfach aus dem ersten durch Abzählen ableiten (Aufgabe 3.1.16). Stattdessen beweisen wir ihn hier direkt. Da n_1 und n_2 teilerfremd sind, liefert das Lemma von Bézout Zahlen m_1 und m_2 derart, dass $m_1 \cdot n_1 + m_2 \cdot n_2 = 1$ ist. Es gilt also $m_1 \cdot n_1 \equiv 1 \pmod{n_2}$ und $m_2 \cdot n_2 \equiv 1 \pmod{n_1}$. Setzen wir nun $x := a_2 \cdot m_1 \cdot n_1 + a_1 \cdot m_2 \cdot n_2$, so ist

$$x \equiv a_1 \cdot m_2 \cdot n_2 \equiv a_1 \cdot 1 = a_1 \pmod{n_1}$$

und ebenso $x \equiv a_2 \pmod{n_2}$, wie behauptet.   ■

Aufgaben

3.1.6. Aufgabe. Erstelle vollständige Verknüpfungstafeln für die Addition und Multiplikation modulo 3 und modulo 7.

3.1.7. Aufgabe. Welchen Rest lässt 9! beim Teilen durch 10, 10! beim Teilen durch 11, 11! beim Teilen durch 12, 12! beim Teilen durch 13? Wie ist es im Allgemeinen für zusammengesetzte natürliche Zahlen n – zu welcher Zahl ist $(n-1)!$ kongruent modulo n?

3.1.8. Aufgabe (!). Seien a, b ganze Zahlen und $m, n \geq 2$ natürliche Zahlen mit $m \mid n$. Zeige: Aus $a \equiv b \pmod{n}$ folgt $a \equiv b \pmod{m}$. Gilt die Umkehrung?

3.1.9. Aufgabe. Sei $n \geq 2$ eine natürliche Zahl. Wann gilt $\sum_{i=0}^{n-1} i \equiv 0 \pmod{n}$? Wann gilt $\sum_{i=0}^{n-1} i^2 \equiv 0 \pmod{n}$? (Siehe Aufgabe 1.1.8.)

3.1.10. Aufgabe. Sei $n \geq 2$ und seien a und x beliebige ganze Zahlen. Wir betrachten wieder die Kongruenz

$$a \cdot y \equiv x \pmod{n}, \tag{3.2}$$

d.h. wir fragen uns, wann x modulo n durch a teilbar ist. Nach Satz 3.1.3 geht das immer, wenn a und n teilerfremd sind. Überlege Dir, unter welchen Bedingungen an x die Kongruenz (3.2) auch für $\mathrm{ggT}(a,n) \neq 1$ Lösungen besitzt. Zeige insbesondere, dass es genau dann eine modulo n *eindeutige* Lösung y gibt, wenn a und n teilerfremd sind. (*Hinweis:* Setze $d := \mathrm{ggT}(a,n)$ und unterscheide zwei Fälle, nämlich, ob x von d geteilt wird oder nicht.)

3.1.11. Aufgabe (!). Sei $n \geq 2$. Zwei Zahlen $a, b \in \mathbb{Z}$ heißen **Nullteiler modulo** n, falls $a \cdot b \equiv 0 \pmod{n}$ ist, aber weder a noch b zu 0 kongruent sind. Zum Beispiel ist 2 ein Nullteiler modulo 4, weil $2 \cdot 2 = 4 \equiv 0$ gilt. Finde auch modulo 6 und modulo 10 Paare von Nullteilern. Überlege, warum Du modulo 3 oder modulo 5 *keine* Nullteiler finden kannst! Beweise dann den folgenden Satz:

Genau dann gibt es Nullteiler modulo n, wenn n zusammengesetzt ist.

3.1.12. Aufgabe (!). Seien $a, k, n \in \mathbb{N}_0$ mit $n \geq 2$.

(a) Zeige, dass es einen effizienten Algorithmus für die Berechnung des Restes von a^k beim Teilen durch n gibt. Zur Erinnerung: „Effizient" bedeutet hier, dass die Anzahl der verwendeten elementaren Anweisungen höchstens polynomiell in $\log n$, $\log a$ und $\log k$ ist. (*Hinweis:* Verwende das Verfahren aus Aufgabe 2.3.6, aber teile nach jeder Rechnung mit Rest durch n.)

(b) Sei a teilerfremd zu n. Zeige, dass dann die nach Satz 3.1.3 beschriebene Methode zur Berechnung des Inversen von a modulo n effizient ist.

3.1.13. Aufgabe (P). Implementiere die Algorithmen aus Aufgabe 3.1.12 in einer gängigen Programmiersprache. Wende sie dann auf die Zahlen $n = 1726374887$, $a = 3$ und $k = 1726374885$ an.

(Viele Taschenrechner haben Funktionen für Modularrechnung. Auch im Internet findet man Online-Rechner mit solchen Funktionen; z.B. unterstützt der „Big Number Calculator" auf der Seite http://world.std.com/~reinhold/BigNumCalc.html die Modularrechnung mit Zahlen beliebiger Stellenzahl.)

3.1.14. Aufgabe. Finde ein $x \in \mathbb{Z}$ mit $x \equiv 1 \pmod 5$ und $x \equiv 3 \pmod{13}$. Kann x so gewählt werden, dass außerdem $x \equiv 2 \pmod 7$ gilt?

3.1.15. Aufgabe. Es seien $n_1, n_2 \geq 2$ und $a_1, a_2 \in \mathbb{Z}$. Der Chinesische Restsatz besagt, dass die Kongruenzen

$$x \equiv a_1 \pmod{n_1} \quad \text{und} \quad x \equiv a_2 \pmod{n_2}$$

eine gemeinsame Lösung haben, falls n_1 und n_2 zueinander teilerfremd sind. Unter welchen Voraussetzungen gibt es auch für nicht teilerfremde n_1 und n_2 Lösungen?

3.1.16. Aufgabe. Es sei $n = n_1 \cdot n_2$ wie im Chinesischen Restsatz. Dann gibt es genau n verschiedene Paare (r_1, r_2) mit $r_1, r_2 \in \mathbb{N}_0$, $0 \leq r_1 < n_1$ und $0 \leq r_2 < n_2$.

Verwende diese Beobachtung, um den zweiten Teil des Chinesischen Restsatzes aus dem ersten abzuleiten. (*Hinweis:* Für eine Zahl x sei $r_1(x)$ der Rest von x beim Teilen durch n_1, und $r_2(x)$ der Rest beim Teilen durch n_2. Für modulo n verschiedene Zahlen x und x' bekommen wir dann auch verschiedene Paare $(r_1(x), r_2(x))$ und $(r_1(x'), r_2(x'))$.)

Weiterführende Übungen und Anmerkungen

3.1.17. Aufgabe. Zeige, durch Rechnen modulo 5, dass die Gleichung

$$x^2 = 5y - 2$$

keine Lösung mit $x, y \in \mathbb{Z}$ besitzt. (*Hinweis:* Überlege, welche Reste das Quadrat einer ganzen Zahl modulo 5 lassen kann.)

3.1.18. Aufgabe. Wir betrachten die Gleichung

$$x^2 + 2 = y^3,$$

mit $x, y \in \mathbb{Z}$. Zeige, durch Betrachtung der Gleichung modulo 4, dass für jede Lösung dieser Gleichung $x^2 \equiv 1$ und $y^3 \equiv -1 \pmod 4$ gelten muss. (Insbesondere müssen x und y beide ungerade sein.)

Die interessierte Leserin wird auf solche und noch wesentlich subtilere Argumente stoßen bei der Analyse **diophantischer Gleichungen** – einem sehr schönen Gebiet der Zahlentheorie. Siehe dazu etwa Abschnitt 8 in [HW].

3.1.19. Aufgabe. Sei $t \geq 2$. Formuliere und beweise eine Version des Chinesischen Restsatzes für Zahlen $n = n_1 \cdot n_2 \cdots n_t$, wobei die Faktoren n_j paarweise zueinander teilerfremd sind.

3.1.20. Ein **vollständiges Restesystem (VRS) modulo** n ist eine Menge $R \subseteq \mathbb{Z}$ mit der Eigenschaft, dass jede ganze Zahl modulo n zu *genau einem* Element von R

kongruent ist. Die Menge $\{0, 1, 2, \ldots, n-1\}$ ist ein VRS modulo n, aber es gibt auch unendlich viele andere. Zum Beispiel ist $\{3, 6, 9, 12, 15\}$ ein VRS modulo 5. Jedes VRS modulo n besitzt genau n Elemente.

Ein **vollständiges System teilerfremder Reste (VSTR) modulo** n ist eine Menge T von zu n teilerfremden Zahlen mit der Eigenschaft, dass jede zu n teilerfremde Zahl zu genau einem Element aus T kongruent ist. Zum Beispiel ist die Menge Tf(n) der zu n teilerfremden Zahlen zwischen 1 und $n-1$ ein VSTR modulo n. Zwei verschiedene VSTR modulo n haben stets dieselbe Anzahl von Elementen; wie viele das genau sind, sehen wir in Abschnitt 3.2.

3.1.21. Aufgabe. Es seien $n \geq 2$ und $a \in \mathbb{Z}$. Außerdem sei $R = \{r_1, r_2, \ldots, r_n\}$ ein VRS modulo n; wir betrachten die Menge $aR = \{a \cdot r_1, a \cdot r_2, \ldots, a \cdot r_n\}$. Zeige: aR ist ein VRS modulo n genau dann, wenn a und n teilerfremd sind. Zeige dieselbe Behauptung auch für vollständige Systeme teilerfremder Reste.

3.1.22. Wir haben gesehen, dass die rationalen und reellen Zahlen sowie die ganzen Zahlen modulo p viele Eigenschaften gemeinsam haben. Mathematisch ist es daher sinnvoll, diese in einer Definition zusammenzufassen.

Es sei K eine Menge, auf der eine Addition und Multiplikation definiert sind (insbesondere erwarten wir, dass Summe und Produkt zweier Elemente aus K wieder in K liegen). Es gebe in K eine **Null**, d.h. ein Element $0 \in K$ mit der Eigenschaft, dass $a + 0 = a$ für alle $a \in K$ gilt. Ebenso gebe es eine **Eins**, also ein Element $1 \in K$ mit $1 \neq 0$ derart, dass $a \cdot 1 = a$ ist für alle $a \in K$. (Also hat K mindestens zwei Elemente.)

Wir setzen weiterhin voraus, dass Addition und Multiplikation den Assoziativ-, Kommutativ- und Distributivgesetzen genügen und nehmen an, dass wir in K beliebig subtrahieren und durch jede Zahl außer der Null teilen können. (Überlege, was genau das bedeutet!)

Eine Menge K mit diesen Eigenschaften nennen wir einen **Körper**. Sätze über reelle Zahlen, deren Beweise nur die oben genannten Eigenschaften verwenden, gelten dann gleich für jeden beliebigen Körper – wir müssen sie also nicht jedes Mal wieder beweisen.

Als Beispiel zeige:

(a) In einem Körper sind die Elemente 0 und 1 eindeutig bestimmt.

(b) In einem Körper K gilt $a \cdot 0 = 0$ für alle $a \in K$.

(c) In einem Körper K gibt es keine **Nullteiler**, d.h. sind $x, y \in K$ mit $x \cdot y = 0$, so ist $x = 0$ oder $y = 0$.

3.1.23. Wir haben zu Anfang des Abschnitts gesagt, dass wir bei der Modularrechnung kongruente Zahlen gewissermaßen als „gleich" auffassen. Das Rechnen mit **Restklassen** formalisiert das auf elegante Art und Weise. Ist $n \geq 2$ und $a \in \mathbb{Z}$, so nennen wir die Menge $\bar{a}$ aller modulo n zu a kongruenten Zahlen die **Restklasse** von a (modulo n):

$$\bar{a} := \{b \in \mathbb{Z} : a \equiv b \pmod{n}\} = \{a + m \cdot n : m \in \mathbb{Z}\}.$$

Wir nennen a auch einen **Vertreter** der Restklasse $\bar{a}$.

Nun können auf der Menge aller Restklassen modulo n durch $\bar{a} + \bar{b} := \overline{a+b}$ und $\bar{a} \cdot \bar{b} := \overline{a \cdot b}$ eine Addition und Multiplikation definiert werden. Hilfssatz 3.1.2 besagt, dass $\bar{a} + \bar{b}$ und $\bar{a} \cdot \bar{b}$ wirklich nur von den Restklassen $\bar{a}$ und $\bar{b}$ und nicht von der Wahl der Vertreter a und b abhängen.

Das heißt, wir fassen alle zu a kongruenten Zahlen zu einer neuen „Zahl" (nämlich der entsprechenden Restklasse) zusammen. Die Menge der Restklassen stellen wir uns nun als einen neuen Zahlbereich vor, auf dem eine ganz natürliche Addition und Multiplikation definiert sind. Das ist die mathematisch sauberste Art, die Modularrechnung einzuführen; wir verwenden diese recht abstrakte Sichtweise im Haupttext des Buches aber nicht.

3.2 Der kleine Satz von Fermat

Nachdem wir uns mit der Addition, Subtraktion, Multiplikation und Division modulo einer Zahl n vertraut gemacht haben, betrachten wir jetzt die Potenzbildung. Zum Beispiel sind die Potenzen der Zahl 3 modulo 7 gerade

$$3^0 = 1, \quad 3^1 = 3, \quad 3^2 = 9 \equiv 2, \quad 3^3 = 27 \equiv 6, \quad 3^4 = (3^2)^2 \equiv 2^2 = 4,$$
$$3^5 \equiv 5, \quad 3^6 \equiv 1, \quad 3^7 \equiv 3, \quad 3^8 \equiv 6, \quad 3^9 \equiv 4, \quad \ldots$$

Genauso berechnen wir die Potenzen von 3 modulo 8 als

$$1, \quad 3, \quad 1, \quad 3, \quad 1, \quad \ldots \quad (\mathrm{mod}\ 8)$$

In beiden Beispielen kommen wir irgendwann wieder bei der 1 an. Das ist auch allgemeiner richtig und führt uns zu einem wichtigen Konzept: der **Ordnung**.

3.2.1. Definition und Hilfssatz (Ordnung modulo n).
*Sei $n \geq 2$ und sei $a \in \mathbb{Z}$ zu n teilerfremd. Dann gibt es eine Zahl $k \geq 1$ mit $a^k \equiv 1 \pmod{n}$. Die kleinste solche Zahl wird die **Ordnung von** a **modulo** n genannt und mit $\mathrm{ord}_n(a)$ bezeichnet.*

Für ganze Zahlen $k_1, k_2 \geq 0$ gilt $a^{k_1} \equiv a^{k_2} \pmod{n}$ genau dann, wenn k_2 und k_1 sich um ein Vielfaches von $\mathrm{ord}_n(a)$ unterscheiden.

Beweis. Es gibt nur endlich viele mögliche Reste beim Teilen durch n, nämlich die Zahlen $0, 1, \ldots, n-1$. Also muss es zwei Zahlen k_1 und k_2 mit $k_2 > k_1$ und $a^{k_1} \equiv a^{k_2} \pmod{n}$ geben. Es ist dann

$$a^{k_1} \equiv a^{k_2} = a^{k_1} \cdot a^{k_2 - k_1} \quad (\mathrm{mod}\ n).$$

Da a zu n teilerfremd ist, können wir nach Folgerung 3.1.4 in dieser Kongruenz durch a^{k_1} kürzen. Es gilt also $a^{k_2 - k_1} \equiv 1 \pmod{n}$. Insbesondere ist die erste Behauptung bewiesen, und es gibt eine kleinste Zahl $k = \mathrm{ord}_n(a) \geq 1$ mit $a^k \equiv 1$.

n	Ordnungen modulo n	n	Ordnungen modulo n
2	1	7	1, 3, 6, 3, 6, 2
3	1, 2	8	1, 2, 2, 2
4	1, 2	9	1, 6, 3, 6, 3, 2
5	1, 4, 4, 2	10	1, 4, 4, 2
6	1, 2	11	1, 10, 5, 5, 5, 10, 10, 10, 5, 2

Abbildung 3.2. Die Ordnungen der zu n teilerfremden Zahlen zwischen 2 und $n-1$, für n von 2 bis 11.

Wir teilen nun $k_2 - k_1$ mit Rest durch k, schreiben also $k_2 - k_1 = s \cdot k + r$ mit $s \in \mathbb{Z}$ und $0 \leq r < k$. Dann gilt

$$1 \equiv a^{k_2 - k_1} = a^{s \cdot k + r} = \left(a^k\right)^s \cdot a^r \equiv 1^s \cdot a^r = a^r.$$

Es muss also $r = 0$ sein, denn sonst wäre k nicht die kleinste positive Zahl mit $a^k \equiv 1$. Daher ist $k_2 - k_1 = s \cdot k$ und $k_2 - k_1$ wie behauptet durch k teilbar. Die Umkehrung beweise die Leserin selbst in Aufgabe 3.2.9 (a). ■

Beispiele. Es gilt $\operatorname{ord}_7(3) = 6$ und $\operatorname{ord}_8(3) = 2$, siehe oben. Kennen wir die Ordnung einer Zahl modulo n, so lassen sich die Reste auch sehr hoher Potenzen mit dem Hilfssatz ganz leicht berechnen. Zum Beispiel ist

$$3^{9001} = 3^{6 \cdot 1500 + 1} = (3^6)^{1500} \cdot 3^1 \equiv 1^{1500} \cdot 3 = 3 \pmod 7.$$

Die Ordnung von a modulo n kann nicht größer als $n-1$ sein, weil es höchstens $n-1$ modulo n verschiedene und zu n teilerfremde Zahlen gibt. Was können wir sonst noch sagen? Wir rechnen einmal für jede Zahl n von 2 bis 11 die Ordnungen der zu n teilerfremden Zahlen in $\{2, ..., n-1\}$ aus (Abbildung 3.2). Es fällt auf, dass für die Primzahlen $n = 2, 3, 5, 7, 11$ die auftretenden Ordnungen immer Teiler von $n-1$ sind. Dass das für jede Primzahl stimmt, ist der **kleine Satz von Fermat**.

3.2.2. Satz (Kleiner Satz von Fermat).
Sei p eine Primzahl und $a \in \mathbb{Z}$. Dann gilt

$$a^p \equiv a \pmod p. \tag{3.3}$$

Ist a kein Vielfaches von p, so ist insbesondere $a^{p-1} \equiv 1 \pmod p$ und daher $\operatorname{ord}_p(a)$ ein Teiler von $p-1$.

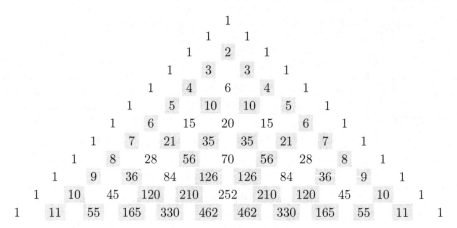

Abbildung 3.3. Die ersten zwölf Reihen des Pascalschen Dreiecks. In der $(n+1)$-ten Zeile sind (für $n \geq 2$) jeweils die durch n teilbaren Binomialkoeffizienten hervorgehoben.

Im Fall $p = 3$ haben wir Satz 3.2.2 bereits in Beispiel 1.1.4 durch Induktion bewiesen. Die Idee war, im Induktionsschritt die Zahl $(n+1)^3$ mit Hilfe des binomischen Lehrsatzes zu $n^3 + 3n^2 + 3n + 1$ auszumultiplizieren. Modulo 3 ist das dasselbe wie $n^3 + 1$, und wir können die Induktionsvoraussetzung anwenden.

Entscheidend ist dabei, dass die auftretenden Binomialkoeffizienten durch 3 teilbar sind. Um den kleinen Satz von Fermat zu beweisen, fragen wir uns, ob das auch allgemein der Fall ist. Ein Blick auf die ersten Reihen des Pascalschen Dreiecks (Abbildung 3.3) legt nahe, dass für eine Primzahl p jeder Binomialkoeffizient

$$\binom{p}{k} \quad \text{mit} \quad 1 \leq k \leq p - 1$$

selbst ein Vielfaches von p ist (während das für zusammengesetzte Zahlen nicht stimmt).

3.2.3. Hilfssatz (Teilbarkeit von Binomialkoeffizienten).
Ist p eine Primzahl und $1 \leq k \leq p - 1$, so gilt

$$\binom{p}{k} \equiv 0 \pmod{n}.$$

Beweis. Wir formen die Darstellung von Binomialkoeffizienten durch Fakultäten ((1.2) aus Aufgabe 1.1.11) wie folgt um:

$$k! \, (p - k)! \binom{p}{k} = p! \, . \tag{3.4}$$

Nun ist p ein Teiler der rechten, also auch der linken Seite von (3.4). Da p eine Primzahl und jede der Zahlen $1, 2, \ldots, k$ kleiner als p ist, wird $k!$ nicht von p geteilt (Korollar 1.3.2). Aus dem gleichen Grund ist p kein Teiler von $(p - k)!$. Also muss p, wieder mit Korollar 1.3.2, ein Teiler von $\binom{p}{k}$ sein. ∎

Beweis des kleinen Satzes von Fermat. Es genügt, den Satz für nicht-negative Zahlen a zu beweisen (ansonsten ersetzen wir a durch eine kongruente nicht-negative Zahl, z.B. den eigenen Rest beim Teilen durch p).

Wir verwenden vollständige Induktion, um zu zeigen, dass $a^p \equiv a \pmod{p}$ ist für alle $a \in \mathbb{N}_0$. Im Falle $a = 0$ ist $a^p = 0 = a$, das ist der Induktionsanfang.

Sei jetzt $a \in \mathbb{N}_0$ mit $a^p \equiv a \pmod{p}$. Es gilt nach dem binomischen Lehrsatz:

$$(a + 1)^p = \sum_{i=0}^{p} \binom{p}{i} a^{p-i}.$$

Mit Hilfssatz 3.2.3 sind $\binom{p}{1}, \ldots, \binom{p}{p-1}$ alle durch p teilbar, es bleiben modulo p also nur die Terme für $i = 0$ und $i = p$ übrig. Nach Induktionsvoraussetzung ist ausserdem $a^p \equiv a \pmod{p}$, also insgesamt

$$(a + 1)^p \equiv a^p + 1 \equiv a + 1 \pmod{p}.$$

Damit ist die Induktion abgeschlossen und der erste Teil des Satzes bewiesen.

Ist a nicht durch p teilbar, so können wir in (3.3) durch a teilen (Folgerung 3.1.4) und erhalten, wie behauptet, $a^{p-1} \equiv 1 \pmod{p}$. Nach Hilfssatz 3.2.1 ist dann $\mathrm{ord}_p(a)$ ein Teiler von $p - 1$. ∎

Die Sätze von Fermat-Euler und Lagrange

Wir zeigen zwei Verallgemeinerungen des kleinen Satzes von Fermat, die wir für die Methode der RSA-Verschlüsselung und für die Betrachtung einiger Primzahltests (allerdings nicht für den AKS-Algorithmus) benötigen.

Wir schauen uns noch einmal die Tabelle aus Abbildung 3.2 an. Dabei bemerken wir, dass zum Beispiel für $n = 9$ die Ordnungen der sechs zu n teilerfremden Zahlen jeweils Teiler von 6 sind. Genauso sind für $n = 10$ die Ordnungen der vier zu n teilerfremden Zahlen Teiler von 4. Insgesamt sind in unserer Tabelle für jede Zahl n die möglichen Ordnungen stets Teiler *der Anzahl der zu n teilerfremden Zahlen von 1 bis $n - 1$*. Dieser Anzahl geben wir einen Namen:

3.2.4. Definition (Eulersche φ-Funktion).
Sei $n \geq 2$ und $\mathrm{Tf}(n)$ die Menge aller zu n teilerfremden Zahlen von 1 bis $n - 1$. Wir bezeichnen mit $\varphi(n)$ die Anzahl der Elemente von $\mathrm{Tf}(n)$, also die Anzahl aller Zahlen von 1 bis $n - 1$, die zu n teilerfremd sind.

$\odot$	1	3	5	9	11	13
1	1	3	5	9	11	13
9	9	13	3	11	1	5
11	11	5	13	1	9	3

$\odot$	1	3	5	9	11	13
1	1	3	5	9	11	13
13	13	11	9	5	3	1

Abbildung 3.4. Idee für den Beweis des Satzes von Fermat-Euler

Primzahlen sind zu jeder echt kleineren Zahl teilerfremd. Es gilt also etwa $\varphi(2) = 1$, $\varphi(7) = 6$ und allgemein $\varphi(p) = p - 1$ für alle Primzahlen p. Ansonsten müssen wir vorsichtiger sein, zum Beispiel ist $\mathrm{Tf}(4) = \{1, 3\}$, $\mathrm{Tf}(6) = \{1, 5\}$, $\mathrm{Tf}(8) = \{1, 3, 5, 7\}$ und $\mathrm{Tf}(9) = \{1, 2, 4, 5, 7, 8\}$. Daher gilt $\varphi(4) = 2$, $\varphi(6) = 2$, $\varphi(8) = 4$ und $\varphi(9) = 6$. In Aufgabe 3.2.13 sehen wir, wie $\varphi(n)$ im Allgemeinen aus der Primfaktorzerlegung von n berechnet werden kann.

3.2.5. Satz (Satz von Fermat-Euler).
Sei $n \geq 2$ und $a \in \mathbb{Z}$ teilerfremd zu n. Dann gilt $a^{\varphi(n)} \equiv 1 \pmod{n}$. Insbesondere ist $\mathrm{ord}_n(a)$ ein Teiler von $\varphi(n)$.

Falls p prim ist und $a \in \mathbb{Z}$ nicht durch p teilbar, so liefert der kleine Satz von Fermat, dass a^{p-1} modulo p zu 1 kongruent ist. Wegen $\varphi(p) = p - 1$ ist das genau die Aussage des Satzes von Fermat-Euler, d.h. der kleine Satz von Fermat ist ein Spezialfall.

Zuerst entwickeln wir eine Idee und betrachten dazu den Fall $n = 14$ und $a = 9$. Die Potenzen von a modulo n sind gegeben durch

$$1, \quad 9, \quad 11, \quad 1, \quad 9, \quad 11, \quad \ldots$$

Ist jetzt A die Menge der Reste der Potenzen von a, also $A = \{1, 9, 11\}$, so überlegen wir, was passiert, wenn wir alle Elemente von A modulo n mit verschiedenen Elementen von $\mathrm{Tf}(n)$ multiplizieren (siehe Abbildung 3.4). Dabei sehen wir, dass – egal mit welchem Element wir multiplizieren – jeweils entweder die drei Zahlen 1, 9 und 11 oder aber die drei Zahlen 3, 5 und 13 herauskommen.

Wir wiederholen das Experiment für $a = 13$. Hier ist $A = \{1, 13\}$, und wir bekommen durch Multiplikation drei verschiedene mögliche Klassen von Elementen: 1 und 13, 3 und 11 sowie 5 und 9.

Das ist die Idee für einen Beweis des Satzes von Fermat-Euler: Wir hoffen, dass die Menge $\mathrm{Tf}(n)$ immer – wie in unseren Beispielen – in Teilmengen aufgeteilt werden kann, die alle die gleiche Anzahl von Elementen wie A haben. Da A genau $\mathrm{ord}_n(a)$ Elemente hat (Aufgabe 3.2.9) und die Anzahl der Elemente von $\mathrm{Tf}(n)$ nach Definition $\varphi(n)$ ist, folgt dann, dass $\varphi(n)$ von $\mathrm{ord}_n(a)$ geteilt wird! Das führen wir jetzt im Detail aus.

Beweis des Satzes von Fermat-Euler. (Wir empfehlen der Leserin, den Beweis einmal Schritt für Schritt an einem Beispiel nachzuvollziehen, etwa für $n = 13$ und $a = 3$.) Sei

$$A := \{a^k \bmod n : k \geq 0\}. \tag{3.5}$$

Wir erinnern daran, dass wir mit $M \bmod n$ den Rest von M beim Teilen durch n bezeichnen. Zu Beginn stellen wir fest:

(I) Sind $b, c \in A$, so ist auch $b \cdot c \bmod n$ ein Element von A, denn das Produkt zweier Potenzen von a ist selbst wieder eine Potenz von a.

(II) Für jedes $b \in A$ enthält A auch ein Inverses von b modulo n. Denn b und n sind teilerfremd, also gibt es nach Hilfssatz 3.2.1 eine Zahl $\ell \geq 2$ mit $b^\ell \equiv 1 \pmod{n}$. Aus (I) folgt dann, dass auch die Potenz $c := b^{\ell-1} \bmod n$ ein Element von A ist, und es gilt $c \cdot b \equiv b^\ell \equiv 1 \pmod{n}$.

(Im Rest des Beweises werden wir nur die Eigenschaften (I) und (II) verwenden, und nicht die Definition von A in (3.5). Da wir (II) auch aus (I) hergeleitet haben, beweisen wir den Satz damit sogar gleich für jede nicht-leere Menge $A \subseteq \mathrm{Tf}(n)$, die (I) erfüllt; siehe unten.)

Wie oben überlegen wir uns, was geschieht, wenn wir alle Elemente aus A mit einer festen Zahl $k \in \mathrm{Tf}(n)$ multiplizieren. Das heißt, wir betrachten die sogenannten **Restklassen** von A

$$kA := \{ka \bmod n : a \in A\}.$$

Die Leserin möge sich selbst davon überzeugen, dass jedes Element von $\mathrm{Tf}(n)$ in mindestens einer Restklasse enthalten ist. Wir möchten zeigen, dass diese Restklassen die Menge $\mathrm{Tf}(n)$ in Teilmengen zerlegen, die alle die gleiche Anzahl von Elementen haben. Genauer beweisen wir:

(a) Für jedes $k \in \mathrm{Tf}(n)$ hat kA genau $\#A$ Elemente.

(b) Sind $k, l \in \mathrm{Tf}(n)$ derart, dass kA und lA ein gemeinsames Element enthalten, so ist $kA = lA$.

Nach Definition besitzt kA höchstens so viele Elemente wie A. Nun nehmen wir an, dass kA *weniger* Elemente als A enthält. Das bedeutet, dass es zwei verschiedene Zahlen $a, b \in A$ gibt mit $ka \equiv kb \pmod{n}$. Da k und n teilerfremd sind, liefert die Kürzungsregel 3.1.4 schon $a \equiv b$ modulo n. Aber das ist ein Widerspruch, weil $a \neq b$ gilt und A nur Elemente zwischen 1 und $n - 1$ besitzt. Damit ist (a) bewiesen.

Haben die Mengen kA und lA ein gemeinsames Element, so gibt es a und b in A derart, dass

$$ka \equiv lb \pmod{n} \tag{3.6}$$

gilt. Wegen (II) enthält A ein Inverses a' von a modulo n. Multiplizieren wir die Kongruenz (3.6) auf beiden Seiten mit a', so erhalten wir:

$$k = k \cdot 1 \equiv k \cdot aa' = ka \cdot a' \equiv lb \cdot a' = l(b \cdot a') \pmod{n}.$$

Nach (I) ist für jedes $c \in A$ auch $d := b \cdot a' \cdot c$ mod n ein Element von A. Also gilt

$$kc \equiv (l(b \cdot a'))c = ld,$$

und damit kc mod $n \in lA$. Wir haben also $kA \subseteq lA$ gezeigt. Durch Vertauschen der Rollen von k und l in diesem Argument sehen wir, dass ebenfalls $lA \subseteq kA$ gilt. Das beweist (b).

Es sei nun m die Anzahl der verschiedenen Restklassen. Das heißt, es gibt $k_1, \ldots, k_m \in \mathrm{Tf}(n)$ derart, dass $k_i A \neq k_j A$ ist für verschiedene i und j und ferner $\mathrm{Tf}(n) = k_1 A \cup k_2 A \cup \cdots \cup k_m A$. Wegen (b) ist außerdem kein Element von $\mathrm{Tf}(n)$ in mehr als einer der Mengen $k_1 A, \ldots, k_m A$ enthalten, und daher gilt

$$\varphi(n) = \# \mathrm{Tf}(n) = \# k_1 A + \cdots + \# k_m A.$$

Nach (a) ist also $\varphi(n) = m \cdot \# A = m \cdot \mathrm{ord}_n(a)$. Damit ist der Satz bewiesen. ∎

In Aufgabe 3.2.20 wird ein anderer, in der Literatur üblicherer Beweis von Satz 3.2.5 erarbeitet. Der von uns gewählte Weg hat den Vorteil, gleich eine allgemeinere Aussage zu zeigen (wie wir schon im Beweis bemerkt hatten):

3.2.6. Satz (Satz von Lagrange).
Sei $n \geq 2$ eine natürliche Zahl. Sei $A \subseteq \mathrm{Tf}(n)$ eine nicht-leere Menge derart, dass für je zwei (nicht notwendigerweise verschiedene) Elemente k und l von A auch $k \cdot l$ mod n zu A gehört. Dann teilt die Anzahl $\# A$ der Elemente von A die Zahl $\varphi(n)$.

Beispiel. Für $n = 15$ erfüllt die Menge $A = \{1, 4, 11, 14\}$ die Voraussetzungen des Satzes (Aufgabe 3.2.17). Und in der Tat teilt $\# A = 4$ die Zahl $\varphi(15) = 8$.

Aufgaben

3.2.7. Aufgabe. Berechne die Ordnung von:
(a) 5 modulo 12;   (b) 7 modulo 15;   (c) 13 modulo 15.

3.2.8. Aufgabe. Sei $n \geq 2$, $a \in \mathbb{Z}$ teilerfremd zu n und b ein Inverses von a modulo n. Zeige, dass dann $\mathrm{ord}_n(a) = \mathrm{ord}_n(b)$ gilt.

3.2.9. Aufgabe (!). Seien $n, a \in \mathbb{Z}$, $n \geq 2$ und a teilerfremd zu n. Sei außerdem k die Ordnung von a modulo n.

(a) Zeige: Sind $b_1, b_2 \in \mathbb{N}_0$ mit $b_1 \equiv b_2 \pmod{k}$, so gilt $a^{b_1} \equiv a^{b_2} \pmod{n}$.

(*Hinweis:* Wir können annehmen, dass $b_2 \geq b_1$ gilt, und $b_2 - b_1 = s \cdot k$ schreiben, mit $s \geq 0$. Der Beweis ist dann ähnlich wie in den anderen Teilen von Hilfssatz 3.2.1.)

(b) Betrachte die Menge $A := \{a^j \bmod n : j \geq 0\}$ der Reste modulo n aller Potenzen von a. Zeige:

$$A = \{1\,,\, a \bmod n\,,\, a^2 \bmod n\,,\, \dots\,,\, a^{k-1} \bmod n\}.$$

(c) Folgere, dass A genau $k = \mathrm{ord}_n(a)$ Elemente enthält.

3.2.10. Aufgabe. Sei p eine ungerade Primzahl und m eine natürliche Zahl. Zeige: Falls $m^2 + 1$ durch p teilbar ist, so ist $p - 1$ durch 4 teilbar.

3.2.11. Aufgabe. Sei p eine ungerade Primzahl. Zeige: Für jede natürliche Zahl a ist dann $a^p - a$ ein Vielfaches von $2p$.

3.2.12. Aufgabe. Sei p prim. Zeige: $(a + b)^p \equiv a^p + b^p \pmod{p}$ für alle natürlichen Zahlen a und b.

3.2.13. Aufgabe (!). Seien $n, m \in \mathbb{N}$. Zeige:

(a) Sind n und m teilerfremd, so ist $\varphi(n \cdot m) = \varphi(n) \cdot \varphi(m)$.

(b) Ist p prim und $k \in \mathbb{N}$, so ist $\varphi(p^k) = (p - 1) \cdot p^{k-1}$.

Verwende diese Regeln, um $\varphi(10)$, $\varphi(50)$ und $\varphi(180)$ zu berechnen. Zeige außerdem, dass für $n > 2$ die Zahl $\varphi(n)$ stets gerade ist.

3.2.14. Aufgabe. Sei $n \geq 2$ eine natürliche Zahl. Zeige:

$$n = \sum_{k \mid n} \varphi(k),$$

wobei die Summe über alle Teiler $k \in \mathbb{N}$ von n genommen wird. Dabei definieren wir $\varphi(1) := 1$. (*Hinweis:* Sei k ein Teiler von n. Wie viele natürliche Zahlen $a \leq n$ gibt es mit $\mathrm{ggT}(a, n) = k$? Verwende außerdem, dass $\sum_{k\mid n} \varphi(k) = \sum_{k\mid n} \varphi(n/k)$ gilt.)

3.2.15. Aufgabe. Warum ist $m^5 \equiv m \pmod{10}$ für alle ganzen Zahlen m?

3.2.16. Aufgabe. Zeige: 42 teilt $m^7 - m$ für alle natürlichen Zahlen m.

Zeige allgemeiner, dass der Satz von Fermat-Euler wie folgt verschärft werden kann: Seien $r, s \geq 2$ teilerfremde ganze Zahlen und sei $n := r \cdot s$. Ist dann $a \in \mathbb{Z}$ zu n teilerfremd, so gilt

$$a^{\mathrm{kgV}(\varphi(r), \varphi(s))} \equiv 1 \pmod{n}.$$

(*Hinweis:* Verwende den Satz von Fermat-Euler und den Chinesischen Restsatz.)

3.2.17. Aufgabe. Zeige, dass für $n = 15$ die Menge $A = \{1, 4, 11, 14\}$ die Voraussetzung des Satzes von Lagrange erfüllt (zum Beispiel durch Aufstellen einer Multiplikationstabelle für A).

Weiterführende Übungen und Anmerkungen

3.2.18. Aufgabe. Sei $n \in \mathbb{N}$ mit $n = p^k$, wobei p prim und $k \geq 2$ ist. Zeige: Es gibt eine Zahl $a \in \mathrm{Tf}(n)$ mit $\mathrm{ord}_n(a) = p$. Zeige, dass das auch für jede Zahl n gilt, die von p^2 geteilt wird. (*Hinweis:* Betrachte für den ersten Teil die Zahl $a = p^{k-1} + 1$, und verwende die Hilfssätze 3.2.3 und 3.2.1. Für die zweite Behauptung verwende den ersten Teil und den Chinesischen Restsatz.)

3.2.19. Aufgabe. Abbildung 3.2 wirft auch die Frage auf, für welche Zahlen $n \geq 2$ es ein zu n teilerfremdes a gibt mit $\mathrm{ord}_n(a) = \varphi(n)$. Eine solche Zahl wird eine **Primitivwurzel modulo** n genannt. Abgesehen von $n = 8$ besitzen alle Zahlen in unserer Tabelle eine Primitivwurzel. Allgemein gilt:

(a) Ist $n = 2^k$ mit $k \geq 3$, so gibt es keine Primitivwurzeln modulo n.

(b) Ist $n = r \cdot s$, wobei $r > 2$ und $s > 2$ teilerfremd sind, so gibt es keine Primitivwurzeln modulo n.

(c) Andernfalls (insbesondere, wenn n prim ist), gibt es Primitivwurzeln modulo n. (Siehe Aufgabe 6.4.7.)

Beweise (a) und (b). (*Hinweis:* Zeige, dass es mindestens vier Zahlen in $\mathrm{Tf}(n)$ gibt, deren Quadrat modulo n zu 1 kongruent ist. Folgere dann, dass diese nicht alle als Potenzen derselben Zahl a auftreten können. Für (b) kann auch Aufgabe 3.2.16 verwendet werden.)

3.2.20. Aufgabe. Beweise den Satz von Fermat-Euler entlang folgender Schritte:

Sei $T = \{b_1, b_2, \ldots, b_{\varphi(n)}\}$ ein vollständiges System teilerfremder Reste modulo n (siehe Anmerkung 3.1.20). Zum Beispiel können wir $T = \mathrm{Tf}(n)$ verwenden. Nach Aufgabe 3.1.21 ist dann auch $aT = \{a \cdot b_1, a \cdot b_2, \ldots, a \cdot b_{\varphi(n)}\}$ ein VSTR modulo n. Zeige nun:

(a) $b_1 \cdot b_2 \cdots b_{\varphi(n)} \equiv (a \cdot b_1) \cdot (a \cdot b_2) \cdots (a \cdot b_{\varphi(n)}) \pmod{n}$.

(b) $b_1 \cdot b_2 \cdots b_{\varphi(n)} \equiv (a^{\varphi(n)}) \cdot (b_1 \cdot b_2 \cdots b_{\varphi(n)}) \pmod{n}$.

(c) $1 \equiv a^{\varphi(n)} \pmod{n}$.

3.2.21. Der Satz von Lagrange (Satz 3.2.6) gilt in Wirklichkeit *viel* allgemeiner als von uns formuliert. Im Beweis haben wir nämlich nur verwendet, dass $\mathrm{Tf}(n)$ modulo n multiplikativ abgeschlossen ist und ein Einselement besitzt, dass für die Multiplikation modulo n das Assoziativgesetz gilt und dass jedes Element in $\mathrm{Tf}(n)$ ein Inverses modulo n hat. Eine nicht-leere Menge, auf der eine Verknüpfung mit diesen Eigenschaften definiert ist, wird als **Gruppe** bezeichnet. Die **Gruppentheorie** ist ein weit verzweigtes mathematisches Gebiet mit vielen Beziehungen in andere Teile der Mathematik und auch z. B. in die Physik. Ein einfaches Beispiel einer Gruppe sind die Symmetrien eines gleichseitigen Dreiecks. Auch die möglichen Konfigurationen eines Zauberwürfels lassen sich als Gruppe auffassen und mit den Methoden der Gruppentheorie untersuchen. Zum Weiterlesen empfehlen wir den einführenden Text [KS].

3.3 Ein erster Primzahltest

Satz 3.2.2 verrät uns eine leicht testbare Eigenschaft von Primzahlen. Ist nämlich $n \geq 2$ eine beliebige natürliche Zahl, so können wir eine zu n teilerfremde natürliche Zahl a mit $1 \leq a < n$ (eine sogenannte **Basis**) nehmen und überprüfen, ob

$$a^{n-1} \equiv 1 \pmod{n} \tag{3.7}$$

gilt. (Wir erinnern daran, dass Potenzen modulo n nach dem Prinzip „Teile und Herrsche" effizient berechnet werden können; siehe Aufgabe 3.1.12.) Ist die Kongruenz (3.7) nicht erfüllt, so wissen wir wegen des kleinen Satzes von Fermat, dass n zusammengesetzt ist! Wir können also den folgenden Algorithmus formulieren, den wir naheliegenderweise **Fermat-Test** nennen:

ALGORITHMUS FERMAT-TEST

Eingabe: Eine Zahl $n \geq 2$..

1. Wähle (z.B. per Zufall) eine beliebige natürliche Zahl a mit $1 \leq a < n$.

2. Falls $\mathrm{ggT}(a, n) \neq 1$ ist, antworte „n ist zusammengesetzt".

3. Andernfalls berechne $a^{n-1} \bmod n$ mit Hilfe des Algorithmus aus Aufgabe 3.1.12.

4. Ist die berechnete Zahl gleich 1, antworte „n ist vielleicht prim"; andernfalls antworte „n ist zusammengesetzt".

Was passiert hier? Offensichtlich gibt es zwei Fälle: n ist prim oder nicht. Wenn wir eine Primzahl n eingeben, dann ist jede kleinere Zahl a zu n teilerfremd (also gehen wir sofort zu Schritt 3). Der kleine Satz von Fermat garantiert, dass $a^{n-1} \equiv 1$ ist modulo n, d.h. Primzahlen werden korrekt als solche erkannt. Wenn nun die Eingabe n zusammengesetzt ist, dann ist die Situation nicht so einfach. Beispiele suggerieren aber, dass der Fermat-Test für kleine Zahlen gut funktioniert – sogar bei Wahl einer festen Basis wie $a = 2$ (Aufgabe 3.3.2) – und dass er auch extrem große zusammengesetzte Zahlen schnell als solche erkennt (Aufgabe 3.3.4).

Wir stehen also vor folgender Frage: Kann es Zahlen $a < n$ mit $a \neq 1$ geben, für die der Test n *nicht* als zusammengesetzt erkennt? Also Zahlen $a \in \mathrm{Tf}(n)$ mit $a > 1$ und $a^{n-1} \equiv 1 \pmod{n}$?

Leider gibt es dieses Phänomen tatsächlich – Zahlen, die die Primzahleigenschaft gewissermaßen vortäuschen. Man nennt n dann eine **Pseudoprimzahl** zur Basis a. Zum Beispiel ist jede ungerade zusammengesetzte Zahl n eine Pseudoprimzahl zur Basis $a = n - 1$. Es gibt aber auch andere Beispiele: Etwa ist $11^{14} = (11^2)^7 = 121^7 \equiv 1^7 = 1 \bmod 15$, obwohl 15 nicht prim ist. Wenn wir also 15 eingeben und zufällig die Basis 11 gewählt wird, dann erkennt der Fermat-Test 15 nicht als zusammengesetzt.

Wir können immer noch hoffen, dass eine zusammengesetzte Zahl n wenigstens zu *vielen* Basen keine Pseudoprimzahl ist. Das heißt, wir fragen, wie groß die Menge

$$A := \{a \in \mathrm{Tf}(n) : a^{n-1} \equiv 1 \ (\bmod \ n)\} \tag{3.8}$$

sein kann. Dabei fällt uns auf, dass A unter Multiplikation modulo n abgeschlossen ist. Denn sind $a, b \in A$, so gilt

$$(a \cdot b)^{n-1} = a^{n-1} \cdot b^{n-1} \equiv 1 \cdot 1 = 1 \quad (\bmod \ n),$$

also ist $a \cdot b \bmod n$ ein Element von A. Damit erfüllt A die Voraussetzungen des im vorigen Abschnitt bewiesenen Satzes von Lagrange! Wir können also zeigen:

3.3.1. Hilfssatz (Anzahl der Elemente in A).
Sei n eine zusammengesetzte Zahl und sei A die in (3.8) definierte Menge. Gibt es eine Zahl $a \in \mathrm{Tf}(n)$, die nicht zu A gehört, so enthält A höchstens $\varphi(n)/2$ Elemente.

Beweis. Nach dem Satz von Lagrange gibt es ein $k \in \mathbb{N}$ mit $\varphi(n) = k \cdot \#A$. Die Voraussetzung bedeutet, dass $k \geq 2$ gelten muss, also

$$\#A = \varphi(n)/k \leq \varphi(n)/2. \qquad \blacksquare$$

Das ist zunächst einmal eine gute Nachricht: Wenn es überhaupt eine geeignete Basis a gibt, dann ist die Wahrscheinlichkeit, zufällig eine solche zu finden, mindestens $1/2$. Können wir also zeigen, dass es keine zusammengesetzten Zahlen n gibt, die bezüglich *jeder* teilerfremden Basis Pseudoprimzahlen sind, so haben wir bewiesen, dass der Fermat-Test ein effizienter Monte-Carlo-Algorithmus für Zusammengesetztheit ist.

Unglücklicherweise gibt es solche Zahlen aber doch. Sie werden **Carmichaelzahlen** genannt, und die kleinste dieser Art ist $561 = 3 \cdot 11 \cdot 17$. Man kann sogar zeigen, dass es unendlich viele Carmichaelzahlen gibt, das heißt, unser Test würde ziemlich viele Zahlen fälschlicherweise als prim identifizieren. Unser Trost ist, dass wir einerseits niemals eine Primzahl irrtümlich als zusammengesetzt bezeichnen, und dass wir andererseits jetzt eine Methode haben, auch sehr große zusammengesetzte Zahlen (so sie nicht gerade Carmichaelzahlen sind), als solche zu erkennen. In Abschnitt 4.5 sehen wir, wie der Fermat-Test so verbessert werden kann, dass auch Carmichaelzahlen keine Probleme mehr bereiten.

Aufgaben

3.3.2. Aufgabe. Führe den Fermat-Test (per Hand oder mit Hilfe eines Taschenrechners) mit der Basis $a = 2$ für die Zahlen $n = 9, 21, 25, 27, 33, 35$ aus. Erkennt er diese Zahlen als zusammengesetzt?

3.3.3. Aufgabe (P). Implementiere den Fermat-Test in einer gängigen Programmiersprache, und wende ihn auf $1\,726\,374\,899\,084\,624\,209$ und $6\,641\,819\,896\,288\,796\,729$ an. Werden diese als zusammengesetzt erkannt?

3.3.4. Aufgabe. Wende den Fermat-Test (zum Beispiel mit der Basis $a = 2$) auf die zusammengesetzte Zahl RSA-2048 aus Abbildung 1 in der Einleitung an. (Verwende hierzu einen Modularrechner, der Zahlen beliebiger Stellenzahl akzeptiert; siehe Aufgabe 3.1.13.)

Weiterführende Übungen und Anmerkungen

3.3.5. Aufgabe. Zeige, dass 561 tatsächlich, wie behauptet, eine Carmichaelzahl ist. (*Hinweis:* Aufgabe 3.2.16.)

3.3.6. Aufgabe. Zeige, dass eine gerade Zahl keine Carmichaelzahl sein kann.

3.3.7. Aufgabe. Zeige: Eine Carmichaelzahl kann keinen Primfaktor mehrfach enthalten. Wird also n von p^2 geteilt, wobei p prim ist, so ist n keine Carmichaelzahl. (*Hinweis:* Aufgabe 3.2.18.)

3.3.8. Aufgabe. Ist p eine Primzahl, so gibt es eine Zahl a mit $\mathrm{ord}_p(a) = p - 1$ (Aufgabe 6.4.7; siehe auch Aufgabe 3.2.19). Verwende diese Tatsache und den Chinesischen Restsatz, um zu zeigen: Ist $q \in \mathbb{N}$ mit $1 < q < p$, so ist $n := p \cdot q$ keine Carmichaelzahl. (Vergleiche auch den Beweis von Satz 4.5.3.)

3.3.9. Aufgabe. Folgere aus den vorigen beiden Aufgaben, dass eine Carmichaelzahl mindestens drei Primfaktoren besitzen muss.

3.4 Polynome

Polynome und die Polynomdivision werden meist in der Schule behandelt. Da sie für unser Buch von zentraler Bedeutung sind, möchten wir hier elementare Eigenschaften wiederholen, Rechenregeln zusammenstellen und etwas Routine im Umgang mit ihnen bekommen. Die Idee ist, mit Polynomen ganz genau so zu rechnen wie mit ganzen Zahlen. Dementsprechend entwickeln wir am Ende des Abschnitts die Konzepte der **Modularrechnung bezüglich eines Polynoms** (analog zur Modularrechnung mit ganzen Zahlen) und der **irreduziblen Polynome** (analog zu den Primzahlen).

3.4.1. Definition.

Ein (ganzzahliges / rationales) **Polynom** P ist eine Summe der Form

$$P = a_n X^n + a_{n-1} X^{n-1} + \cdots + a_1 X + a_0,$$

wobei $n \in \mathbb{N}_0$ ist und $a_0, ..., a_n$ (ganze / rationale) Zahlen sind; sie werden die **Koeffizienten** genannt. Derjenige von 0 verschiedene Koeffizient, der zur höchsten auftretenden Potenz von X gehört, heißt **Leitkoeffizient**, und ein Polynom ist **normiert**, wenn der Leitkoeffizient 1 ist. Schließlich ist der **Grad** von P, bezeichnet als $\operatorname{grad} P$, derjenige Exponent, der zum Leitkoeffizienten gehört (also der höchste auftretende Exponent).

Das **Nullpolynom**, für das alle Koeffizienten gleich Null sind, hat definitionsgemäß den Grad $-\infty$; es ist das einzige Polynom, das keinen Leitkoeffizienten besitzt.

Beispiele. $3X^2 - 1$ ist ein ganzzahliges Polynom vom Grad 2. Seine Koeffizienten sind $a_2 = 3$, $a_1 = 0$ und $a_0 = -1$; insbesondere ist 3 der Leitkoeffizient. Polynome vom Grad ≤ 0 werden **konstante Polynome** genannt. Zum Beispiel ist -5 ein ganzzahliges konstantes Polynom.

Im Rest des Buches sind für uns eigentlich nur ganzzahlige Polynome von Interesse; wenn wir einfach nur „Polynom" schreiben, meinen wir daher, dass die Koeffizienten ganze Zahlen sind. In diesem Abschnitt – und nur hier! – lassen wir gelegentlich auch rationale Polynome zu, insbesondere beim Teilen mit Rest (siehe unten). Natürlich kann man auch Polynome mit reellen (oder noch allgemeineren) Koeffizienten betrachten; wir verweisen dazu auf Anmerkung 3.4.22. Das Rechnen mit Polynomen ist intuitiv und einsichtig, weshalb wir auf eine formale Einführung verzichten. Um eventuelle Unklarheiten zu vermeiden, machen wir ein paar Anmerkungen.

Einsetzen in Polynome. Wir können wir jede beliebige ganze (oder auch rationale / reelle) Zahl x in ein Polynom einsetzen und schreiben dann $P(x)$ für den entsprechenden Wert. Für $P = 3X^2 - 1$ etwa ist $P(1) = 3 \cdot 1^2 - 1 = 2$. Eine Zahl x mit $P(x) = 0$ nennen wir eine **Nullstelle** des Polynoms P.

Bei der Beschreibung eines Polynoms ist es im Prinzip gleichgültig, welchen Namen wir der Variablen geben. Bei uns heißt sie üblicherweise X. Manchmal ist es aber aus Gründen der Verständlichkeit sinnvoll, andere Variablennamen zur Verfügung zu haben; wir verwenden dann stets Y oder Z. Wir sprechen in diesem Fall von Polynomen **in** X, bzw. in Y oder in Z. Zum Beispiel ist $Y^3 - 1$ ein Polynom in Y und $2Z^4 + 3Z$ ein Polynom in Z.

Gleichheit von Polynomen. Nach Definition sind zwei Polynome dann **gleich**, wenn sie dieselben Koeffizienten haben. Dabei lassen wir in der Schreibweise

Terme, deren Koeffizient 0 ist, meist einfach weg, wie wir es oben in den Beispielen schon gemacht haben. Etwa ist

$$3X^2 - 1 = 0 \cdot X^3 + 3 \cdot X^2 + 0 \cdot X + (-1).$$

Addition und Multiplikation. Sind P und Q Polynome, so ist auch die Summe $P + Q$ (durch Zusammenfassung der Terme, die jeweils zu derselben Potenz von X gehören) wieder ein Polynom. Zum Beispiel ist für $P = 2X^4 - X^2 + 3X$ und $Q = -2X^4 + X^3 - 5X - 1$:

$$\begin{aligned} P + Q &= (2X^4 - X^2 + 3X) + (-2X^4 + X^3 - 5X - 1) \\ &= (2-2)X^4 + X^3 - X^2 + (3-5)X - 1 = X^3 - X^2 - 2X - 1. \end{aligned}$$

Wir sehen unmittelbar, dass der Grad von $P + Q$ höchstens so groß wie der höhere der beiden Grade von P und Q sein kann. In unserem Beispiel oben ist der Grad sogar kleiner geworden, da die X^4-Terme sich aufheben.

Genauso können wir das Produkt $P \cdot Q$ berechnen, welches auch wieder ein Polynom ist. Für $P = X^2 + X - 2$ und $Q = X^3 - 3X$ sieht das so aus:

$$\begin{aligned} P \cdot Q &= (X^2 + X - 2) \cdot (X^3 - 3X) \\ &= X^5 + X^4 - 2X^3 - 3X^3 - 3X^2 + 6X \\ &= X^5 + X^4 - 5X^3 - 3X^2 + 6X. \end{aligned}$$

Der Leitkoeffizient des Produkts $P \cdot Q$ ist das Produkt der Leitkoeffizienten von P und Q. Dementsprechend ist $\operatorname{grad}(P \cdot Q) = \operatorname{grad} P + \operatorname{grad} Q$.

Es ist in der Praxis übrigens oft sinnvoll, ein als Produkt dargestelltes Polynom nicht auszumultiplizieren. Zum Beispiel ist die Form

$$P = (X + 1)^{10}$$

handlicher und leichter verständlich als die Darstellung

$$\begin{aligned} P = &X^{10} + 10X^9 + 45X^8 + 120X^7 + 210X^6 + \\ &252X^5 + 210X^4 + 120X^3 + 45X^2 + 10X + 1 \end{aligned}$$

mit dem binomischen Lehrsatz!

Wir können also, wie in den ganzen Zahlen, Polynome addieren, voneinander subtrahieren, und multiplizieren. Es ist daher sinnvoll, auch die Teilbarkeit von Polynomen zu betrachten. Ist P nicht das Nullpolynom, so können wir **Polynomdivision** verwenden, um ein anderes Polynom Q mit Rest durch P zu teilen. (Das heißt, wir suchen T und R mit $\operatorname{grad} R < \operatorname{grad} Q$ und $Q = T \cdot P + R$.)

Der Vollständigkeit halber erläutern wir sie an einem kleinen Beispiel: Wir teilen $Q = 12X^2 - 11X - 1$ mit Rest durch $P = X - 2$.

Die Idee ist es, die Koeffizienten von T nach und nach zu ermitteln, beginnend mit dem Leitkoeffizienten. So schauen wir zunächst auf beiden Seiten auf den ersten Term, und sehen, dass $12X \cdot X$ genau $12X^2$ ergibt; der höchste Term von T ist also $12X$. Jetzt berechnen wir $12X \cdot P = 12X^2 - 24X$ und subtrahieren das vom ursprünglichen Polynom Q: $12X^2 - 11X - 1 - (12X^2 - 24X) = 13X - 1$. Nun verfahren wir genauso mit $13X - 1$ und sehen, dass $13 \cdot X = 13X$ ist, also notieren wir 13 als zweiten Term im Ergebnis, multiplizieren wieder $13 \cdot P = 13X - 26$ und erhalten als Rest $(13X - 1) - (13X - 26) = 25$. Damit haben wir einen Rest erhalten, der kleineren Grad hat als P; also sind wir fertig mit $T = 12X + 13$ und $R = 25$. In der üblichen graphischen Darstellung sieht das so aus:

$$
\begin{array}{l}
(\quad 12X^2 - 11X \; - 1) : (X - 2) = 12X + 13; \quad \textbf{Rest: } 25. \\
\underline{-\;12X^2 + 24X} \\
\qquad\qquad 13X \; - 1 \\
\qquad\underline{-\;13X + 26} \\
\qquad\qquad\qquad\quad 25
\end{array}
$$

Hätten wir stattdessen $12X^2 - 11X - 26$ durch $X - 2$ geteilt, so wäre am Ende der Rest Null geblieben; das heißt, $X - 2$ ist ein **Teiler** von $12X^2 - 11X - 26$:

$$
\begin{array}{l}
(\quad 12X^2 - 11X - 26) : (X - 2) = 12X + 13 \\
\underline{-\;12X^2 + 24X} \\
\qquad\qquad 13X - 26 \\
\qquad\underline{-\;13X + 26} \\
\qquad\qquad\qquad\quad 0
\end{array}
$$

Wir weisen noch darauf hin, dass die Polynome T und R in unserem Beispiel ganzzahlig sind, weil das Polynom P normiert ist – wir erhalten deshalb in jedem Schritt beim Teilen durch den Leitkoeffizienten von P wieder eine ganze Zahl. Insgesamt gilt der folgende Satz:

3.4.2. Satz (Teilen mit Rest).
Seien P und Q rationale Polynome. Dann gibt es eindeutig bestimmte rationale Polynome T, R mit $\operatorname{grad} R < \operatorname{grad} P$ und

$$
Q = T \cdot P + R.
$$

*Wir sagen: P **teilt** Q **mit Rest** R. Sind P und Q beide ganzzahlig und ist außerdem P normiert, so sind auch T und R ganzzahlig.*

Beweis. Der Satz ergibt sich aus dem Verfahren der Polynomdivision: Diese funktioniert für alle Polynome P und Q wie angegeben. Die Eindeutigkeit folgt dann auch sofort, denn wir haben in jedem Schritt genau eine Möglichkeit für den jeweiligen Koeffizienten von T. Alternativ können wir die Eindeutigkeit auch direkt beweisen. Sind nämlich $Q = T_1 \cdot P + R_1$ und $Q = T_2 \cdot P + R_2$ zwei Darstellungen wie oben, so ist

$$(T_1 - T_2) \cdot P + (R_1 - R_2) = 0.$$

Da R_1 und R_2 kleineren Grad als P haben, gilt $\operatorname{grad}(R_1 - R_2) < \operatorname{grad} P$. Also muss auch der erste Summand $(T_1 - T_2) \cdot P$ kleineren Grad als P haben. Demnach ist

$$\operatorname{grad} P > \operatorname{grad}\big((T_1 - T_2) \cdot P\big) = \operatorname{grad}(T_1 - T_2) + \operatorname{grad} P.$$

Das ist nur dann möglich, wenn $\operatorname{grad}(T_1 - T_2) < 0$ ist; d.h. $T_1 - T_2$ ist das Nullpolynom. Demzufolge muss $T_1 = T_2$ sein, und daraus folgt auch $R_1 = R_2$ wie behauptet. ∎

3.4.3. Definition (Teiler von Polynomen).
Es seien P und Q rationale Polynome. Gibt es ein rationales Polynom T mit $Q = T \cdot P$, so heißt P ein **Teiler von Q über** $\mathbb{Q}$. Ist außerdem $\operatorname{grad} P \neq 0$ und $\operatorname{grad} T \neq 0$, so nennen wir P und T **nicht-triviale Teiler von Q über** $\mathbb{Q}$.

Sind P, Q und T ganzzahlige Polynome mit $Q = T \cdot P$, so nennen wir analog P und T **Teiler von Q über** $\mathbb{Z}$. Sind P und T beide nicht konstant gleich 1 oder -1, so heißen P und T **nicht-triviale Teiler von Q über** $\mathbb{Z}$.

Bemerkung. Teilbarkeit über $\mathbb{Q}$ kann auch bei ganzzahligen Polynomen etwas anderes bedeuten als Teilbarkeit über $\mathbb{Z}$. Zum Beispiel ist $2X + 2$ ein Teiler von $3X + 3$ über $\mathbb{Q}$, denn es gilt ja $3X + 3 = \frac{3}{2} \cdot (2X + 2)$. Über $\mathbb{Z}$ aber ist $2X + 2$ *kein* Teiler von $3X + 3$. Ähnlich gilt: Jedes rationale Polynom P vom Grad 1 (also $P = a$ mit $a \in \mathbb{Q} \setminus \{0\}$) ist über $\mathbb{Q}$ ein Teiler jedes Polynoms. Beim Teilen über $\mathbb{Z}$ gilt das nur für die konstanten Polynome 1 und -1; daher die verschiedenen Definitionen von nicht-trivialen Teilern.

Für uns ist die Teilbarkeit über $\mathbb{Q}$ das wichtigere Konzept, weil wir dabei genau die Ideen kennenlernen, die wir im nächsten Abschnitt brauchen. Aufgabe 3.4.19 beleuchtet den Zusammenhang zwischen den beiden Teilbarkeitsbegriffen genauer.

Eine wichtige Anwendung des Teilens mit Rest ist aus der Schule bekannt:

3.4.4. Satz (Linearfaktoren).
*Sei P ein rationales Polynom und sei $a \in \mathbb{Q}$. Dann ist a Nullstelle von P genau dann, wenn der **Linearfaktor** $X - a$ ein Teiler von P ist über $\mathbb{Q}$.*

Beweis. Ist $X - a$ ein Teiler von P, so können wir $P = Q \cdot (X - a)$ schreiben mit einem geeigneten rationalen Polynom Q, und dann gilt

$$P(a) = Q(a) \cdot (a - a) = Q(a) \cdot 0 = 0.$$

Also ist a eine Nullstelle von P.

Sei umgekehrt a eine Nullstelle von P. Wir teilen P mit Rest durch $X - a$, schreiben also $P = T \cdot (X - a) + R$, mit $\operatorname{grad} R < \operatorname{grad}(X - a) = 1$. Wir müssen zeigen, dass $R = 0$ gilt.

Wegen $\operatorname{grad} R < 1$ wissen wir schon, dass R ein konstantes Polynom ist, also $P = T \cdot (X - a) + b$ mit $b \in \mathbb{Z}$. Jetzt müssen wir noch $b = 0$ zeigen, und das folgt daraus, dass a eine Nullstelle ist:

$$0 = P(a) = T(a) \cdot (a - a) + b = T(a) \cdot 0 + b = 0 + b = b. \qquad \blacksquare$$

Beispiel. Sei $P := 2X^3 + X^2 - 5X + 2$. Dann ist -2 eine Nullstelle von P, denn es gilt $P(-2) = 2 \cdot (-8) + 4 - 5 \cdot (-2) + 2 = -16 + 4 + 10 + 2 = 0$. Polynomdivision ergibt $P = (2X^2 - 3X + 1) \cdot (X + 2)$.

3.4.5. Folgerung (Anzahl von Nullstellen).
Ein rationales Polynom vom Grad $d \geq 0$ hat höchstens d Nullstellen.

Beweis. Die Behauptung folgt aus dem vorigen Satz durch Induktion. Ein Polynom vom Grad 0 ist nach Definition konstant, aber nicht das Nullpolynom. Es hat also keine Nullstellen; das ist der Induktionsanfang.

Sei P nun ein rationales Polynom vom Grad $d \geq 1$. Gibt es keine Nullstellen, so sind wir fertig, also können wir annehmen, dass P mindestens eine Nullstelle a hat. Nach Satz 3.4.4 gilt $P = (X - a) \cdot T$ für ein rationales Polynom T vom Grad $d - 1$. Auf T können wir die Induktionsvoraussetzung anwenden, also hat T höchstens $d - 1$ Nullstellen. Folglich hat P höchstens d Nullstellen, wie behauptet. $\blacksquare$

Modularrechnung mit Polynomen und Irreduzibilität

Seien P, Q und H rationale Polynome mit $\operatorname{grad} H \geq 1$. Analog zur Modularrechnung in $\mathbb{Z}$ schreiben wir

$$P \equiv Q \pmod{H},$$

falls beide Polynome beim Teilen durch H über $\mathbb{Q}$ denselben Rest lassen. Wie in Abschnitt 3.1 können wir modulo H ganz normal rechnen, etwa

$$(2X^2 - 3X + 1) \cdot (X + 2) \equiv (-3X - 1) \cdot (X + 2)$$
$$= -3X^2 - 7X - 2 \equiv -7X + 1 \pmod{X^2 + 1}.$$

In $\mathbb{Z}$ hatte das Rechnen modulo einer Primzahl besonders schöne Eigenschaften, daher definieren wir jetzt eine der Primalität entsprechende Eigenschaft von Polynomen.

3.4.6. Definition (Irreduzibilität).
Ein nicht-konstantes ganzzahliges Polynom H heißt **irreduzibel über** $\mathbb{Q}$ bzw. **über** $\mathbb{Z}$, falls es keine nicht-trivialen Teiler über $\mathbb{Q}$ bzw. über $\mathbb{Z}$ hat.

Beispiele. Jedes normierte Polynom vom Grad 1 ist nach Definition irreduzibel sowohl über $\mathbb{Q}$ als auch über $\mathbb{Z}$. Auch $X^2 - 2$ ist irreduzibel über $\mathbb{Q}$, denn die einzigen möglichen nicht-trivialen Teiler wären Polynome vom Grad 1, also von der Form $aX - b$ mit $a, b \in \mathbb{Q}$. Insbesondere wäre dann $\frac{b}{a}$ eine Nullstelle, aber $X^2 - 2$ hat nach Satz 1.1.2 keine rationalen Nullstellen. Aus demselben Grund ist $X^2 - 2$ auch irreduzibel über $\mathbb{Z}$. Andererseits ist $2X^3 + X^2 - 5X + 2$ nicht irreduzibel über $\mathbb{Q}$ und auch nicht über $\mathbb{Z}$, denn wie wir im Beispiel zu Satz 3.4.4 gesehen haben, hat es den nicht-trivialen Teiler $X + 2$.

Als letztes Beispiel sehen wir, dass $2X + 2$ zwar irreduzibel ist über $\mathbb{Q}$, aber nicht über $\mathbb{Z}$. Das konstante Polynom 2 ist nämlich ein nicht-trivialer Teiler über $\mathbb{Z}$. Ein über $\mathbb{Z}$ irreduzibles Polynom ist aber stets auch irreduzibel über $\mathbb{Q}$; siehe Aufgabe 3.4.20.

Der folgende Satz besagt, dass sich irreduzible Polynome in der Tat wie Primzahlen verhalten. (Wir formulieren und beweisen ihn hier nur über $\mathbb{Q}$, aber in Aufgabe 3.4.20 sehen wir, dass eine entsprechende Aussage auch über $\mathbb{Z}$ richtig ist.)

3.4.7. Satz (Irreduzible Teiler eines Produkts).
Sei H ein nicht-konstantes, über $\mathbb{Q}$ irreduzibles rationales Polynom. Sind Q_1, Q_2 rationale Polynome derart, dass H ein Teiler von $Q_1 \cdot Q_2$ über $\mathbb{Q}$ ist, so teilt H schon einen der Faktoren Q_1 oder Q_2.

Beweis. Wir beweisen diesen Satz auf ähnliche Art und Weise wie den Fundamentalsatz der Arithmetik (Satz 1.3.1). Seien dazu R_1 und R_2 die Reste von Q_1 und Q_2 beim Teilen durch H über $\mathbb{Q}$, etwa $Q_1 = T_1 \cdot H + R_1$ und $Q_2 = T_2 \cdot H + R_2$. Ausmultiplizieren und Zusammenfassen ergibt

$$Q_1 \cdot Q_2 = H \cdot (T_1 \cdot T_2 \cdot H + T_1 \cdot R_2 + T_2 \cdot R_1) + R_1 \cdot R_2.$$

Es wird also auch $R := R_1 \cdot R_2$ von H geteilt. Wir müssen zeigen, dass R_1 oder R_2 gleich Null ist. Dafür genügt es, zu zeigen, dass R das Nullpolynom ist.

Das machen wir mit dem Prinzip des kleinsten Verbrechers. Ist die Behauptung falsch, so können wir annehmen, dass H mit dem kleinstmöglichen Grad gewählt ist; für irreduzible Polynome kleineren Grades sei die Behauptung also richtig. Zusätzlich nehmen wir an, dass der Grad von R so klein wie möglich ist. Da R von H geteilt wird, gilt $R = T \cdot H$, wobei T ein geeignetes rationales Polynom ist. Es ist $\operatorname{grad} R = \operatorname{grad} R_1 + \operatorname{grad} R_2 < 2 \cdot \operatorname{grad} H$, also ist $\operatorname{grad} T < \operatorname{grad} H$. Wäre T konstant, so wären R_1 und R_2 nicht-triviale Teiler von H über $\mathbb{Q}$, was der Irreduzibilität von H widerspräche. Deshalb ist $\operatorname{grad} T \geq 1$.

Damit hat T einen über $\mathbb{Q}$ irreduziblen Faktor I (Aufgabe 3.4.15). Es gilt $1 \leq \operatorname{grad} I \leq \operatorname{grad} T < \operatorname{grad} H$. Da I das Produkt $R = R_1 \cdot R_2$ teilt, muss I nach Wahl von H einen der beiden Faktoren teilen, sagen wir R_1.

Schreiben wir nun $R_1 = \tilde{R}_1 \cdot I$, so teilt H über $\mathbb{Q}$ immer noch das Produkt $\tilde{R} := \tilde{R}_1 \cdot R_2$, aber keinen der beiden Faktoren $\tilde{R}_1$ oder R_2. (Denn diese haben kleineren Grad als H und sind nach Annahme ungleich Null.) Nun ist der Grad von $\tilde{R}_1$ aber echt kleiner als der von R_1, und damit ist auch $\operatorname{grad} \tilde{R} < \operatorname{grad} R$. Das ist ein Widerspruch zur Annahme, dass R kleinstmöglichen Grad hat. ∎

3.4.8. Folgerung (Nullteilerfreiheit).
Sei H ein nicht-konstantes und über $\mathbb{Q}$ irreduzibles rationales Polynom und seien Q_1 und Q_2 rationale Polynome. Ist

$$Q_1 \cdot Q_2 \equiv 0 \pmod{H},$$

so gilt $Q_1 \equiv 0 \pmod{H}$ oder $Q_2 \equiv 0 \pmod{H}$.

Beweis. Das ist nur eine Umformulierung des gerade bewiesenen Satzes. ∎

Polynomiale Nullstellen

Sei P ein Polynom in der Variablen Y und Q ein Polynom in der Variablen X. Dann können wir Q für die Variable Y in P einsetzen und erhalten daraus $P(Q)$, ein Polynom in der Variablen X. Am leichtesten zeigen wir das an einem Beispiel: Ist $P := Y^2 - 2$ und $Q := X - 3$, so ist

$$P(Q) = (X - 3)^2 - 2 = X^2 - 6X + 9 - 2 = X^2 - 6X + 7. \tag{3.9}$$

Interessant wird das für uns bei der Modularrechnung bezüglich eines Polynoms. Ist nämlich H ein nicht-konstantes, normiertes Polynom in X, so kann es sein, dass das Polynom $P(Q)$ durch H teilbar und damit zum Nullpolynom kongruent ist. Das heißt, in gewissem Sinne ist Q eine „Nullstelle" des Polynoms P modulo H.

3.4.9. Definition (Polynomiale Nullstellen).
Sei H ein nicht-konstantes rationales Polynom. Weiterhin seien P und Q rationale
Polynome mit

$$P(Q) \equiv 0 \pmod{H}.$$

Dann heißt Q eine **polynomiale Nullstelle** von P (modulo H).

Beispiel. Wegen (3.9) ist $X - 3$ eine polynomiale Nullstelle von $Y^2 - 2$ modulo
$H := X^2 - 6X + 7$.

Wir hatten bereits angekündigt, dass das Rechnen modulo irreduzibler Polynome besonders angenehm ist. Ein Beispiel dafür sehen wir jetzt: Ist H irreduzibel
über $\mathbb{Q}$, so hat ein Polynom modulo H höchstens so viele polynomiale Nullstellen,
wie sein Grad angibt.

3.4.10. Satz (Anzahl polynomialer Nullstellen).
*Sei H ein nicht-konstantes, über $\mathbb{Q}$ irreduzibles rationales Polynom und sei P ein
rationales Polynom vom Grad $d \geq 0$.*

*Dann hat P höchstens d modulo H verschiedene polynomiale Nullstellen mo-
dulo H. (Das heißt, es gibt höchstens d Polynome $Q_1, \ldots, Q_d$, von denen keine
zwei kongruent modulo H sind und für die $P(Q_j) \equiv 0 \pmod{H}$ gilt.)*

Beweis. Wir verwenden dieselbe Idee wie in Folgerung 3.4.5. Dort hatten wir
einen Linearfaktor aus dem Polynom herausdividiert. Das können wir hier auch
machen, wenn wir P als ein Polynom ansehen, *dessen Koeffizienten selbst Polynome in X sind.* (Einen abstrakteren Standpunkt diskutieren wir in den Anmerkungen: Wir können für Polynome jede Art von Koeffizienten zulassen, die
wir beliebig addieren, subtrahieren und multiplizieren können. Von dieser Idee
aus sind dann dieser Satz und Folgerung 3.4.5 ein und dieselbe Aussage; siehe
Aufgabe 3.4.23.) Wir zeigen: Ist

$$P := A_d Y^d + A_{d-1} Y^{d-1} + \cdots + A_1 Y + A_0$$

ein „Polynom" in Y, dessen Koeffizienten A_i selbst rationale Polynome in X sind,
so gibt es – bis auf Kongruenz modulo H – höchstens d Polynome Q mit

$$P(Q) \equiv 0 \pmod{H}.$$

Der Beweis ist im Prinzip genau derselbe wie vorher – wir können P über $\mathbb{Q}$
mit Rest durch das Polynom $T := Y - Q$ teilen. Wir schreiben also $P = \tilde{P} \cdot T + R$.
Nach Wahl von Q gilt

$$R(Q) \equiv P(Q) \equiv 0 \pmod{H}.$$

Da R als Polynom in Y den Grad 1 hat, ist aber R in Y konstant. Also muss $R \equiv 0 \pmod{H}$ gelten und daher

$$P \equiv \tilde{P} \cdot (Y - Q) \pmod{H}.$$

Wegen Folgerung 3.4.8 sind die polynomialen Nullstellen von P bis auf Kongruenz modulo H gerade Q und die polynomialen Nullstellen von $\tilde{P}$. Letzteres Polynom hat den Grad höchstens $d - 1$, und die Behauptung folgt durch Induktion.   ∎

Aufgaben

3.4.11. Aufgabe. Berechne durch Polynomdivision:

(a) $(X^4 - 1) : (X^2 - 1)$,

(b) $(X^5 + X^4 + X^3 + X^2 + X + 1) : (X^2 + X + 1)$ und

(c) $(2X^2 - X) : \left(X - \frac{1}{2}\right)$.

Teile außerdem das Polynom $2X^2 + 3X + 5$ mit Rest durch $3X$.

3.4.12. Aufgabe. Seien P und Q Polynome. Zeige: P und Q sind genau dann gleich, wenn $P(x) = Q(x)$ für alle $x \in \mathbb{Z}$ gilt.

3.4.13. Aufgabe.

(a) Sind die folgenden Polynome irreduzibel?

(i) $X^2 - 1$ (über $\mathbb{Z}$, $\mathbb{Q}$)

(ii) $X^2 + 1$ (über $\mathbb{Q}$)

(iii) $3X^4 + 2X^2 - 6X + 1$ (über $\mathbb{Z}$, $\mathbb{Q}$)

(iv) $X^4 + 1$ (über $\mathbb{Z}$)

(b) Finde ganzzahlige Polynome P, Q derart, dass zwar $P \cdot Q$ von $2X + 2$ geteilt wird, aber weder P noch Q (über $\mathbb{Z}$).

3.4.14. Aufgabe. Zeige: Ein Polynom vom Grad 2 ist genau dann irreduzibel über $\mathbb{Q}$, wenn es keine rationalen Nullstellen hat.

3.4.15. Aufgabe (!). Es sei P ein nicht-konstantes rationales Polynom. Zeige, dass es dann ein über $\mathbb{Q}$ irreduzibles ganzzahliges Polynom H gibt, welches P über $\mathbb{Q}$ teilt.

3.4.16. Aufgabe. Wir haben in (3.9) gesehen, dass $X - 3$ eine polynomiale Nullstelle von $Y^2 - 2$ modulo $H := X^2 - 6X + 7$ ist. Finde (zum Beispiel durch eine Polynomdivision wie im Beweis von Satz 3.4.10) eine zweite polynomiale Nullstelle.

3.4.17. Aufgabe. Finde ein Polynom Q vom Grad 2 und ein über $\mathbb{Q}$ reduzibles (d.h. nicht irreduzibles) Polynom H derart, dass Q modulo H mehr als zwei polynomiale Nullstellen hat. Satz 3.4.10 ist also für reduzible Polynome nicht richtig.

Weiterführende Übungen und Anmerkungen

3.4.18. Aufgabe. Sei p eine Primzahl und seien P und Q ganzzahlige Polynome. Zeige: Wird $P \cdot Q$ von p geteilt (d.h. alle Koeffizienten sind durch p teilbar), so teilt p auch P oder Q. (*Hinweis:* Schreibe $P = a_0 + a_1 X + \cdots + a_n X^n$ und $Q = b_0 + b_1 X + \cdots + b_m X^m$. Ist die Behauptung falsch, so betrachte die kleinsten Zahlen k und l derart, dass a_k und b_l nicht durch p teilbar sind. Was kann man dann über den $(k+l)$-ten Koeffizienten von $P \cdot Q$ aussagen?)

3.4.19. Aufgabe. Sei H ein nicht-konstantes ganzzahliges Polynom, dessen Koeffizienten nicht alle einen gemeinsamen Primfaktor haben. Sei außerdem Q ein ganzzahliges Polynom. Zeige: Ist H ein Teiler von Q über $\mathbb{Q}$, dann ist H auch ein Teiler von Q über $\mathbb{Z}$. (*Hinweis:* Schreibe $Q = T \cdot H$, wobei T rational ist. Sei k das kleinste gemeinsame Vielfache der Nenner der Koeffizienten von T. Dann ist $k \cdot T$ ein ganzzahliges Polynom, das von keinem Primteiler von k geteilt wird. Außerdem gilt $k \cdot Q = (k \cdot T) \cdot H$. Wende jetzt Aufgabe 3.4.18 an, um zu zeigen, dass $k = 1$ sein muss.)

3.4.20. Aufgabe. Zeige mit Hilfe der vorangegangenen Aufgaben: Ein nicht-konstantes Polynom H ist irreduzibel über $\mathbb{Z}$ genau dann, wenn es irreduzibel über $\mathbb{Q}$ ist und außerdem die Koeffizienten von H nicht alle einen gemeinsamen Primteiler haben.

Folgere hieraus mit Hilfe von Satz 3.4.7: Ist H irreduzibel über $\mathbb{Z}$ und sind P, Q ganzzahlige Polynome derart, dass H ein Teiler von $P \cdot Q$ ist über $\mathbb{Q}$, so ist H auch ein Teiler von P oder von Q über $\mathbb{Z}$.

3.4.21. Die ganzen Zahlen und die ganzzahligen Polynome haben viele Eigenschaften gemeinsam:

- Es gelten die Kommutativ-, Assoziativ- und Distributivgesetze für Addition und Multiplikation.
- Wir können beliebig subtrahieren.
- Es gibt in beiden Bereichen eine „Null" 0, d.h. $a + 0 = a$ für alle (ganzen Zahlen bzw. Polynome) a und eine „Eins" 1, d.h. $a \cdot 1 = a$ für alle a.
- Es gibt keine Nullteiler, d.h. ist $a \cdot b = 0$, so ist $a = 0$ oder $b = 0$.

Wir folgen derselben Idee wie bei der Definition von *Körpern* in Anmerkung 3.1.22 und nennen einen Zahlbereich mit diesen Eigenschaften einen **Integritätsbereich**. Insbesondere ist jeder Körper ein Integritätsbereich, aber nicht jeder Integritätsbereich ein Körper.

3.4.22. Wir haben uns auf ganzzahlige bzw. rationale Polynome beschränkt, hätten aber im Prinzip auch Polynome mit Koeffizienten in beliebigen Körpern oder Integritätsbereichen zulassen können. Begriffe wie Teilbarkeit, Irreduzibilität etc. sind dann ganz allgemein definierbar. Dieser Blickwinkel hat den Vorteil, dass wir Aussagen nicht für verschiedene Zahlbereiche immer wieder neu beweisen müssen. In den nächsten Aufgaben geben wir ein paar Beispiele.

3.4.23. Aufgabe. Die Leserin überzeuge sich davon, dass der Beweis von Satz 3.4.4 und Folgerung 3.4.5 über jedem Integritätsbereich (siehe Anmerkung 3.4.21) funktioniert.

Das heißt, es gilt: Ist I ein Integritätsbereich und P ein Polynom vom Grad $d \geq 0$ mit Koeffizienten in I, so hat P höchstens d Nullstellen in I.

3.4.24. Aufgabe. Folgerung 3.4.8 besagt mit unserer neuen Terminologie, dass die rationalen Polynome beim Rechnen modulo eines irreduziblen Polynoms wieder einen Integritätsbereich bilden. Das bedeutet, dass der (kompliziert aussehende) Satz 3.4.10 sofort aus der Aussage in Aufgabe 3.4.23 folgt!

Man überzeuge sich davon, dass der Beweis von Satz 3.4.7 auch folgende Aussage beweist: Sei K ein Körper; wir betrachten das Rechnen mit Polynomen, deren Koeffizienten in K liegen. Ist H ein (über K) irreduzibles Polynom, so gibt es modulo H keine Nullteiler. (Das heißt, aus $P \cdot Q \equiv 0 \pmod{H}$ folgt $P \equiv 0$ oder $Q \equiv 0$ modulo H.)

(Es gilt sogar mehr: Die Menge der Polynome über K bildet beim Rechnen modulo H selbst einen Körper.)

3.5   Polynome und Modularrechnung

Wir haben schon im letzten Abschnitt modulo eines Polynoms gerechnet – es ist aber auch eine andere Perspektive denkbar, die Polynome und Modularrechnung verbindet! Wir verdeutlichen das an einem Beispiel: Sei $P := 2X^4 + X^3 - 3X^2 + 5$ und $Q := 7X^3 + X^2 - 4X - 1$. Reduzieren wir die Koeffizienten modulo 2, so wird P zu $P \equiv 0X^4 + 1X^3 + 1X^2 + 1 = X^3 + X^2 + 1 \pmod{2}$, denn $2 \equiv 0$, $1 \equiv 1$, $-3 \equiv 1$ und $5 \equiv 1$ modulo 2. Genauso ist $Q \equiv X^3 + X^2 + 1$ modulo 2.

Die Polynome P und Q sind also *modulo 2 kongruent*. Um genau dieses Phänomen geht es – uns interessieren jetzt nicht mehr die genauen Koeffizienten von Polynomen, sondern nur ihre Reste beim Teilen durch eine natürlichen Zahl n.

3.5.1. Definition (Kongruenz von Polynomen modulo n).
Sei $n \geq 2$ und seien P, Q ganzzahlige Polynome. Sei d der größere der Grade von P und Q; wir schreiben $P = a_d X^d + \cdots + a_1 X + a_0$ und $Q = b_d X^d + \cdots + b_1 X + b_0$ mit $a_0, \ldots, a_d, b_0, \ldots, b_d \in \mathbb{Z}$.

Die Polynome P und Q heißen **kongruent modulo** n, falls $a_j \equiv b_j \pmod{n}$ für alle $j \leq d$ gilt. Wir schreiben dann

$$P \equiv Q \pmod{n}.$$

Neue Ideen brauchen wir zur Diskussion dieses Konzepts nicht wirklich – die Überlegungen aus dem letzten Abschnitt übertragen sich auf einfache Art und Weise. Dennoch ist die Modularrechnung mit Polynomen zunächst etwas ungewohnt, und wir erarbeiten sie uns daher in kleinen Schritten. Schließlich brauchen wir all das später, um den Primzahltest von Agrawal, Kayal und Saxena zu verstehen! Die Konzepte für ganzzahlige Polynome aus dem vorigen Abschnitt lassen sich auf das Rechnen modulo n übertragen. Zum Beispiel ist der Grad modulo n eines Polynoms P die größte Zahl k, für die der zu X^k gehörende Koeffizient modulo n nicht zu Null kongruent ist. Wir bezeichnen diesen Grad dann mit $\text{grad}_n(P)$. Etwa gilt $\text{grad}_2(2X^4 + X^3 - 3X^2 + 5) = 3$.

Ebenso heißt eine Zahl $x \in \mathbb{Z}$ mit $P(x) \equiv 0 \pmod{n}$ eine **Nullstelle modulo** n von P. Für eine Primzahl p ist die Anzahl der Nullstellen modulo p wieder durch den Grad des Polynoms beschränkt (Aufgabe 3.5.11), aber für zusammengesetzte Zahlen ist das nicht richtig (Aufgabe 3.5.17).

Beispiele. $X^3 + 6X - 2$ ist kongruent zu $X^3 - 2X + 14$ modulo 8, denn $1 \equiv 1$, $6 \equiv -2$ und $-2 \equiv 14 \pmod{8}$. Außerdem ist 2 eine Nullstelle von $X^3 + 3X + 1$ modulo 3, denn $2^3 + 3 \cdot 2 + 1 = 15$ ist durch 3 teilbar.

Wir möchten noch auf eine Besonderheit der Modularrechnung mit Polynomen hinweisen. Nach Definition sind zwei Polynome P und Q modulo n genau dann kongruent, wenn ihre Koeffizienten jeweils zueinander kongruent sind. Das ist *nicht* dasselbe, wie zu fordern, dass $P(x) \equiv Q(x) \pmod{n}$ ist für alle ganzen Zahlen x. Zum Beispiel ist $X^2 - X \not\equiv 0 \pmod{2}$, aber $x^2 - x \equiv 0 \pmod{2}$ für alle $x \in \mathbb{Z}$. (Siehe auch Aufgabe 3.5.7.)

Auch modulo n möchten wir jetzt Polynome mit Rest teilen. Wir erinnern uns daran, dass es bei der Polynomdivision durch ein Polynom P wichtig ist, durch den Leitkoeffizienten von P teilen zu können. Nach Satz 3.1.3 geht das modulo n genau dann, wenn dieser Koeffizient zu n teilerfremd ist (insbesondere also dann, wenn das Polynom normiert ist).

3.5.2. Satz (Polynomdivision modulo n).
Sei $n \geq 2$ und Q ein Polynom. Sei P ein nicht-konstantes Polynom, dessen Leitkoeffizient zu n teilerfremd ist. Dann existieren Polynome T und R mit $\text{grad}\, R < \text{grad}\, P$ und

$$Q \equiv T \cdot P + R \pmod{n}.$$

Die Polynome T und R sind dabei modulo n eindeutig bestimmt.

Beweis. Wenn P normiert ist, so folgt der Satz direkt aus dem Teilen mit Rest für ganzzahlige Polynome (Satz 3.4.2). Ist P nicht normiert, so teilen wir sowohl Q als auch P modulo n durch den Leitkoeffizienten a von P, was nach Annahme möglich ist. Damit erhalten wir ein normiertes Polynom. Durch dieses teilen wir mit Rest und multiplizieren am Ende die gesamte Kongruenz mit der Zahl a. (Alternativ könnten wir auch direkt eine Polynomdivision modulo n durchführen.) Die Eindeutigkeit (modulo n) zeigt man genau wie in Satz 3.4.2. ∎

Als Beispiel teilen wir $Q := X^4 + 5X + 4$ modulo 5 mit Rest durch $P := 4X + 1$. Wir verfahren dazu (der Einfachheit halber) wie im eben geführten Beweis und normieren P zunächst. Das Inverse von 4 modulo 5 ist 4 selbst; wir erhalten damit

$$4 \cdot Q = 4X^4 + 20X + 16 \equiv 4X^4 + 1 \quad (\text{mod } 5) \quad \text{und}$$
$$4 \cdot P = 16X + 4 \equiv X + 4 \quad (\text{mod } 5).$$

Jetzt teilen wir also $4X^4 + 1$ mit Rest durch $X + 4$:

$$4X^4 + 1 = (X + 4)(4X^3 - 16X^2 + 64X - 256) + 1025$$
$$\equiv (X + 4)(4X^3 + 4X^2 + 4X + 4) \quad (\text{mod } 5).$$

Zu guter Letzt multiplizieren wir diese Kongruenz auf beiden Seiten wieder mit 4 und bekommen als Ergebnis

$$X^4 + 4 \equiv (4X + 1) \cdot (4X^3 + 4X^2 + 4X + 4) \quad (\text{mod } 5).$$

Insbesondere ist $4X + 1$ ein **Teiler** von $X^4 + 4X + 4$ **modulo** 5.

3.5.3. Definition (Teiler modulo n).
Es seien P und Q Polynome und $n \geq 2$ eine natürliche Zahl. Dann heißt P ein **Teiler** von Q **modulo** n, falls es ein Polynom T gibt mit $Q \equiv T \cdot P \ (\text{mod } n)$.

Wir können jetzt ein für den AKS-Algorithmus zentrales Konzept einführen – Modularrechnung sowohl modulo einer Zahl n als auch eines Polynoms H.

3.5.4. Definition (Kongruenz modulo n und H).
Sei $n \geq 2$ und H ein nicht-konstantes
Polynom, dessen Leitkoeffizient zu n teilerfremd ist. Dann schreiben wir

$$P \equiv Q \quad (\text{mod } n, H),$$

falls P und Q beim Teilen modulo n durch H denselben Rest lassen.

Beispiel. Sei $n := 3$, $H := X + 1$, $P := X^2 + 3$ und $Q := 2X^3 + X - 2$. Teilen wir P und Q mit Rest durch H, so erhalten wir $P = H \cdot (X - 1) + 4$ und $Q = H \cdot (2X^2 - 2X + 3) - 5$. Die Reste -5 und 4 sind kongruent modulo 3, also ist

$$X^2 + 3 \equiv 2X^3 + X - 1 \quad (\text{mod } 3, X + 1).$$

Zu guter Letzt verallgemeinern wir jetzt noch die Konzepte, die wir am Ende des vorigen Abschnitts besprochen hatten: irreduzible Polynome und polynomiale Nullstellen. Dabei beschränken wir uns auf das Rechnen modulo einer Primzahl, welches ja besonders angenehme Eigenschaften hat.

3.5.5. Definition (Irreduzible Polynome modulo p).
Sei p eine Primzahl. Dann heißt ein Polynom H mit $\mathrm{grad}_p(H) > 0$ **irreduzibel modulo** p, falls Folgendes gilt:
Sind P und Q Polynome mit $H \equiv P \cdot Q \pmod{p}$, so gilt $\mathrm{grad}_p(P) = 0$ oder $\mathrm{grad}_p(Q) = 0$.

Beispiel. Das Polynom $H = X^2 + X + 1$ ist modulo 2 irreduzibel. Sonst gäbe es einen Teiler P mit $\mathrm{grad}_2(P) = 1$, also entweder $P \equiv X + 1$ oder $P \equiv X \pmod{2}$. Keines dieser beiden Polynome ist aber ein Teiler von H modulo 2. (Das folgt durch Polynomdivision oder alternativ daraus, dass H keine Nullstellen modulo 2 hat.) Andererseits ist H modulo 3 *nicht* irreduzibel, denn

$$H = X^2 + X + 1 \equiv X^2 + 4X + 4 = (X + 2)^2 \pmod{3}.$$

Sei p eine Primzahl und H ein Polynom, dessen Leitkoeffizient nicht durch p teilbar ist. Sind P und Q Polynome mit

$$P(Q) \equiv 0 \pmod{p, H},$$

so nennen wir wieder Q (analog zu Definition 3.4.9) eine **polynomiale Nullstelle** von P (modulo p und H).

Es gilt die folgende, Satz 3.4.10 entsprechende Aussage, die im Beweis des Satzes von Agrawal, Kayal und Saxena eine entscheidende Rolle spielt:

3.5.6. Satz.
Sei p eine Primzahl und H irreduzibel modulo p. Des Weiteren sei P ein Polynom, welches modulo p den Grad $d \geq 0$ hat. Dann hat P höchstens d modulo p und H verschiedene polynomiale Nullstellen.

Beweis. Der Beweis funktioniert wie in Satz 3.4.10. Zunächst beweisen wir dazu eine Satz 3.4.7 entsprechende Aussage: Teilt H modulo p das Produkt $B \cdot C$, so teilt H auch eines der Polynome B und C modulo p. Der Beweis von Satz 3.4.7 überträgt sich dabei fast Wort für Wort. (Wir erinnern daran, dass wir nach Satz 3.5.2 modulo p durch jedes Polynom außer dem Nullpolynom mit Rest teilen können.) Für die eigentliche Behauptung von Satz 3.5.6 betrachten wir dann wie in Satz 3.4.10 Polynome in Y, deren Koeffizienten selbst Polynome in X sind. Wir sehen, dass wir (modulo p und H) für jede polynomiale Nullstelle Q einen „Linearfaktor" $Y - Q$ herausdividieren können, so dass wir am Ende eine Darstellung von P haben als

$$P \equiv \tilde{P} \cdot (Y - Q_1) \cdot (Y - Q_2) \cdots (Y - Q_k) \pmod{p, H},$$

wobei $\tilde{P}$ selbst keine polynomialen Nullstellen mehr besitzt. Nun folgt die Behauptung aus der am Anfang des Beweises gemachten Aussage. (Siehe auch Anmerkung 3.5.18.)   ∎

Aufgaben

3.5.7. Aufgabe. Sei $n \geq 2$. Zeige, dass es ein Polynom P gibt mit $P \not\equiv 0 \pmod{n}$, aber $P(x) \equiv 0 \pmod{n}$ für alle $x \in \mathbb{Z}$.

3.5.8. Aufgabe. (a) Zeige: $X^4 + X^2 - 2 \equiv 0 \pmod{3, X^2 + X + 1}$.

(b) Zeige: $2X^5 + 3X^3 + X^2 + 1 \equiv 5X \pmod{6, X^2 + 1}$.

(c) Man finde ein Polynom P vom Grad höchstens Zwei mit

$$2X^5 + 4X^2 + X + 5 \equiv P \pmod{7, X^3 + 2X^2 + 5X + 6}.$$

3.5.9. Aufgabe (!). Zeige, dass die Polynomdivision modulo einer natürlichen Zahl n effizient ist. (D.h., die Laufzeit ist polynomiell in $\log n$ und dem Grad der auftretenden Polynome.) Folgere hieraus: Ist $n \geq 2$ und H ein normiertes Polynom, so gibt es effiziente Algorithmen zur Berechnung von Summen und Produkten von Polynomen modulo n und H sowie zur Berechnung der Potenz $(P)^k \pmod{n, H}$.

3.5.10. Aufgabe (P). Implementiere die Algorithmen aus Aufgabe 3.5.9. (Das erfordert insbesondere die Definition eines Datentyps für Polynome.)

3.5.11. Aufgabe (!). Es sei $n \geq 2$, $a \in \mathbb{Z}$ und P ein Polynom. Zeige:

(a) a ist genau dann eine Nullstelle von P modulo n, wenn $(X - a)$ ein Teiler von P modulo n ist.

(b) Ist $P \not\equiv 0 \pmod{n}$, so hat P eine Darstellung

$$P \equiv (X - a_1) \cdots (X - a_m) \cdot Q \pmod{n}. \tag{3.10}$$

Hierbei ist $m \geq 0$, jede der Zahlen $a_1, \ldots, a_m$ liegt zwischen 0 und $n - 1$ und Q ist ein Polynom, welches keine Nullstellen modulo n besitzt.

(c) Ist n prim, so sind die Zahlen $a_1, \ldots, a_m$ bis auf die Reihenfolge eindeutig bestimmt. Das heißt, ist

$$P \equiv (X - b_1) \cdots (X - b_k) \cdot R \pmod{n}$$

eine weitere solche Darstellung, so ist $m = k$ und die b_j stimmen bis auf die Reihenfolge mit den a_j überein.

(d) Ist n prim und $P \not\equiv 0 \pmod{n}$, so hat P modulo n höchstens $\mathrm{grad}_n(P)$ Nullstellen.

3.5.12. Aufgabe. (a) Ist $X^2 + 1$ irreduzibel modulo 2?

(b) Ist $5X^2 + X + 1$ irreduzibel über $\mathbb{Q}$? Modulo 7?

3.5.13. Aufgabe. Zeige, dass es für jede Primzahl p ein Polynom gibt, welches über $\mathbb{Q}$ irreduzibel ist, aber nicht irreduzibel modulo p.

3.5.14. Aufgabe (!). Es sei p eine Primzahl und P ein Polynom mit $P \not\equiv 0 \pmod{p}$. Zeige:

(a) Ist $\mathrm{grad}_p(P) > 0$, so gibt es ein normiertes und modulo p irreduzibles Polynom H, welches modulo p ein Teiler von P ist.

(b) Es gibt ein $m \geq 0$, ein $a \in \mathbb{Z}$ und normierte Polynome $H_1, \ldots, H_m$, die modulo p irreduzibel sind und für die

$$P \equiv a \cdot H_1 \cdots H_m \pmod{p}$$

gilt. (Das heißt, P hat modulo p eine Zerlegung in irreduzible Faktoren.)

3.5.15. Aufgabe. Zeige, dass die Polynome $H_1, \ldots, H_m$ aus Aufgabe 3.5.14 modulo p bis auf ihre Reihenfolge eindeutig bestimmt sind. (Verwende dazu die am Anfang des Beweises von Satz 3.5.6 formulierte, zu Satz 3.4.7 analoge Aussage.)

Weiterführende Übungen und Anmerkungen

3.5.16. Es sei H ein normiertes Polynom. Ist dann H modulo p irreduzibel, so ist H auch irreduzibel über $\mathbb{Z}$ und daher (nach Aufgabe 3.4.20) über $\mathbb{Q}$. (Die Umkehrung gilt nicht; siehe Aufgabe 3.5.12.)

3.5.17. Aufgabe. Es folgt aus Aufgabe 3.5.11 oder aus Aufgabe 3.4.23, dass ein Polynom des Grades $d \geq 0$ höchstens d modulo p verschiedene Nullstellen modulo p hat, falls p eine Primzahl ist. Man finde dagegen eine zusammengesetzte natürliche Zahl n und ein Polynom, für welches die Anzahl der Nullstellen modulo n größer ist als der Grad.

3.5.18. Satz 3.5.6 ist ein Beispiel dafür, wie fruchtbar die abstrakte Sichtweise sein kann, die wir in den Anmerkungen zum letzten Abschnitt entwickelt hatten. Denn dieser (von der Aussage her recht kompliziert wirkende) Satz folgt sofort aus den Aufgaben 3.4.24 und 3.4.23. Das liegt daran, dass die Zahlen modulo p einen Körper bilden, die Polynome modulo p und $H(X)$ nach Aufgabe 3.4.24 also einen Integritätsbereich.

Mit Aufgabe 3.4.23 haben aber Polynome über einem Integritätsbereich höchstens so viele Nullstellen, wie ihr Grad angibt, und damit ist die Behauptung von Satz 3.5.6 bewiesen!

3.5.19. Aufgabe. Ebenso wie es nicht immer leicht ist, eine Primzahl zu erkennen, ist es auch nicht so einfach, einem Polynom anzusehen, ob es irreduzibel (über $\mathbb{Q}$) ist. Hier behandeln wir eine oft sehr nützliche Bedingung: das **Eisensteinsche Irreduzibilitätskriterium**.

Dazu sei P ein Polynom vom Grad d und p eine Primzahl derart, dass der Leitkoeffizient a_d von P zu p teilerfremd ist, alle anderen Koeffizienten von p geteilt werden, aber der konstante Koeffizient von P nicht von p^2 geteilt wird. Dann ist P irreduzibel über $\mathbb{Q}$.

(Zum Beispiel erfüllt $X^4 + 2X^3 + 24X + 6$ für $p = 2$ diese Bedingungen.)

Beweise das Irreduzibilitätskriterium entlang folgender Schritte:

(a) Nehme an, wir könnten P schreiben als $P = Q \cdot R$, wobei weder Q noch R gleich 1 oder -1 ist. Zeige zunächst, dass dann Q und R beide mindestens Grad 1 haben.

(b) Dann gilt $Q \cdot R = P \equiv a_d X^d \pmod{p}$.

(c) Folgere, dass $Q \equiv b X^{d_1}$ und $R \equiv c X^{d_2} \pmod{p}$ gelten muss, für geeignete b, c teilerfremd zu p und $d_1, d_2 > 0$.

(d) Insbesondere müssen die konstanten Koeffizienten von Q und R durch p teilbar sein. Leite daraus einen Widerspruch ab.

Weiterführende Literatur

Für einen tieferen Einstieg in die Zahlentheorie empfehlen wir die Bücher „An Introduction to the Theory of Numbers" (ein Klassiker, [HW]) und die Einführung „Elementare Zahlentheorie" [RU]. Wer sich für die sogenannte algebraische Zahlentheorie interessiert, findet in „Problems in Algebraic Number Theory" [ME] eine wunderbare Einführung mit vielen Aufgaben. Zum Weiterlesen zu Themen der abstrakten Algebra, auf die wir in einigen weiterführenden Aufgaben angespielt haben, sind zum Beispiel [Lo] und [St] gut geeignet.

Kapitel 4

Primzahlen und Kryptographie

Im ersten Abschnitt geben wir einen historischen Überblick und erläutern dabei die ersten Begriffe. Dann besprechen wir das wichtigste Beispiel für Public-Key-Verschlüsselung, das RSA-Verfahren. Der Rest des Kapitels beschäftigt sich mit der Verteilung von Primzahlen – insbesondere geben wir einen elementaren Beweis für eine schwache Version des berühmten *Primzahlsatzes*.

4.1   Kryptographie

Die **Kryptographie** beschäftigt sich mit der Entwicklung, Erforschung und Verbesserung von Verschlüsselungssystemen – mit dem Ziel, möglichst leicht handhabbare, möglichst sichere Methoden zur Verschlüsselung von Nachrichten zu finden. Dem gegenüber steht die **Kryptoanalyse**, die versucht, aus der Kenntnis verschlüsselter Nachrichten und *ohne* Wissen über den verwendeten Schlüssel die Verschlüsselungsmethode herauszufinden und die Nachrichten zu dechiffrieren. Dementsprechend stellt sich die Geschichte der Kryptographie seit mehr als 2000 Jahren als ein Wettstreit zwischen Kryptographinnen und Kryptoanalytikerinnen dar; immer neue, kompliziertere, sicherere Codes wurden entwickelt, immer raffinierter wurden die Methoden, um sie zu „knacken". Bereits etwa 1900 v. Chr. verwendeten ägyptische Schriftgelehrte bei den Inschriften eines Pharaonengrabes ungewöhnliche Hieroglyphen, deren Bedeutung bis heute ungeklärt ist; möglicherweise ein frühes Beispiel schriftlicher Kryptographie. Häufig wurden Nachrichten versteckt, beispielsweise in Tafeln geritzt, die danach mit Wachs überzogen wurden. Wenn überhaupt verschlüsselt wurde, dann meist in der einfachsten denkbaren Weise, nämlich durch Vertauschen der Reihenfolge der Buchstaben. So wurde die ursprüngliche Nachricht (der **Klartext**) in den **Geheimtext** umgewandelt. Oft wird die **Skytale** als erstes bekanntes Instrument für raffiniertere Verschlüsselungen angeführt. Es wird vermutet, dass auf diesen Holzstab ein schmaler Papyrusstreifen gewickelt wurde, auf dem dann die Nachricht notiert wurde. Abgewickelt ergab sich ein scheinbar zufälliges Buchstabengewirr, das nur mithilfe eines Holzstabs des richtigen Durchmessers wieder lesbar wurde. Zum Beispiel soll der spartanische General Pausanias um 475 v. Chr. eine Skytale so verwendet haben. Unter Historikern ist aber umstritten, ob die Skytale wirklich zur Verschlüsselung eingesetzt wurde; siehe [Ke].

Die Übermittlung verhältnismäßig einfach verschlüsselter und zusätzlich versteckter Nachrichten scheint eine Zeit lang die sicherste Art der Überbringung geheimer Botschaften gewesen zu sein. Erst etwa 170 v. Chr. entstand mit der sogenannten **Polybius-Tafel** eine neue Methode, bei der Buchstaben in numerische Zeichen umgewandelt werden.

Sehr bekannt ist die später als **Caesar-Chiffre** bezeichnete Verschlüsselungsmethode, die Caesar benutzt haben soll, um geheime Nachrichten an seine Truppen zu schicken. Auch hier handelt es sich um eine monoalphabetische Verschlüsselung, d.h. es werden die Buchstaben des Alphabets vertauscht, und dieses **Schlüsselalphabet** wird dann zur Chiffrierung des gesamten Textes verwendet. Die Caesar-Chiffre verschiebt einfach nur alle Buchstaben des Alphabets drei Plätze nach rechts, was auf Dauer eine recht unsichere Angelegenheit ist. Wenn das Prinzip erstmal erkannt ist, nützt es auch nicht mehr viel, um eine andere Anzahl an Plätzen zu verschieben (was Caesar später wohl getan hat), der Code ist leicht entschlüsselbar. Eine Methode, mit der monoalphabetische Verschlüsselungen systematisch geknackt werden können, wurde etwa um 1000 n. Chr. von arabischen Kryptoanalytikern entwickelt, die sogenannte **Häufigkeitsanalyse**. Weiß man, in welcher Sprache der Klartext verfasst wurde, so weiß man auch, welche Buchstaben oder Buchstabenkombinationen besonders häufig vorkommen (etwa im Deutschen das „e" oder „ie", „ei", „st"), und man kann diese dann im Geheimtext wiederfinden. Das geht leichter, je mehr Geheimnachrichten bereits abgefangen sind, da dann die Wahrscheinlichkeit steigt, dass in diesen Texten insgesamt die Buchstaben wirklich etwa so verteilt sind wie im gesamten Wortschatz der Sprache. Hat man erstmal einige Buchstaben herausgefunden, ergibt sich aus dem Zusammenhang schnell der Rest. Die Entdeckung dieser Methode zeigte die Grenzen der monoalphabetischen Verschlüsselung auf, und als Reaktion wurde etwa um 1500 n.Chr. die **polyalphabetische Verschlüsselung** entwickelt. Hier werden nicht ein, sondern mehrere verschiedene Schlüsselalphabete verwendet, zwischen denen man hin und her springt – ein Meilenstein in der Geschichte der Kryptographie, denn nun verschwinden die sprachlichen Muster im Geheimtext und die Häufigkeitsanalyse wird zwecklos. Die Idee hatte der Mathematiker Alberti im 15. Jahrhundert, bekannt wurde die Methode aber erst durch den französischen Diplomaten Blaise de Vigenère, der gleich sechsundzwanzig verschiedene Geheimalphabete benutzte – jeweils um einen, zwei, drei, ... Buchstaben nach rechts verschoben.

Das war lange Zeit eine sehr sichere, praktisch unknackbare Verschlüsselungs-methode, aber sie hat einen Schwachpunkt: das Schlüsselwort, das angibt, welche der sechsundzwanzig Alphabete in welcher Reihenfolge verwendet werden. Sobald Tests entwickelt wurden (z. B. der Kasiski-Test, benannt nach dem preussischen Offizier Friedrich W. Kasiski, der 1863 diese Schwachstelle entdeckte und aus-nutzte), um die Länge des Schlüsselworts zu ermitteln, konnte auf Gruppen von Buchstaben im Geheimtext wieder die Häufigkeitsanalyse angewandt werden, und damit wurde die Methode angreifbar.

Ein weiterer Versuch, die Häufigkeitsanalyse unbrauchbar zu machen, sind **digraphische Substitutionsalgorithmen** – man behandelt einfach immer zwei Buchstaben miteinander nach gewissen Regeln (etwa der Playfair Cipher, von einem englischen Physiker namens Charles Wheatstone (1802-1875) entwickelt).

Eine wesentlich komplexere Form der polyalphabetischen Verschlüsselung ver-wirklichte die von Deutschland im 2. Weltkrieg eingesetzte **ENIGMA**, eine Ver-schlüsselungsmaschine, die automatisch zwischen über 100.000 verschiedenen Al-phabeten wechselt. Sie wurde 1940 von einem Team um den englischen Mathema-tiker Alan Turing geknackt, der die Anzahl der möglichen Schlüssel einschränkte und eine Maschine entwarf, die die restlichen Möglichkeiten in kurzer Zeit durch-probieren konnte.

Alle bisher beschriebenen Kryptosysteme haben den Nachteil, dass sie sym-metrisch sind, d.h. dass der Schlüssel für das Senden und Empfangen identisch ist. Das Kryptosystem ist also knackbar, sobald man den Verschlüsselungsalgo-rithmus und den Schlüssel kennt. Dies ist ein Schwachpunkt, da dann die Si-cherheit der Übermittlung der Nachrichten maßgeblich von der Sicherheit des Kanals für die Übertragung des Schlüssels abhängt, was einen idealen Angriffs-punkt darstellt. Die 1975 entwickelte **Public-Key-Verschlüsselung** beseitigte diesen Schwachpunkt – ein weiterer Meilenstein.

Die Public-Key-Verschlüsselung beruht darauf, dass zwei Schlüssel existieren: Ein sogenannter „public key" (öffentlicher Schlüssel), der zum Verschlüsseln der Nachricht verwendet wird, und ein „private key" (privater Schlüssel), mit dem die Nachricht wieder entschlüsselt werden kann. Hier werden beide Schlüssel von der Empfängerin erstellt. Diese gibt nur den öffentlichen Schlüssel bekannt (z.B. im Internet), den privaten hält sie geheim. Nun ist es jeder beliebigen Person möglich, eine Nachricht mit Hilfe des öffentlichen Schlüssels zu chiffrieren, aber nur die Be-sitzerin des privaten Schlüssels kann sie wieder dechiffrieren. So wird dem jahr-hundertelang ungelösten Problem der Schlüsselübermittlung ein Schnippchen ge-schlagen! Das erste, bekannteste und meistverbreitete Prinzip dieser Art ist das nach den Erfindern Ronald Rivest, Adi Shamir und Leonard Adleman benannte **RSA-Verfahren**, welches wir im folgenden Abschnitt ausführlich erklären.

Zum Weiterlesen empfehlen wir das faszinierende Buch „Geheime Botschaf-ten" von Simon Singh [S].

4.2 RSA

Das Public-Key-Prinzip erscheint auf den ersten Blick sehr gewagt: Wie kann es sein, dass wir eine Rechnung durchführen können, diese dann aber nicht (ohne zusätzliche Informationen) selbst wieder zurückverfolgen können?

Tatsächlich haben wir aber bereits mathematische Operationen kennengelernt, die sich leicht durchführen, aber nicht effizient umkehren lassen. (Solche Operationen werden oft als „Einwegfunktionen"[1] bezeichnet.) Etwa ist es leicht, zwei große Primzahlen miteinander zu multiplizieren; von diesem Produkt ausgehend wieder die beiden Primfaktoren zu finden, ist ungleich schwieriger. Genau das – die Annahme, dass das Faktorisierungsproblem praktisch unlösbar ist – ist die Basis des RSA-Systems. Die zugrundeliegende Idee können wir wie folgt umreißen:

Es seien p und q zwei große Primzahlen. (Hierbei meinen wir wirklich „groß"; in der Praxis haben diese Zahlen mehrere hundert Stellen oder mehr!) Wir betrachten die Zahl $n := p \cdot q$. Es gibt eine Reihe von Rechenoperationen modulo n, die bei Kenntnis von p und q einfach durchgeführt werden können, sonst aber sehr schwierig werden. Dazu erinnern wir uns an den Satz von Fermat-Euler (Satz 3.2.5), welcher besagt, dass $a^{\varphi(n)} \equiv 1$ ist mod n, falls $a, n \in \mathbb{Z}$ teilerfremd sind. Kennen wir p und q, so ist $\varphi(n)$ einfach zu berechnen, denn es ist nach Aufgabe 3.2.13:

$$\varphi(n) = \varphi(p) \cdot \varphi(q) = (p-1) \cdot (q-1).$$

Andererseits ist keine Methode bekannt, welche ohne die Kenntnis von p und q den Wert von $\varphi(n)$ effizient ermitteln würde. (Siehe Aufgabe 4.2.2.) Wählen wir nun eine Zahl $e \in \{1, \ldots, \varphi(n)\}$ aus, die teilerfremd zu $\varphi(n)$ ist, so gilt:

(a) Die Potenz $R(M) := M^e \bmod n$ kann (bei Kenntnis von e und n) mit Hilfe des „Teile und Herrsche"-Verfahrens für jede zu n teilerfremde Zahl M effizient berechnet werden. (Siehe Aufgabe 3.1.12.)

(b) Aus der Potenz $R(M)$ wieder das ursprüngliche Element M herzuleiten, scheint dagegen wesentlich schwieriger zu sein. (Siehe Anmerkung 4.2.4.)

Kennen wir aber $\varphi(n)$, so wird das plötzlich einfach: Wir können nun mit Hilfe des Euklidischen Algorithmus ein *Inverses* d von e modulo $\varphi(n)$ berechnen, d.h. eine Zahl d mit $d \cdot e = 1 + k \cdot \varphi(n)$ für eine ganze Zahl k. Dann gilt aufgrund des Satzes von Fermat-Euler:

$$R(M)^d \equiv (M^e)^d = M^{e \cdot d} = M^{1 + k \cdot \varphi(n)}$$
$$= (M^{\varphi(n)})^k \cdot M \equiv 1^k \cdot M = M \pmod{n}.$$

---

[1]Eigentlich wäre das Wort „Einbahnfunktion" eine bessere Übersetzung des englischen Begriffs „one-way function".

Das heißt, wir erhalten M aus $R(M)$ zurück, indem wir $(R(M))^d \bmod n$ berechnen.

Die Exponentiation modulo n ist also genau die Art von Operation, nach der wir gesucht haben – sie lässt sich leicht ausführen, aber nur mit Hilfe von zusätzlichen Informationen wieder rückgängig machen. Unser öffentlicher Schlüssel besteht aus den Zahlen n und e: Mit ihrer Hilfe läßt sich die Zahl $R(M)$ leicht berechnen, und diese stellt dann unsere verschlüsselte Botschaft dar. Der private Schlüssel besteht aus den Zahlen n und d; mit ihnen lässt sich aus der verschlüsselten Botschaft $R(M)$ die Zahl M wieder zurückgewinnen.

Etwas genauer verwenden wir also folgenden Algorithmus für die Erzeugung von Schlüsseln:

ALGORITHMUS RSA-SCHLÜSSEL

1. Wähle zufällig zwei große Primzahlen p und q. Setze $n := p \cdot q$.

2. Berechne $\varphi(n) = (p-1) \cdot (q-1)$.

3. Wähle (z.B. zufällig) eine Zahl $e \in \{1, \ldots, \varphi(n) - 1\}$, die zu $\varphi(n)$ teilerfremd ist.

4. Berechne dann mit Hilfe des Euklidischen Algorithmus die Zahl $d \in \{1, \ldots, \varphi(n) - 1\}$ mit $e \cdot d \equiv 1 \pmod{\varphi(n)}$.

5. Der öffentliche Schüssel besteht aus den Zahlen n und e.

6. Der private Schlüssel besteht aus den Zahlen n und d.

Mit Hilfe der so entstandenen öffentlichen und privaten Schlüssel sind nun Ver- und Entschlüsselung einfach zu bewerkstelligen:

ALGORITHMUS RSA-VERSCHLÜSSELN

Eingabe: Eine zu n teilerfremde Zahl M.

1. Berechne $V := M^e \bmod n$.

2. V ist der verschlüsselte Text.

ALGORITHMUS RSA-ENTSCHLÜSSELN

Eingabe: Ein verschlüsselter Text V.

1. Berechne $M := V^d \bmod n$.

2. M ist der entschlüsselte Text.

Um den Algorithmus RSA-SCHLÜSSEL implementieren zu können, müssen wir noch die Frage beantworten, wie wir in Schritt **1.** zufällig zwei große Primzahlen auswählen können. Im nächsten Abschnitt sehen wir, dass das davon abhängt, eine Zahl n effizient auf Primalität testen zu können. Wie schon in der Einleitung erwähnt, beruht das RSA-Verfahren also auf folgendem Prinzip:

> Es ist einfach, festzustellen, ob eine Zahl n einen nicht-trivialen Faktor besitzt. Einen solchen Faktor aber tatsächlich zu finden, ist nicht effizient möglich!

Aufgaben

4.2.1. Aufgabe. Es soll der RSA-Algorithmus einmal beispielhaft per Hand ausgeführt werden. Das ist natürlich mit den üblicherweise verwendeten, sehr großen Primzahlen nicht möglich. Daher hier nur ein kleines Beispiel:

(a) Führe den Algorithmus RSA-SCHLÜSSEL mit $p = 13$, $q = 17$ und $e = 5$ aus, um einen öffentlichen Schlüssel und einen privaten Schlüssel zu erhalten.

(b) Verschlüssele die Zahl $M = 10$ mit RSA-VERSCHLÜSSELN.

(c) Verwende den Algorithmus RSA-ENTSCHLÜSSELN, um die in (b) erhaltene Geheimbotschaft wieder zu dechiffrieren. (Dies ist per Hand recht aufwendig; hier empfiehlt es sich, einen Taschenrechner einzusetzen!)

4.2.2. Aufgabe. Es sei $n = p \cdot q$ das Produkt zweier verschiedener Primzahlen. Zeige, dass die Primzahlen p und q genau die Lösungen der quadratischen Gleichung

$$x^2 + x(\varphi(n) - n - 1) + n = 0$$

sind. (*Hinweis:* Beginne mit der Gleichung $\varphi(n) = (p-1) \cdot (q-1)$ und wende die binomische Formel an. Verwende dann die Tatsache, dass $q = n/p$ gilt, um eine quadratische Gleichung in p zu erhalten.)

Es folgt also, dass unter Kenntnis von n und $\varphi(n)$ die Faktoren p und q explizit bestimmt werden können. Mit anderen Worten: Die Berechnung von $\varphi(n)$ ist in diesem Fall genauso schwierig wie die Faktorisierung von n.

Weiterführende Übungen und Anmerkungen

4.2.3. Whitfield Diffie und Martin Hellman entwickelten an der Stanford-Universität in Kalifornien das Prinzip der Public-Key-Verschlüsselung und beschrieben es in einem Artikel von 1976. Im folgenden Jahr entwarfen Rivest, Shamir und Adleman das RSA-Verfahren am Massachusetts Institute of Technology (MIT) in Boston.

4.2.4. Aus der Beschreibung des RSA-Verfahrens ergeben sich drei offensichtliche Ansätze, die Verschlüsselung systematisch zu knacken:

(a) Man faktorisiert die Zahl n in die Faktoren p und q.

(b) Man berechnet (ohne zuvor n zu faktorisieren) auf irgendeine Art und Weise die Zahl $\varphi(n)$.

(c) Man berechnet irgendwie direkt den privaten Schlüssel d mit Hilfe der Zahlen n und e.

In Aufgabe 4.2.2 haben wir gesehen, dass die Berechnung von $\varphi(n)$ auch die Faktorisierung von n erlauben würde. Ebenso gilt, dass auch die Bestimmung des privaten Schlüssels d es uns ermöglichen würde, die Primfaktoren von n zu bestimmen. Sofern die Faktorisierung von n wirklich nicht effizient möglich ist, kann also keine dieser Methoden erfolgreich eingesetzt werden. (Siehe [RSA, Abschnitt IX] oder auch [CM].)

4.2.5. Um bei der praktischen Anwendung des RSA-Verfahrens die Sicherheit der Übertragung zu gewährleisten, sind noch einige weitere Aspekte zu berücksichtigen. Zum Beispiel sollte darauf geachtet werden, dass der Entschlüsselungs-Exponent d im Vergleich zu n nicht zu klein ist, und die zu verschüsselnde Nachricht sollte vor der Verschlüsselung auf bestimmte Art und Weise kodiert werden, um gewisse Angriffe der Kryptoanalyse zu verhindern.

Für einen kurzen Überblick über derartige Betrachtungen verweisen wir auf den Artikel [Rob], welcher zur Vergabe des *Alan Turing Awards* an Rivest, Shamir und Adleman im Jahr 2003 in den *SIAM News* erschien.

4.2.6. Obwohl die Faktorisierung einer zusammengesetzten Zahl als effizient nicht lösbares Problem angesehen wird, gibt es trotzdem Verfahren, die deutlich besser sind als das einfache Ausprobieren von möglichen Faktoren. Zum Beispiel wurde mit Hilfe solcher Algorithmen (und viel Computerzeit) 1991 die 100-stellige Zahl „RSA-100" faktorisiert, was mit elementaren Methoden unmöglich wäre (wir erinnern an Anmerkung 1.5.3). Die größte derartige Zahl, die bisher faktorisiert wurde (im Jahr 2005) hat 200 Stellen. Die hierzu nötigen Rechnungen wurden auf vielen Computern weltweit parallel ausgeführt (und hätten auf einer einzelnen Maschine rund 75 Jahre benötigt).

Zahlen mit „nur" etwa bis zu 40 oder 50 Stellen – wie z.B. $1\,726\,374\,899\,084\,624\,209$ – können auf einem heutigen Computer in Sekundenschnelle faktorisiert werden, z.B. auf der Internet-Seite http://www.alpertron.com.ar/ECM.HTM .

4.3   Verteilung von Primzahlen

Wir haben bisher unterschlagen, wie im RSA-Verfahren große Primzahlen zufällig ausgewählt werden können. Ohne ein solches Verfahren wäre es nicht möglich, die privaten und öffentlichen Schlüssel überhaupt zu erzeugen.

Auf den ersten Blick könnte man meinen, man müsse nur eine genügend große Zahl k zufällig auswählen und dann die k-te Primzahl berechnen. Da wir keine praktikable Methode für die Bestimmung der k-ten Primzahl kennen, geht das aber nicht. Um aus allen Primzahlen der Größe höchstens n eine zufällig auszuwählen, verwenden wir stattdessen das folgende Verfahren:

ALGORITHMUS ZUFALLSPRIMZAHL

1. Wähle per Zufall eine Zahl $k \leq n$ aus.

2. Überprüfe, ob k prim ist.

3. Falls ja, sind wir fertig. Andernfalls kehre zu Schritt **1.** zurück.

Ob es ein Verfahren gibt, um im zweiten Schritt *effizient* zu überprüfen, ob k prim ist, ist das Hauptthema unseres Buches. Eine erste (und für praktische Zwecke vollkommen zufriedenstellende) Antwort geben wir in Abschnitt 4.5. Hier möchten wir uns stattdessen der Frage widmen, wie viele verschiedene Zahlen k wir im Durchschnitt auf Primalität untersuchen müssen, bevor wir eine passende Zahl gefunden haben. Die Antwort hängt davon ab, *wie viele Primzahlen $p \leq n$ es überhaupt gibt.* Wir definieren daher

$$\pi(n) := \#\{p \leq n : p \text{ ist Primzahl}\}$$

und stellen fest:

4.3.1. Hilfssatz.
Die Anzahl der im Algorithmus ZUFALLSPRIMZAHL notwendigen Wiederholungen beträgt im Durchschnitt

$$\frac{n}{\pi(n)}.$$

Beweis. In jeder Wiederholung beträgt die Wahrscheinlichkeit w, eine Primzahl zu finden, genau

$$w = \frac{\pi(n)}{n}.$$

Wir können unsere Frage also auch wie folgt formulieren: Wir werfen wiederholt eine Münze, die die Eigenschaft hat, dass mit Wahrscheinlichkeit w „Kopf" und mit Wahrscheinlichkeit $1 - w$ „Zahl" fällt. Wie oft müssen wir diese Münze durchschnittlich werfen, bis wir das erste Mal „Kopf "erhalten?

Aufgabe 2.5.5 beantwortet diese Frage – die erwartete Anzahl der Wiederholungen ist, wie behauptet,

$$\frac{1}{w} = \frac{n}{\pi(n)}. \qquad\blacksquare$$

Für uns bedeutet das: Falls die Anzahl der Primzahlen $\leq n$ so groß ist, dass $n/\pi(n)$ höchstens wie ein Polynom in $\log n$ (der Länge unserer Eingabe) wächst, ist alles in Ordnung. Andernfalls haben wir ein Problem, denn wir können Schlüssel für das RSA-Verfahren nicht effizient erzeugen! Der bereits seit über hundert Jahren bekannte **Primzahlsatz** stellt sicher, dass das nicht passiert.

4.3.2. Satz (Primzahlsatz).
$\pi(n)$ verhält sich asymptotisch wie die Funktion $n/\ln(n)$. Genauer: Ist $\varepsilon > 0$ eine beliebig kleine reelle Zahl, so gilt

$$(1 - \varepsilon) \cdot \frac{n}{\ln(n)} \leq \pi(n) \leq (1 + \varepsilon) \cdot \frac{n}{\ln(n)}$$

für alle genügend großen natürlichen Zahlen n.

Sofern wir also in der Lage sind, Primzahlen auf effiziente Art und Weise zu erkennen, können wir mit dem Algorithmus ZUFALLSPRIMZAHL effizient große Primzahlen erzeugen und diese für das RSA-Verfahren verwenden.

Ein Beweis des Primzahlsatzes liegt jenseits des Rahmens dieses Buches. Er ist aber für unsere Zwecke auch nicht wirklich erforderlich; es genügt die folgende, schwächere Version, welche wir im nächsten Abschnitt mit elementaren Mitteln beweisen.

4.3.3. Satz (Schwache Version des Primzahlsatzes).
Es gibt eine Konstante $C > 0$ derart, dass für jede natürliche Zahl $n \geq 2$ gilt:

$$\pi(n) \geq C \cdot \frac{n}{\log n}.$$

Zu guter Letzt möchten wir bemerken, dass wir hiermit auch noch eine weitere offene Frage klären können, nämlich wie in Schritt **3.** von RSA-SCHLÜSSEL die

Zahl e effizient ausgewählt werden kann. Die Details werden in Aufgabe 4.3.4 behandelt.

Aufgaben

4.3.4. Aufgabe. Sei $n \geq 2$ eine natürliche Zahl.

(a) Zeige, dass die Anzahl der verschiedenen Primfaktoren von n höchstens $\log(n)$ beträgt.

(b) Folgere hieraus mit Hilfe von Satz 4.3.3, dass es eine Konstante $C' > 0$ gibt mit

$$\varphi(n) \geq C' \cdot \frac{n}{\log n}.$$

(c) Zeige, dass es möglich ist, effizient und zufällig eine zu n teilerfremde Zahl $e < n$ auszuwählen und dass daher in Algorithmus RSA-SCHLÜSSEL auch Schritt **3.** effizient ausführbar ist.

Weiterführende Übungen und Anmerkungen

4.3.5 (Geschichte des Primzahlsatzes). Die Aussage des Primzahlsatzes wurde im Jahr 1792 von Carl Friedrich Gauß im Alter von 15 Jahren vermutet, aber nicht bewiesen. Unabhängig davon wurde die gleiche Vermutung durch den Zahlentheoretiker Adrien-Marie Legendre aufgestellt. Erst 1851 gelang es Tschebyschew, die schwache Version des Primzahlsatzes (Satz 4.3.3) zu beweisen, ebenso wie eine ähnliche obere Schranke für $\pi(n)$ (siehe dazu etwa Kapitel 10 in [De]). Es sollte noch fast ein weiteres halbes Jahrhundert dauern, bis Hadamard und de la Vallée Poussin unabhängig voneinander im Jahr 1896 den ersten vollständigen Beweis des Primzahlsatzes lieferten. Einen recht kurzen modernen Beweis (der aber, wie die meisten Beweise, Hintergrundwissen aus der *komplexen Analysis* erfordert), findet sich in dem Artikel [Z]. Eine ausführliche Entwicklung des Primzahlsatzes, die wenig Vorwissen erfordert, bietet das Buch [J].

4.3.6 (Die Riemannsche Vermutung). Der Primzahlsatz ist noch lange nicht das Ende der Fragen nach der Primzahlverteilung. In der Tat vermutete schon Gauß, dass die Funktion

$$\mathrm{Li}(n) := \int_2^n \frac{\mathrm{d}t}{\ln t},$$

der sogenannte **Integrallogarithmus**, die Primzahlfunktion $\pi(n)$ noch besser annähert als die Funktion $n/\ln n$.

Die Frage ist nun: Wie gut ist die Abschätzung von $\pi(n)$ durch $\mathrm{Li}(n)$ wirklich? Mit anderen Worten – wie groß ist der Fehler $|\pi(n) - \mathrm{Li}(n)|$? Im Jahr 1901 zeigte von Koch (siehe [vK]), dass die **Riemannsche Vermutung** genau dann gilt, wenn sich dieser Fehlerterm als

$$|\pi(n) - \mathrm{Li}(n)| = O(\sqrt{n} \ln n)$$

abschätzen läßt. Auch aus diesem Grund ist die Riemannsche Vermutung (für deren Originalaussage wir auf den Anhang „Offene Fragen" verweisen) eines der berühmtesten ungelösten Probleme der Mathematik und beschäftigt noch heute die Forschung.

4.4 Beweis des schwachen Primzahlsatzes

Im Rest dieses Abschnitts werden wir Satz 4.3.3 beweisen. Die hierfür verwendeten Methoden sind zwar interessant, aber für den Rest dieses Buches nicht von großer Bedeutung. Wer ungeduldig auf den AKS-Primzahltest wartet, sei daher ermuntert, diesen Abschnitt beim ersten Lesen zu überspringen. Unser Beweis verwendet die Tatsache, dass das kleinste gemeinsame Vielfache

$$v(n) := \text{kgV}(1, 2, 3, \ldots, n)$$

der Zahlen $1, 2, 3, \ldots, n$ eng mit der Primzahlfunktion $\pi(n)$ verwandt ist.

Worin besteht diese Verwandtschaft? Nun, jede Primzahl $p \leq n$ muss in der Primfaktorzerlegung von $v(n)$ auftauchen. Daher ist einsichtig, dass für große Werte von $\pi(n)$ auch $v(n)$ wächst. Der folgende Hilfssatz enthält eine genauere Version dieser Aussage.

4.4.1. Hilfssatz (Untere Schranke für $v(n)$).
Es gilt $v(n) \geq \sqrt{n}^{\pi(n)}$ für alle $n \in \mathbb{N}$.

Beweis. Siehe Aufgabe 4.4.5. ∎

Als nächstes zeigen wir, dass umgekehrt mit $v(n)$ auch $\pi(n)$ wächst.

4.4.2. Hilfssatz (Obere Schranke für $v(n)$).
Es gilt $v(n) \leq n^{\pi(n)}$.

Beweis. Wir zerlegen $v(n)$ in Primfaktoren:

$$v(n) = p_1^{e_1} \cdot p_2^{e_2} \cdots p_k^{e_k}.$$

Wie bereits oben bemerkt, sind die Primfaktoren von $v(n)$ genau die Primzahlen p mit $p \leq n$. Also gilt $k = \pi(n)$.

Des Weiteren ist $p_j^{e_j}$ (für $1 \leq j \leq k$) nach Definition von $v(n)$ die höchste Potenz, mit der die Primzahl p_j in einer Zahl $m \leq n$ enthalten ist. Daher gilt $p_j^{e_j} \leq n$ für alle n. Insgesamt haben wir also also

$$v(n) = p_1^{e_1} \cdot p_2^{e_2} \cdots p_k^{e_k} \leq n \cdot n \cdots \cdot n = n^k = n^{\pi(n)}. \qquad \blacksquare$$

Diese beiden Hilfssätze zeigen, dass wir anstelle des schwachen Primzahlsatzes ebensogut eine Aussage für $v(n)$ beweisen können.

4.4.3. Folgerung (Alternative Formulierung des schwachen Primzahlsatzes).
Der schwache Primzahlsatz gilt genau dann, wenn es eine Konstante K gibt mit $v(n) \geq 2^{Kn}$ für alle $n \geq 2$.

Beweis. Gilt der schwache Primzahlsatz, so ist $\pi(n) \geq Cn/\log n$, und daher nach Hilfssatz 4.4.1 auch

$$v(n) \geq \sqrt{n}^{\pi(n)} = \left(2^{\frac{\log n}{2}}\right)^{\pi(n)} = 2^{\frac{\pi(n)\log n}{2}} \geq 2^{\frac{Cn}{2}};$$

wir setzen $K := C/2$ und sind fertig.

Nehmen wir umgekehrt an, dass $v(n) \geq 2^{Kn}$ gilt, so ist nach Hilfssatz 4.4.2 $\pi(n) \geq \frac{\log v(n)}{\log n}$ und daher

$$\pi(n) \geq \frac{\log v(n)}{\log n} \geq K\frac{n}{\log n}. \qquad \blacksquare$$

Wir müssen also nur noch $v(n)$ nach unten abschätzen. Hierfür verwenden wir das einzige Mal in diesem Buch eine Methode aus der Analysis, um ein Resultat über natürliche Zahlen zu erhalten (siehe Anmerkung 4.4.6).

4.4.4. Satz (Abschätzung von $v(n)$).
Für alle natürlichen Zahlen n ist $v(n) \geq 2^{n-2}$.

Beweis. Da stets $v(n) \geq 1$ gilt, ist die Behauptung offensichtlich für $n = 1$ und $n = 2$ richtig. Wir können also $n > 2$ annehmen.

Der Beweis ist elementar, aber etwas trickreich; daher stellen wir zunächst die ihm zugrundeliegende Idee vor. Nehmen wir einmal an, wir können ganze Zahlen $a_1, a_2, \ldots, a_n$ derart finden, dass die Summe

$$s := \frac{a_1}{1} + \frac{a_2}{2} + \frac{a_3}{3} + \cdots + \frac{a_n}{n} \tag{4.1}$$

sehr klein, aber positiv ist. Da $v(n)$ gemeinsames Vielfaches aller Zahlen von 1 bis n ist, ist dann $s \cdot v(n)$ eine positive ganze Zahl. Insbesondere gilt $s \cdot v(n) \geq 1$, und Division durch s würde uns eine untere Schranke für $v(n)$ liefern.

Wie bekommen wir die Summe s möglichst klein? Per Hand erscheint das schwierig, aber die Analysis liefert uns einen nützlichen Trick: Wir können s als Integral eines Polynoms mit ganzzahligen Koeffizienten darstellen. Schließlich gilt

$$\frac{a_k}{k} = \int_0^1 a_k x^{k-1} dx.$$

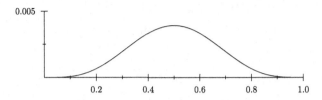

Abbildung 4.1. Der Graph der Funktion $P(x) = x^m(1-x)^m$ für $m = 4$.

Ist $P(x) = a_1 + a_2 x + a_3 x^2 + \cdots + a_n x^{n-1}$ ein beliebiges Polynom vom Grad höchstens $n - 1$ mit ganzzahligen Koeffizienten, so ist daher $I(P) = \int_0^1 p(x)dx$ genau eine Summe der Form (4.1)! Ist $I(P) > 0$, so gilt insbesondere

$$v(n) \geq \frac{1}{I(P)}.$$

Unser Ziel muss nun sein, ein Polynom P zu finden, für welches das Integral $I(P)$ möglichst klein wird. Ist etwa n ungerade, d.h. $n = 2m + 1$, so können wir

$$P(x) := x^m(1-x)^m$$

betrachten. Der Graph von P (siehe Abbildung 4.1) sieht in etwa aus wie eine umgekehrte „gestauchte" Parabel. Er hat seinen Scheitelpunkt und damit sein Maximum bei $x = 1/2$. An dieser Stelle gilt

$$P(1/2) = \frac{1}{2^{2m}}.$$

Insbesondere ist $I(P) \leq 1/2^{2m}$, womit wir $v(n) \geq 2^{n-1}$ für ungerade n gezeigt haben. Für gerade n folgt daraus wie gewünscht $v(n) \geq v(n-1) \geq 2^{n-2}$. ∎

Zu guter Letzt erhalten wir $n - 2 \geq n/2$ für $n \geq 4$, und damit

$$v(n) \geq 2^{n-2} \geq 2^{n/2}. \tag{4.2}$$

Da $v(2) = 2$ und $v(3) = 6$ ist, gilt (4.2) auch für $n = 2$ und $n = 3$. Damit ist nach Folgerung 4.4.3 auch der schwache Primzahlsatz bewiesen! ∎

Aufgaben

4.4.5. Aufgabe (!). Es bezeichne, wie oben, $v(n)$ das kleinste gemeinsame Vielfache der Zahlen $1, 2, 3, \ldots, n$.

(a) Zeige, dass $v(n) \geq 2^{\pi(n)}$ gilt. (*Hinweis:* Zerlege $v(n)$ in seine Primfaktoren.)

(b) Verbessere diese Schranke und zeige, dass sogar, wie in Hilfssatz 4.4.1 behauptet,

$$v(n) \geq \sqrt{n}^{\pi(n)}$$

gilt. (*Hinweis:* Man überlege sich, ähnlich wie in Hilfssatz 4.4.2, wie groß jede der auftretenden Primzahlpotenzen *mindestens* sein muß.)

Weiterführende Übungen und Anmerkungen

4.4.6. Die **Integralrechnung** ist neben der **Differentialrechnung** einer der Grundpfeiler der **Analysis**. Wir gehen davon aus, dass die meisten Leserinnen mit ihren wesentlichen Prinzipien vertraut sind; der Vollständigkeit halber geben wir aber hier eine kurze Übersicht (zum Weiterlesen siehe etwa [Fo2]).

Ist f eine stetige reelle Funktion (etwa ein Polynom) und $a < b$, so gibt das **Integral**

$$\int_a^b f(x)dx$$

den *Flächeninhalt* des Gebietes zwischen dem Graphen der Funktion f und der x-Achse an. (Hierbei zählen Bereiche, in denen die Funktion negative Werte annimmt, als *negativer Flächeninhalt*.) Alternativ können wir sagen, dass

$$\frac{\int_a^b f(x)dx}{b-a}$$

der *Durchschnittswert* der Funktion f auf dem Interval $[a, b]$ ist. Der Beweis von Satz 4.4.4 verwendet nur die folgenden einfachen Rechenregeln für Integrale.

(a) Das Integral der Summe zweier Funktionen ist genau die Summe der Integrale dieser Funktionen. (Dies sollte aufgrund der Interpretation des Integrals als Durchschnittswert sofort plausibel erscheinen.)

(b) Ist $a \in \mathbb{R}$ und $k \in \mathbb{N}_0$, so gilt $\int_0^1 ax^k dx = \dfrac{a}{k+1}$.

4.4.7. Unser Beweis von Satz 4.3.3 stammt aus dem Artikel [N].

4.5 Randomisierte Primzahltests

Damit wir das RSA-Verfahren tatsächlich anwenden können, benötigen wir nach wie vor eine Methode, mit der Primzahlen effizient und zuverlässig erkannt werden können. Bisher haben wir keinen solchen Algorithmus kennengelernt; unser bester Versuch war der Fermat-Test in Abschnitt 3.3. Dieser ist effizient und liefert uns in vielen Fällen eine vernünftige Antwort. Aufgrund der Existenz von Carmichaelzahlen ist er aber kein zuverlässiger Test.

Bevor wir im zweiten Teil des Buches den deterministischen Primzahltest von Agrawal, Kayal und Saxena behandeln, stellen wir in diesem Abschnitt eine Methode vor, die das Problem für die Praxis vollkommen zufriedenstellend löst. Es handelt sich um den „Primzahltest von Miller und Rabin", einen effizienten Monte-Carlo-Algorithmus für das Problem ZUSAMMENGESETZTHEIT. Dieser ist eine Erweiterung des Fermat-Tests und beruht auf der folgenden Tatsache:

4.5.1. Hilfssatz (Einheitswurzeln modulo einer Primzahl).
Sei p eine Primzahl und $x \in \mathbb{Z}$ derart, dass $x^2 \equiv 1$ ist modulo p. Dann gilt $x \equiv 1 \pmod{p}$ oder $x \equiv -1 \pmod{p}$.

Beweis. Nach Voraussetzung ist $x^2 \equiv 1 \pmod{p}$, also

$$(x + 1)(x - 1) = x^2 - 1 \equiv 0 \pmod{p}.$$

Nach Korollar 1.3.2 gilt daher $x + 1 \equiv 0$ oder $x - 1 \equiv 0$. Mit anderen Worten, $x \equiv -1$ oder $x \equiv 1$ modulo p. ∎

Was hat das mit dem Fermat-Test zu tun? Für eine (zufällig gewählte) Zahl $a \in \{1, \ldots, p - 1\}$ hatten wir dort untersucht, ob

$$a^{p-1} \equiv 1 \pmod{p} \tag{4.3}$$

gilt – für Primzahlen muß dies stets erfüllt sein. Da alle Primzahlen $p \neq 2$ ungerade sind, ist $p - 1$ dann gerade. Insofern können wir (4.3) schreiben als

$$\left(a^{(p-1)/2} \right)^2 \equiv 1 \pmod{p}.$$

Nach Hilfssatz 4.5.1 muss $a^{(p-1)/2}$ zu 1 oder -1 kongruent sein.

Wir können die Idee weiter fortsetzen und schreiben $p - 1 = d \cdot 2^l$, wobei d ungerade ist. Im Fall $p = 13$ ist z.B. $p - 1 = 3 \cdot 2^2$, also $d = 3$ und $l = 2$. Dann ist

$$a^{p-1} = a^{d \cdot 2^l} = \left(a^d \right)^{2^l} = \left(\ldots \left(\left(a^d \right)^2 \right) \ldots \right)^2,$$

wobei im letzten Term genau l Quadrierungen durchgeführt werden. Es muss dann entweder die Anfangszahl a^d selbst kongruent zu 1 sein, oder aber im Laufe dieser l Quadrierungen irgendwann einmal eine zu -1 kongruente Zahl auftreten. Damit haben wir eine neue Eigenschaft von Primzahlen entdeckt, die den kleinen Satz von Fermat verstärkt.

4.5.2. Satz (Satz von Fermat-Miller).
Sei $p \neq 2$ eine Primzahl. Schreibe $p - 1 = d \cdot 2^l$, wobei d ungerade ist und $l \geq 1$. Dann gilt für jedes $a \in \mathbb{Z}$, das nicht von p geteilt wird:

(a) Entweder ist $a^d \equiv 1 \pmod{p}$,

(b) oder es gibt ein i zwischen 0 und $l - 1$ mit $a^{2^i \cdot d} \equiv -1 \pmod{p}$.

Beweis. Zur Abkürzung setzen wir $b := a^d$. Nach dem kleinen Satz von Fermat ist $b^{2^l} \equiv 1$ modulo p. Ist $b \equiv 1$, so gilt der erste Fall und wir sind fertig. Andernfalls sei i der *erste* Index zwischen 0 und $l-1$, für den $b^{2^{i+1}} \equiv 1$ gilt.

Nach Hilfssatz 4.5.1 muss entweder $b^{2^i} \equiv 1$ oder $b^{2^i} \equiv -1$ sein. Der erste Fall ist aber aufgrund unserer Wahl von i ausgeschlossen; daraus folgt $b^{2^i} \equiv -1$ wie behauptet.   ∎

In den Aufgaben 4.5.5 und 4.5.6 hat die Leserin die Möglichkeit, sich davon zu überzeugen, dass der Satz von Fermat-Miller im Vergleich zum kleinen Satz von Fermat tatsächlich eine Verbesserung darstellt. Insbesondere können wir mit Satz 4.5.2 zumindest einige der ungemütlichen Carmichaelzahlen, bei denen der Fermat-Test versagte, als zusammengesetzt erkennen. Grund genug, einen neuen Primzahltest zu formulieren!

Algorithmus MILLER-RABIN

Eingabe: Eine natüliche Zahl $n > 1$.

1. Ist n eine gerade Zahl mit $n > 2$ oder eine echte Potenz einer natürlichen Zahl, so antworte „n ist zusammengesetzt".

2. Andernfalls schreibe $n - 1 = d \cdot 2^l$ und wähle (zufällig) eine Zahl a zwischen 1 und $n - 1$ aus.

3. Sind a und n nicht teilerfremd, antworte „n ist zusammengesetzt".

4. Andernfalls berechne die Zahl $b := a^d \bmod n$.

5. Ist $b = 1$, so antworte „n ist wahrscheinlich prim".

6. Andernfalls berechne die Zahlen $b, b^2, b^4, \ldots, b^{2^{l-1}} \bmod n$.

7. Ist keine dieser Zahlen kongruent zu -1 modulo n, so antworte „n ist zusammengesetzt".

8. Andernfalls antworte „n ist wahrscheinlich prim".

(Hierbei haben wir nur der Einfachheit halber zu Beginn des Algorithmus die geraden Zahlen und Potenzen gleich aussortiert; siehe Anmerkung 4.5.8.)

Nach Satz 4.5.2 erkennt dieser Algorithmus jede Primzahl korrekt. Die Laufzeit jedes Schritts ist zudem polynomiell in $\log n$ (siehe Aufgabe 4.5.7). Es bleibt nun noch die Frage zu klären, wie sich der Algorithmus verhält, wenn n eine zusammengesetzte Zahl ist. Nach den ermutigenden Beispielen aus den Aufgaben könnte man hoffen, dass n bei beliebiger Wahl einer Basis $a > 1$ korrekt erkannt wird. Dies ist aber leider nicht der Fall: Zum Beispiel wird die Zahl

$n = 2047 = 23 \cdot 89$ bei Wahl von $a = 2$ fälschlicherweise als „wahrscheinlich prim" bezeichnet. Ähnlich wie für den Fermat-Test bezeichnen wir eine solche Zahl n als **starke Pseudoprimzahl** bezüglich der Basis a. Natürlich ist jede starke Pseudoprimzahl zur Basis a auch eine Pseudoprimzahl zur Basis a.

Wir müssen uns also wohl oder übel mit folgender Fragestellung befassen:

Sei n eine zusammengesetzte Zahl – wie viele Zahlen a gibt es, bezüglich derer n eine starke Pseudoprimzahl ist?

Es wäre zum Beispiel vorstellbar, dass einige Carmichaelzahlen n auch bezüglich jeder teilerfremden Basis a eine Pseudoprimzahl sind. Glücklicherweise ist das aber nicht der Fall!

4.5.3. Satz (Keine starken Carmichaelzahlen).
Sei $n = q \cdot r$, wobei $q, r > 2$ ungerade und teilerfremd sind. Dann gibt es eine zu n teilerfremde Zahl a mit $a^2 \equiv 1$, aber $a \not\equiv 1$ und $a \not\equiv -1 \pmod{n}$. Insbesondere ist n keine starke Pseudoprimzahl zur Basis a.

Beweis. Mit dem Chinesischen Restsatz (Satz 3.1.5) können wir eine zu n teilerfremde Zahl a finden, für die $a \equiv -1 \pmod{q}$ und $a \equiv 1 \pmod{r}$ gilt. Dann ist $a \not\equiv 1 \pmod{n}$, denn andernfalls müsste auch $a \equiv 1 \pmod{q}$ gelten. Aus demselben Grund ist $a \not\equiv -1 \pmod{n}$. Andererseits gilt $a^2 \equiv 1 \pmod{q}$ und $a^2 \equiv 1 \pmod{r}$. Nach dem Chinesischen Restsatz ist also $a^2 \equiv 1 \pmod{n}$, wie behauptet.

Schreibe nun $n = d \cdot 2^l$ wie im Miller-Rabin-Test. Dann ist $d = 2m + 1$ für geeignetes $m \geq 0$, und daher

$$a^d = \left(a^2\right)^m \cdot a \equiv a \not\equiv 1, -1 \quad \text{und} \quad a^{2d} = \left(a^2\right)^d \equiv 1 \pmod{n}.$$

Nach Definition ist n also keine starke Pseudoprimzahl zur Basis a. ∎

Mit Hilfe dieser Beobachtung können wir einsehen, dass es für jede zusammengesetzte Zahl n viele geeignete Basen a geben muß.

4.5.4. Satz (Fehlerwahrscheinlichkeit in MILLER-RABIN).
Sei n eine zusammengesetzte Zahl. Dann gibt es höchstens $(n-1)/2$ Zahlen $a \in \mathbb{N}$ mit $a < n$, bezüglich derer n eine starke Pseudoprimzahl ist.
Mit anderen Worten: Die Wahrscheinlichkeit, dass n von MILLER-RABIN nicht als zusammengesetzt erkannt wird, beträgt höchstens $1/2$.

Beweis. Sei W die Menge aller Zahlen $a \in \mathrm{Tf}(n)$, bezüglich derer n eine starke Pseudoprimzahl ist. Wir würden gern wie in Hilfssatz 3.3.1 mit dem Satz von Lagrange schließen, dass W höchstens $\frac{\varphi(n)}{2} \leq \frac{n-1}{2}$ Elemente enthalten kann. Hier haben wir aber ein Problem, denn das Produkt zweier Zahlen $a, b \in W$ muss nicht selbst wieder in W liegen. Daher ist etwas Sorgfalt gefragt. Zunächst einmal können wir nach Aufstellung unseres Algorithmus annehmen, dass n ungerade und keine echte Potenz einer natürlichen Zahl ist. Dann ist n von der Form $n = q \cdot r$, wobei $q, r > 2$ teilerfremd sind. Wir schreiben nun wieder $n - 1 = d \cdot 2^l$ und betrachten die größte Zahl $j \leq l$, für die es ein zu n teilerfremdes a_0 gibt mit

$$a_0^{d \cdot 2^j} \not\equiv 1.$$

(Solch eine Zahl $j \geq 0$ existiert aufgrund des vorherigen Satzes.) Wir setzen $k := d \cdot 2^j$ und betrachten die Menge

$$G := \{a \in \mathrm{Tf}(n) : a^k \equiv 1 \text{ oder } a^k \equiv -1 \pmod{n}\}.$$

Jede Zahl $a \in W$ ist auch ein Element von G; im Gegensatz zu W ist aber G abgeschlossen unter Multiplikation modulo n. Wir müssen jetzt zeigen, dass es mindestens eine zu n teilerfremde Zahl $a < n$ gibt mit $a \notin G$. Die Zahl a konstruieren wir, ganz ähnlich wie in Satz 4.5.3, mit Hilfe der Zahl a_0 und mit dem Chinesischen Restsatz. Ist $a_0^k \not\equiv -1$, so ist $a_0 \notin G$, und wir sind fertig. Andernfalls gibt es nach dem Chinesischen Restsatz eine Zahl a mit $a \equiv a_0 \pmod{q}$ und $a \equiv 1 \pmod{r}$. Dann ist $a^k \equiv -1 \pmod{q}$ und $a^k \equiv 1 \pmod{r}$, und wie im vorigen Satz muss $a^k \not\equiv 1, -1 \pmod{n}$ gelten.

Nun können wir wie in Hilfssatz 3.3.1 unseren Beweis abschließen. Wir haben soeben gezeigt, dass $\#G < \varphi(n)$ gilt, und der Satz von Lagrange (Satz 3.2.6) liefert $\#G \,|\, \varphi(n)$. Also enthält G höchstens $\varphi(n)/2$ Elemente, und damit ist

$$\#W \leq \#G \leq \frac{\varphi(n)}{2} \leq \frac{n-1}{2}$$

wie behauptet. ∎

Der Algorithmus MILLER-RABIN ist also tatsächlich ein Monte-Carlo-Algorithmus für Zusammengesetztheit. Was noch besser ist: Er benötigt im Vergleich zum Fermat-Test so gut wie keinen zusätzlichen Rechenaufwand. Die effiziente Berechnung von a^{n-1} nach dem Prinzip „Teile und Herrsche" erfordert nämlich sowieso die Berechnung von $a^d, a^{2d}, \dots$. Daher ist dieser Algorithmus für die Praxis sehr gut geeignet und vollkommen ausreichend – er ist schnell genug, um auch für extrem lange Zahlen in kurzer Zeit ein Ergebnis zu erreichen. Durch Mehrfachanwendung kann zusätzlich die Fehlerwahrscheinlichkeit vernachlässigbar klein gemacht werden (z.B. kleiner als die Wahrscheinlichkeit eines Hardware-Fehlers).

Damit haben wir das Ende des ersten Teils unseres Buches erreicht und sind nun in der Lage, im zweiten Teil dem *randomisierten* Miller-Rabin-Algorithmus einen *deterministischen* effizienten Primzahltest entgegen zu stellen. Dabei möchten wir darauf hinweisen, dass – zumindest zum jetzigen Zeitpunkt – dieser neue Algorithmus für praktische Zwecke nicht mit der Geschwindigkeit des obigen Verfahrens mithalten kann. Das Resultat ist daher für uns vor allem von *theoretischem* Interesse.

Aufgaben

4.5.5. Aufgabe. Wir erinnern uns daran, dass in Abschnitt 3.3 die Zahl $n = 15$ als Pseudoprimzahl zur Basis 11 erkannt wurde. Das heißt, es gilt

$$a^{n-1} = 11^{14} \equiv 1 \mod n.$$

Berechne den Rest von 11^7 beim Teilen durch n und folgere, dass n keine starke Pseudoprimzahl zur Basis 11 ist. (Das heißt, der Miller-Rabin-Test erkennt bei Wahl von $a = 11$ die Zahl $n = 15$ als zusammengesetzt.)

4.5.6. Aufgabe (P). In dieser Aufgabe betrachten wir $n = 561$ – das ist die erste Carmichaelzahl, welche uns beim Fermat-Test ganz besondere Schwierigkeiten bereitete. Wir zeigen, dass diese Zahl mit Hilfe des Miller-Rabin-Tests geknackt werden kann, z.B. mit der Basis $a = 2$. Die Rechnungen in dieser Aufgabe lassen sich im Prinzip noch mit einigem Aufwand per Hand erledigen. Es spart aber viel Arbeit, sie stattdessen mit Hilfe eines Taschenrechners oder Computers durchzuführen.

(a) Schreibe $n - 1 = d \cdot 2^l$ wie in Satz 4.5.2.

(b) Berechne den Rest b von 2^d modulo n.

(c) Berechne b^2, b^4 und b^8.

(d) Folgere hieraus mit Hilfe von Satz 4.5.2, dass n zusammengesetzt ist.

4.5.7. Aufgabe (!). Begründe für jeden der Schritte im Algorithmus MILLER-RABIN, dass die Laufzeit polynomiell in $\log n$ ist.

Weiterführende Übungen und Anmerkungen

4.5.8. Gerade Zahlen und echte Potenzen sind nach den Aufgaben 3.3.6 und 3.3.7 keine Carmichaelzahlen. Wegen Hilfssatz 3.3.1 folgt daraus, dass Satz 4.5.4 auch dann korrekt ist, wenn wir in Algorithmus MILLER-RABIN den Schritt **1.** entfernen.

4.5.9. Aufgabe. Beweise mit Hilfe von Hilfssatz 4.5.1 den **Satz von Wilson**: n ist prim genau dann, wenn $(n - 1)! + 1$ durch n teilbar ist. (Siehe auch Aufgabe 3.1.7.)

4.5.10. Eine erste Version des Algorithmus MILLER-RABIN wurde im Jahr 1976 von Miller vorgestellt. Diese Version des Verfahrens war *deterministisch*, nicht randomisiert. Allerdings konnte Miller die Korrektheit nur unter Annahme der sogenannten **verallgemeinerten Riemannschen Vermutung** zeigen, welche bis heute unbewiesen ist.

4.5.11. Solovay und Strassen entwickelten im Jahr 1977 den ersten effizienten Monte-Carlo-Algorithmus für Zusammengesetztheit. Dieser Algorithmus basiert auf einer anderen Erweiterung des kleinen Satzes von Fermat, welche die sogenannten **Legendre-** und **Jacobi-Symbole** aus der Zahlentheorie verwendet.

4.5.12. Rabin zeigte 1980, wie man Millers Verfahren zu dem oben beschriebenen Monte-Carlo-Algorithmus abändern kann. Dieser ist im Allgemeinen effizienter als der Algorithmus von Solovay und Strassen.

Rabin zeigte in seinem Artikel sogar, dass in Satz 4.5.4 die Wahrscheinlichkeit $1/2$ durch die bessere Schranke $1/4$ ersetzt werden kann. Das erfordert größere Sorgfalt.

4.5.13. In den zwanzig Jahren, die von der Vorstellung des Miller-Rabin-Verfahrens bis zum Durchbruch von Agrawal, Kayal und Saxena verstrichen, wurden noch viele weitere Fortschritte gemacht. Zu den wichtigsten Ergebnissen gehörten:

(a) Die Entwicklung von Monte-Carlo-Algorithmen für *Primalität*. Wie in Abschnitt 2.5 besprochen ist es möglich, solche Verfahren mit dem Miller-Rabin-Algorithmus zu verbinden, um sogar einen *Las Vegas*-Algorithmus für Primalität zu erhalten.

Allerdings sind diese Verfahren nicht schnell genug, um mit dem Miller-Rabin-Test mitzuhalten, und werden daher in der Praxis selten angewandt.

(b) Die Entwicklung von *deterministischen* Algorithmen für Primalität, deren Laufzeit zwar nicht polynomiell, im Gegensatz etwa zum Sieb des Eratosthenes aber *subexponentiell* ist. Zum Beispiel waren seit 1983 Verfahren bekannt, deren Laufzeit höchstens

$$(\log n)^{O(\log \log \log n)}$$

beträgt. (Das ist von polynomieller Laufzeit gar nicht mehr allzu weit entfernt. Man überlege sich, welche Größenordnung $\log \log \log n$ z.B. für die in der Kryptographie verwendeten Primzahlen mit einigen tausend Stellen besitzt.)

Die mathematischen Methoden und Konzepte, welche zu diesen Ergebnissen führten, sind wesentlich tiefgehender als jene, die wir bisher betrachtet haben, und auch als jene, welche uns im zweiten Teil des Buches beschäftigen.

Weiterführende Literatur

Viele Aspekte der Zahlentheorie, die in diesem Kapitel eine Rolle spielten, sprengen den Rahmen eines einführenden Textes. Wer trotzdem mehr erfahren möchte z.B. über algorithmische bzw. angewandte Zahlentheorie, sei verwiesen auf die Bücher von Forster [Fo1] und Brands [Br]. Wir empfehlen außerdem „Prime Numbers: A computational perspective" von Crandall und Pomerance [CP]. Sehr viel Material findet sich auch in [HW].

Teil II

Der AKS-Algorithmus

Kapitel 5

Der Ausgangspunkt: Fermat für Polynome

Mit den im ersten Teil des Buches erarbeiteten Grundlagen können wir nun beginnen, den Primzahltest von Agrawal, Kayal und Saxena herzuleiten. Wie beim Fermat-Test und dem Algorithmus von Miller und Rabin ist der Ausgangspunkt für diesen Test eine Eigenschaft von Primzahlen, nämlich eine Erweiterung des kleinen Satzes von Fermat auf Polynome. Diese werden wir im ersten Abschnitt dieses Kapitels diskutieren. In Abschnitt 5.2 überlegen wir uns dann eine Strategie, mit der aus dieser Primzahleigenschaft ein deterministischer, effizienter Primzahltest gewonnen werden könnte. Das ist in den folgenden Kapiteln die Grundlage für die Entwicklung des AKS-Algorithmus.

Im letzten Abschnitt besprechen wir den **Primzahltest von Agrawal und Biswas**, einen *randomisierten* Vorläufer des AKS-Tests, der auf derselben Idee basiert. Die Kenntnis dieses Algorithmus ist für das weitere Verständnis aber nicht erforderlich.

5.1   Eine Verallgemeinerung des Satzes von Fermat

Wir beginnen mit der angekündigten Verallgemeinerung des kleinen Satzes von Fermat.

5.1.1. Satz (Fermat für Polynome).
Es sei p eine Primzahl. Dann gilt

$$(P(X))^p \equiv P(X^p) \pmod{p} \tag{5.1}$$

für alle Polynome P mit ganzzahligen Koeffizienten.

Beispiele. Für $p = 3$ und $P = X + 1$ ist

$$(X + 1)^3 = X^3 + 3X^2 + 3X + 1 \equiv X^3 + 1 \quad (\text{mod } 3).$$

Für $p = 5$ und $P = X - 1$ gilt

$$(X - 1)^5 = X^5 - 5X^4 + 10X^3 - 10X^2 + 5X - 1 \equiv X^5 - 1 \quad (\text{mod } 5).$$

Bevor wir Satz 5.1.1 beweisen, betrachten wir die Behauptung noch etwas genauer. Ist $P = a$ mit $a \in \mathbb{Z}$ ein konstantes Polynom, so besagt sie genau, dass

$$a^p \equiv a \quad (\text{mod } p)$$

gilt. Satz 5.1.1 ist also tatsächlich eine Verallgemeinerung des kleinen Satzes von Fermat. Man könnte meinen, dass umgekehrt das Resultat direkt aus dem kleinen Satz von Fermat folgt. Es gilt nämlich nach Fermat

$$(P(x))^p \equiv P(x) \equiv P(x^p) \quad (\text{mod } p) \tag{5.2}$$

für alle ganzen Zahlen x. Aber da wir Kongruenz von Polynomen modulo p über die Kongruenz ihrer Koeffizienten definiert hatten, ist (5.2) nicht gleichbedeutend mit (5.1); wir erinnern an Aufgabe 3.5.7. Also ist durchaus noch etwas zu beweisen! Für Polynome vom Grad Eins lässt sich die Behauptung allerdings direkt aus dem kleinen Satz von Fermat ableiten, siehe Aufgabe 5.1.10. (Das ist übrigens der einzige Fall, den wir beim AKS-Algorithmus später wirklich benötigen.)

Im Beweis des kleinen Satzes von Fermat in Abschnitt 3.2 haben wir verwendet, dass der Binomialkoeffizient $\binom{p}{k}$ für $1 \le k < p$ durch p teilbar ist (Hilfssatz 3.2.3). Die oben berechneten einfachen Beispiele legen nahe, dass das auch für den Beweis von Satz 5.1.1 eine Rolle spielt, denn genau diese Binomialkoeffizienten treten beim Ausmultiplizieren von $(P(X))^p$ auf.

Beweis von Satz 5.1.1. Im Prinzip genügt es, die linke Seite von (5.1) auszumultiplizieren und mit Hilfssatz 3.2.3 zu zeigen, dass sie modulo p mit der rechten Seite übereinstimmt. Die vielen Terme, die sich dabei ergeben, führen aber zu unübersichtlicher Notation. Das umgehen wir, indem wir Induktion über den Grad d des Polynoms P führen.

Ist $d = 0$, P also konstant, so folgt die Behauptung aus dem kleinen Satz von Fermat. Damit ist der Induktionsanfang vollbracht.

Für den Induktionsschritt gelte der Satz nun für alle Polynome des Grades höchstens d, und P sei ein ganzzahliges Polynom des Grades $d + 1$. Es bezeichne Q das Polynom, welches wir aus P durch Weglassen des höchsten Terms erhalten. Das heißt, Q ist ein Polynom des Grades höchstens d, und

$$P = aX^{d+1} + Q,$$

für ein geeignetes $a \in \mathbb{Z}$. Jetzt wenden wir den binomischen Lehrsatz an:

$$(P(X))^p = (aX^{d+1} + Q(X))^p$$

$$= (aX^{d+1})^p + \left(\sum_{k=1}^{p-1} \binom{p}{k}(aX^{d+1})^k (Q(X))^{p-k}\right) + (Q(X))^p.$$

Wir betrachten die Terme in diesem letzten Ausdruck der Reihe nach. Zunächst ist

$$\left(aX^{d+1}\right)^p = a^p \left(X^{(d+1)}\right)^p = a^p X^{p(d+1)} = a^p \left(X^p\right)^{d+1} \equiv a\left(X^p\right)^{d+1} \pmod{p}$$

mit Fermats kleinem Satz. Weiterhin sind nach Hilfssatz 3.2.3 die Binomialkoeffizienten $\binom{p}{k}$ in der großen Summe alle durch p teilbar; also ist diese Summe kongruent zu Null modulo p. Zuletzt gilt $(Q(X))^p \equiv Q(X^p)$ nach Induktionsvoraussetzung. Insgesamt haben wir also

$$(P(X))^p \equiv a(X^p)^{d+1} + 0 + Q(X^p) = P(X^p) \pmod{p},$$

wie behauptet.   ∎

Nun könnten wir uns fragen, ob es (analog zur Existenz von *Carmichaelzahlen* in Abschnitt 3.3) auch zusammengesetzte Zahlen gibt, die (5.1) für jedes Polynom erfüllen. Dies ist aber erfreulicherweise nicht der Fall. Angesichts des oben geführten Beweises müssen wir uns dazu überlegen, wie es für eine zusammengesetzte Zahl n mit der Teilbarkeit von $\binom{n}{k}$ durch n aussieht. Das Pascalsche Dreieck aus Abbildung 3.3 legt folgenden Hilfssatz nahe:

5.1.2. Hilfssatz.
Es sei $n \geq 2$ eine natürliche Zahl und p ein Primteiler von n. Dann wird $\binom{n}{p}$ nicht von n geteilt.

Beweis. Den Beweis möge die Leserin in Aufgabe 5.1.4 (a) selbst führen.   ∎

Hieraus folgt sofort:

5.1.3. Satz (Primzahlkriterium).
Es sei $n \geq 2$ eine natürliche Zahl, und es sei $a \in \mathbb{N}$ zu n teilerfremd. Dann ist n prim genau dann, wenn die Kongruenz

$$(X + a)^n \equiv X^n + a \pmod{n} \tag{5.3}$$

erfüllt ist.

Beweis. Ist n eine Primzahl, so folgt die Kongruenz aus Satz 5.1.1. Ist andererseits n eine zusammengesetzte Zahl, so besitzt n einen Primteiler $p < n$. Nach dem binomischen Lehrsatz ist der p-te Koeffizient von $(X + a)^n$ gegeben durch

$$a^{n-p} \binom{n}{p}.$$

Dieser Koeffizient ist nicht durch n teilbar, denn a ist zu n teilerfremd und $\binom{n}{p}$ ist nach Hilfssatz 5.1.2 nicht durch n teilbar. Andererseits ist der p-te Koeffizient von $X^n + a$ gleich Null. Also ist

$$(X + a)^n \not\equiv X^n + a \pmod{n}. \qquad \blacksquare$$

Bemerkung. Wir haben den Satz hier der Einfachheit halber nur für Polynome vom Grad Eins formuliert. Er überträgt sich aber z.B. auf Polynome beliebigen Grades, deren Koeffizienten alle zu n teilerfremd sind; siehe Aufgabe 5.1.12. Die Kongruenz

$$(P(X))^n \equiv P(X^n) \pmod{n} \qquad (5.4)$$

ist also für viele Polynome P äquivalent dazu, dass n eine Primzahl ist.

Satz 5.1.3 wirkt zunächst wie eine ungemein starke Aussage: Wollen wir eine Zahl n auf Primalität testen, wählen wir einfach eine beliebige zu n teilerfremde Zahl a und überprüfen, ob die Kongruenz (5.3) erfüllt ist! Aber leider ist das wieder einmal nicht praktikabel: Wir müssten im Zweifelsfall bis zu n Koeffizienten überprüfen. Der erforderliche Aufwand ist also *exponentiell* in $\log n$ und damit von derselben Größenordnung wie die direkte Suche nach einem Faktor von n oder die Ausführung des Siebs des Eratosthenes.

Nichtsdestotrotz werden wir Satz 5.1.1 verwenden, um einen deterministischen und effizienten Primzahltest zu erhalten. Die Idee ist es, die Kongruenz (5.4) modulo eines geeigneten Polynoms Q *kleinen Grades* zu untersuchen. Dann können wir die „Teile und Herrsche"-Methode verwenden, um die Potenz $(P(X))^n$ zu berechnen, wobei wir in jedem Schritt modulo Q reduzieren. Auf diese Art und Weise lässt sich (5.4) modulo Q effizient überprüfen (für Details siehe Aufgabe 5.1.6). In Aufgabe 5.1.5 hat die Leserin die Gelegenheit, dieses Verfahren selbst einmal per Hand auszuführen.

Unsere Strategie lautet also wie folgt: Wir wählen auf geeignete Art und Weise ein Polynom P mit ganzzahligen Koeffizienten aus und ein Polynom Q, dessen Grad polynomiell in $\log n$ beschränkt ist. Dann überprüfen wir, ob

$$(P(X))^n \equiv P(X^n) \pmod{n, Q}.$$

gilt. Ist dass nicht der Fall, so wissen wir aufgrund von Satz 5.1.1, dass n nicht prim sein kann. Es kann dabei natürlich passieren, dass die obige Kongruenz auch für zusammengesetzte Zahlen manchmal erfüllt ist, siehe Aufgabe 5.1.8. Wir können aber hoffen, dass wir durch die Überprüfung von nur relativ wenigen, geschickt gewählten Polynomen P und Q jede zusammengesetzte Zahl als solche erkennen können. Die Überlegegungen der nächsten beiden Kapitel werden zeigen, dass diese Hoffnung berechtigt ist.

Aufgaben

5.1.4. Aufgabe (!). Es sei $n \geq 2$ eine natürliche Zahl, und es sei p ein Primteiler von n. Ferner sei j der größte Exponent derart, dass p^j ein Teiler von n ist.

(a) Zeige, dass

$$\binom{n}{p} \not\equiv 0 \ (\text{mod } p^j)$$

ist. (*Hinweis:* Betrachte, wie in Hilfssatz 3.2.3, die Darstellung des Binomialkoeffizienten durch Fakultäten. Überlege dann, wie oft der Primfaktor p in jedem der auftauchenden Terme höchstens vorkommt.)

(b) Zeige außerdem, dass gilt:

$$\binom{n}{p^j} \not\equiv 0 \ (\text{mod } p).$$

5.1.5. Aufgabe. Berechne mit Hilfe des „Teile und Herrsche"-Verfahrens per Hand

$$(X - 1)^{24} \quad (\text{mod } 24, X^2 - 1)$$

und überprüfe dann, ob

$$(X - 1)^{24} \equiv X^{24} - 1 \quad (\text{mod } 24, X^2 - 1)$$

gilt. Versuche im Gegensatz dazu einmal, $(X - 1)^{24} \ (\text{mod } 24)$ per Hand auszurechnen.

5.1.6. Aufgabe (!). Es sei n eine natürliche Zahl. Außerdem seien Q und P Polynome, deren Koeffizienten in $\{0, 1, \ldots, n - 1\}$ liegen. Der Grad r von Q sei zudem größer als der Grad von P. Zeige, dass es einen Algorithmus gibt, der die Kongruenz

$$(P(X))^n = P(X^n) \quad (\text{mod } n, Q)$$

überprüft und dessen Laufzeit polynomiell in r und $\log n$ ist. Wächst r höchstens polynomiell mit $\log n$, so ist also die Laufzeit ebenfalls polynomiell in $\log n$.

5.1.7. Aufgabe (P). Implementiere den Algorithmus aus der vorigen Aufgabe.

5.1.8. Aufgabe. Zeige, dass gilt:

$$(X + 1)^6 \equiv X^6 + 1 \quad (\text{mod } 6, X + 3).$$

Weiterführende Übungen und Anmerkungen

5.1.9. Im Artikel von Agrawal, Kayal und Saxena wird nur ein Spezialfall von Satz 5.1.1 behandelt, nämlich für Polynome vom Grad Eins. Mehr werden auch wir nicht benötigen, aber es ist für die *Idee* des Algorithmus nützlich, den allgemeinen Satz gesehen zu haben. Das Resultat ist übrigens schon lange bekannt: Man findet es zum Beispiel in einem Artikel von Schönemann aus dem Jahr 1846. Wir danken Franz Lemmermeyer für diesen historischen Hinweis!

Auch Satz 5.1.3 (und seine Verallgemeinerung in Aufgabe 5.1.12) ist zwar als Motivation für die Algorithmus-Entwicklung hilfreich, wird im Beweis aber später nicht verwendet.

5.1.10. Aufgabe. Hier soll im Fall, dass der Grad von P höchstens Eins ist, ein Beweis von Satz 5.1.1 erarbeitet werden, der nur den kleinen Satz von Fermat verwendet. Es sei also im Folgenden $P = aX + b$ mit $a, b \in \mathbb{Z}$.

(a) Zeige mit Hilfe von Satz 3.2.2, dass $(P(X))^p$ und $P(X^p)$ denselben Leitkoeffizienten besitzen. Folgere insbesondere, dass der Grad modulo p des Polynoms

$$R := (P(X))^p - P(X^p)$$

höchstens $p - 1$ ist.

(b) Zeige, wieder mit Satz 3.2.2, dass

$$R(x) \equiv 0 \pmod{p}$$

gilt für alle $x \in \mathbb{Z}$. Insbesondere hat also R genau p Nullstellen modulo p.

(c) Ein Polynom, welches nicht zum Nullpolynom kongruent ist, kann aber modulo p höchstens so viele Nullstellen haben, wie sein Grad angibt. (Siehe Aufgabe 3.5.17.) Es folgt also, dass $R \equiv 0 \pmod{p}$ gilt.

5.1.11. Aufgabe. Zeige, dass es in Satz 5.1.3 genügt, zu fordern, dass a kein Vielfaches von n ist. (*Hinweis:* Verwende Aufgabe 5.1.4 (b).)

5.1.12. Aufgabe. Hier betrachten wir eine Erweiterung von Satz 5.1.3 auf Polynome beliebigen Grades. Es sei dazu n eine zusammengesetzte natürliche Zahl, und es sei P ein Polynom, dessen Koeffizienten alle entweder gleich Null oder zu n teilerfremd sind. Des Weiteren besitze P mindestens zwei von Null verschiedene Koeffizienten. Zeige, dass dann $(P(X))^n \not\equiv P(X^n) \pmod{n}$ gilt.

Beweisanleitung: Führe den Beweis ähnlich wie in Satz 5.1.1, schreibe also das Polynom P (vom Grad $d \geq 1$) als $aX^d + Q$. Es sei dann m der Grad von Q und K die größte natürliche Zahl zwischen 1 und $n - 1$ mit $\binom{n}{K} \not\equiv 0 \pmod{n}$. Zeige, dass der $(dK + m(n - K))$-te Koeffizient von $(P(X))^n$ nicht durch n teilbar ist.

5.1.13. Aufgabe. Man gebe eine zusammengesetzte Zahl n und natürliche Zahlen a, b zwischen 1 und $n - 1$ an derart, dass

$$(aX + b)^n \equiv aX^n + b \pmod{n}$$

gilt. Dies zeigt, dass die Bedingung über die Teilerfremdheit von a und n in Aufgabe 5.1.12 nicht weggelassen werden kann.

5.2 Die Idee des AKS-Algorithmus

Um von unserer im vorigen Abschnitt formulierten vagen Idee ausgehend tatsächlich einen echten effizienten Primzahltest entwickeln zu können, müssen wir Kongruenzen der Form

$$(P(X))^n \equiv P(X^n) \quad (\mathrm{mod}\ n, Q) \tag{5.5}$$

untersuchen, wobei P und Q Polynome sind und n eine zusammengesetzte Zahl ist. Im Folgenden schreiben wir zur Abkürzung $R := (P(X))^n - P(X^n)$, so dass sich (5.5) liest als $R \equiv 0 \ (\mathrm{mod}\ n, Q)$.

Es scheint zunächst so, als ob wir bei der Untersuchung dieser Kongruenz wohl oder übel modulo der zusammengesetzten Zahl n rechnen müssten. Wir haben bereits in Kapitel 3 gesehen, dass das wesentlich unschöner ist als im Fall einer Primzahl. Solche Unannehmlichkeiten können wir bei unseren Betrachtungen aber durch einen Trick umgehen: Anstatt der Zahl n betrachten wir einen Primfaktor p von n. Können wir nämlich (effizient) P und Q derart finden, dass

$$R \not\equiv 0 \quad (\mathrm{mod}\ p, Q), \tag{5.6}$$

ist, so folgt erst recht

$$R \not\equiv 0 \quad (\mathrm{mod}\ n, Q).$$

Dieser Schritt mag seltsam erscheinen, denn wir kennen den Primfaktor p ja bei der Ausführung des Algorithmus im Allgemeinen nicht. Ansonsten wüssten wir schon, dass n zusammengesetzt ist! Dass wir die Zahl p nicht explizit bei der Formulierung unseres Algorithmus verwenden können, ändert aber nichts an der *mathematischen Tatsache*, dass ein solcher Primfaktor existiert. Und nur das werden wir bei unseren Überlegungen verwenden.

Unser Trick wirft aber dennoch eine Frage auf. Nach den Ergebnissen des vorigen Abschnitts wissen wir, dass für eine zusammengesetzte Zahl n stets Polynome P existieren derart, dass $R \not\equiv 0 \ (\mathrm{mod}\ n)$ gilt. Ist das immer noch richtig, wenn wir n durch den Primfaktor p ersetzen? Falls nicht, so stehen wir vor einem Problem.

Mit etwas Überlegung, und unter Erinnerung an den Beweis von Satz 5.1.3, sehen wir, dass es zwei Fälle zu unterscheiden gibt. Besitzt n zwei *verschiedene* Primteiler p und q, so gilt in der Tat noch immer

$$(X + a)^n \not\equiv X^n + a \quad (\mathrm{mod}\ p)$$

für jede zu n teilerfremde Zahl a, siehe dazu Aufgabe 5.2.2.

Ist andererseits p der *einzige* Primteiler von n, also $n = p^k$ für ein $k > 1$, dann sieht die Situation anders aus. Es folgt nämlich aus Satz 5.1.1, dass für alle $m \geq 1$

$$(P(X))^{p^m} \equiv P(X^{p^m}) \quad (\text{mod } p)$$

gilt (Aufgabe 5.2.1). Insbesondere ist

$$(P(X))^n \equiv P(X^n) \quad (\text{mod } p),$$

wir können also mit Hilfe der Kongruenz (5.6) eine solche Zahl n niemals als zusammengesetzt erkennen.

Das könnte uns zunächst entmutigen, aber algorithmisch gesehen stellt es zum Glück kein großes Problem dar. Schließlich lassen sich Potenzen einer natürlichen Zahl effizient als solche erkennen – wir erinnern an Aufgabe 2.3.7. Wir können solche Zahlen also gleich zu Beginn unseres Algorithmus ausschließen und müssen nur noch zusammengesetzte Zahlen behandeln, die mindestens zwei verschiedene Primfaktoren besitzen. Für diese hat unser Trick Aussicht auf Erfolg.

Als nächstes beschäftigen wir uns mit der Frage, auf welche Art und Weise wir die Polynome P und Q auswählen. Es gibt eine Vielzahl von Möglichkeiten, aber zwei Varianten erscheinen besonders plausibel:

(a) Wir wählen ein *festes* Polynom P, welches den Voraussetzungen von Satz 5.1.3 (oder von Aufgabe 5.1.12) genügt, etwa $P = X - 1$. Dann testen wir die Kongruenz (5.5) für eine *kleine* Anzahl von Polynomen Q.

(b) Wir finden zu Beginn ein passendes Polynom Q und prüfen die Kongruenz (5.5) für eine *kleine* Anzahl von Polynomen P.

Die Vorgehensweise in (a) ist motiviert dadurch, dass wir bereits wissen, dass das feste Polynom R modulo n, und nach Aufgabe 5.2.2 auch modulo p, nicht zu Null kongruent ist. Wir würden erwarten, nicht allzu viele verschiedene Polynome Q testen zu müssen, um eines zu finden, welches kein Teiler von R modulo p ist und daher die Kongruenz (5.6) nicht erfüllt.

In der Tat können wir auf dieser Grundlage im nächsten Abschnitt einen einfachen *randomisierten* Primzahltest – den *Algorithmus von Agrawal und Biswas* – beschreiben. Basierend auf unserer Analyse des AKS-Algorithmus werden wir im Nachhinein auch sehen, dass sich aus Ansatz (a) tatsächlich ein effizienter *deterministischer* Algorithmus entwickeln lässt; vergleiche Anmerkung 7.2.4.

Es stellt sich aber heraus, dass Ansatz (b) mathematisch einfacher zu analysieren ist. Der Grund hierfür liegt darin, dass die Modularrechnung bezüglich eines *festen* Polynoms einfacher ist, als eine gegebene Kongruenz modulo *verschiedener* Polynome zu untersuchen.

Daher ist es Ansatz (b), auf dessen Grundlage wir den AKS-Algorithmus entwickeln. Die erwartete Struktur können wir wie folgt formulieren:

GRUNDSTRUKTUR DES AKS-ALGORITHMUS

Eingabe: Eine natürliche Zahl $n > 1$.

1. Ist n die Potenz einer anderen natürlichen Zahl $a < n$, also $n = a^b$ mit $b > 1$, so antworte „n ist zusammengesetzt".

2. Andernfalls wähle ein „geeignetes" Polynom Q.

3. Überprüfe die Kongruenzen

$$(P_i(X))^n \equiv P_i(X^n) \pmod{n, Q}$$

   für „geeignete" Polynome $P_1, \dots, P_\ell$.

4. Ist eine dieser Kongruenzen nicht erfüllt, so antworte „n ist zusammengesetzt".

5. Andernfalls antworte „n ist prim".

(Hierbei dürfen ℓ und der Grad von Q höchstens polynomiell mit $\log n$ wachsen.)

Um aus diesem Plan einen echten Algorithmus zu machen, müssen wir nun, wie oben besprochen, noch einiges klären:

(1) Es sei n eine zusammengesetzte Zahl, aber keine Primzahlpotenz, und es sei p ein Primteiler von n. Ist Q ein geeignetes Polynom, so können wir (ohne Kenntnis von p) effizient ein Polynom P finden mit

$$(P(X))^n \not\equiv P(X^n) \pmod{p, Q}.$$

(2) Für jedes n gibt es ein solches „geeignetes" Polynom Q, dessen Grad polynomiell in $\log n$ ist und welches sich effizient finden lässt.

Die erste dieser Behauptungen werden wir im nächsten Kapitel präzisieren und beweisen. Punkt (2) wird in Kapitel 7 behandelt, womit wir unsere Behandlung des AKS-Algorithmus abschließen können.

Aufgaben

5.2.1. Aufgabe (!). Es sei p eine Primzahl und $m \in \mathbb{N}$. Ferner sei ein Polynom P mit ganzzahligen Koeffizienten gegeben. Man zeige per Induktion nach m und mit Hilfe von Satz 5.1.1:

$$(P(X))^{p^m} \equiv P(X^{p^m}) \pmod{p}.$$

5.2.2. Aufgabe (!). Es sei n eine zusammengesetzte Zahl, die zwei verschiedene Primteiler p und q besitzt. Zeige, dass

$$(X + a)^n \not\equiv X^n + a \quad (\text{mod } p)$$

für alle zu n teilerfremden Zahlen a gilt. (*Hinweis*: Verwende Aufgabe 5.1.4 (b).)

Weiterführende Übungen und Anmerkungen

5.2.3. Wir haben versucht, unsere Wahl der Strategie (b) mathematisch zu begründen. Das ist aber nur die halbe Wahrheit. Denn wir wissen dank der Arbeit von Agrawal, Kayal und Saxena bereits, dass dieser Ansatz zum Erfolg führt – im Nachhinein ist es einfacher, zu erklären, warum! Ohne solches Wissen ist es viel schwieriger, zu erkennen, welcher Ansatz erfolgversprechender ist, und es ist dann am besten, alternative Vorgehensweisen stets im Auge zu behalten.

In der Tat haben Agrawal und seine Studenten es zu Beginn ihrer Forschungen gerade *nicht* mit (b), sondern eben mit (a) versucht, dann aber im Laufe der Zeit ihren Ansatz geändert. Genau dadurch sind sie am Ende erfolgreich gewesen.

5.3 Der Agrawal-Biswas-Test

Wir verwenden jetzt Satz 5.1.3, um einen randomisierten Monte-Carlo-Algorithmus für das Problem COMPOSITES zu erhalten. (Wir hatten in Abschnitt 4.5 schon einen solchen kennengelernt, nämlich den Algorithmus von Miller-Rabin.) Der Test, den wir hier besprechen, wurde 1999 gemeinsam von Manindra Agrawal und seinem Doktorvater, Somenath Biswas, vorgestellt (veröffentlicht 2003, siehe [AB]). Auch wenn er aus praktischer Sicht nicht mit dem Miller-Rabin-Algorithmus mithalten kann, ist er ein Hinweis darauf, dass Satz 5.1.3 zu effizienten Primzahltests führen könnte. Historisch gesehen stellt er einen ersten Schritt zur Entwicklung des AKS-Primzahltests dar.

Die Idee ist sehr einfach: Wir wählen ein beliebiges Polynom P wie in Satz 5.1.3 oder Aufgabe 5.1.12; der Einfachheit halber verwenden wir $P = X - 1$. Dann wählen wir (zufällig) ein Polynom Q des Grades $q := \lceil \log n \rceil$ aus und überprüfen, ob

$$(P(X))^n - P(X^n) \equiv 0 \quad (\text{mod } n, Q)$$

gilt.

Wir müssen dann für eine zusammengesetzte Zahl n die Wahrscheinlichkeit, dass diese Kongruenz für ein zufällig ausgesuchtes Polynom Q nicht erfüllt ist, nach unten abschätzen. Wie im vorigen Abschnitt erläutert, ist es bei unseren Untersuchungen sinnvoll, Kongruenzen modulo eines Primteilers p von n zu betrachten anstatt Kongruenzen modulo n selbst.

Es sei also wieder n eine zusammengesetzte natürliche Zahl, welche keine Primzahlpotenz ist, und es sei p ein Primteiler von n. Wir bezeichnen mit Q

die Menge aller normierten Polynome des Grades $q := \lceil \log n \rceil$ mit Koeffizienten zwischen 0 und $p - 1$ und halten diese Notation fest. Wir fragen uns, wie viele Polynome Q in $\mathcal{Q}$ modulo p das Polynom

$$R := (P(X))^n - P(X^n)$$

teilen können. Beachte, dass wir nach Aufgabe 5.2.2 wissen, dass $R \not\equiv 0 \pmod{p}$ gilt! Wir verwenden ohne Beweis den folgenden Satz über die Anzahl von irreduziblen Polynomen, der aus [LiN, Corollary 3.12] folgt.

5.3.1. Satz (Anzahl irreduzibler Polynome modulo p).
Die Anzahl der modulo p irreduziblen Polynome in $\mathcal{Q}$ beträgt mindestens $\frac{p^q}{q} - p^{q/2}$.

Bemerkung. Dieser Satz ist als eine Art Verallgemeinerung des Primzahlsatzes anzusehen. In der Tat ist die Anzahl der Polynome in $\mathcal{Q}$ genau $N := p^q$. Der Satz sagt also, dass die Anzahl der irreduziblen Elemente asymptotisch mindestens so schnell wie $N / \log N$ wächst.

5.3.2. Folgerung (Anzahl irreduzibler Polynome in $\mathcal{Q}$).
Ist $p \geq 5$, so beträgt die Anzahl der modulo p irreduziblen Polynome in $\mathcal{Q}$ mindestens $\frac{p^q}{2q}$.

Beweis. Nach Satz 5.3.1 beträgt die gesuchte Anzahl mindestens $\frac{p^q}{q} - p^{q/2}$. Wir können das umformulieren als

$$\frac{p^q}{q} \cdot \left(1 - \frac{q}{p^{q/2}}\right)$$

und sehen, dass der Bruch $q/p^{q/2}$ sehr klein wird, wenn p nur groß genug ist. Um die Behauptung zu beweisen, müssen wir genauer zeigen, dass

$$\frac{q}{p^{q/2}} < \frac{1}{2}$$

ist, wenn $p \geq 5$ gilt. Das folgt aber sofort, denn

$$p^{q/2} > 4^{q/2} = 2^q \geq 2q.$$

Die letzte Ungleichung kommt dabei aus Aufgabe 1.1.8 (a). ∎

Damit wissen wir, dass Q ziemlich viele irreduzible Polynome enthält. Allerdings können höchstens n/q dieser Polynome Faktoren von R modulo p sein. Denn R kann – da p eine Primzahl ist – eindeutig in modulo p irreduzible Faktoren zerlegt werden (Aufgabe 3.5.15). Die Summe der Grade dieser Faktoren ist genau der Grad von R, also höchstens n. Daher ist die Anzahl der irreduziblen Faktoren von R, welche Grad q haben, wie behauptet höchstens n/q, und es folgt:

5.3.3. Hilfssatz (Viele Polynome teilen R nicht).
Sei $p \geq 5$. Dann ist die Anzahl der Polynome in Q, die modulo p keine Teiler von R sind, mindestens $p^q/4q$.

Beweis. Die Anzahl der irreduziblen Polynome in Q ist nach Folgerung 5.3.2 mindestens $p^q/2q$. Die Anzahl der irreduziblen Polynome in Q, welche R teilen, ist höchstens n/q. Daher ist die gesuchte Anzahl mindestens

$$\frac{p^q}{2q} - \frac{n}{q} = \frac{p^q - 2n}{2q}.$$

Es geht nun darum, einzusehen, dass p^q genügend größer als $2n$ ist. Dazu erinnern wir daran, dass $q = \lceil \log n \rceil$ ist und $n \geq p > 4$, also

$$p^q \geq p^{\log n} = n^{\log p} > n^2 > 4n.$$

Die gesuchte Anzahl ist dann mindestens

$$\frac{p^q - 2n}{2q} = \frac{2p^q - 4n}{4q} > \frac{2p^q - p^q}{4q} = \frac{p^q}{4q}. \qquad \blacksquare$$

5.3.4. Folgerung (Wahrscheinlichkeit, einen Nicht-Teiler zu finden).
Sei $p \geq 5$ und sei Q ein zufällig gewähltes normiertes Polynom des Grades q mit Koeffizienten zwischen 0 und $n-1$. Dann beträgt die Wahrscheinlichkeit, dass Q modulo p kein Teiler von R ist, mindestens

$$\frac{1}{4q}.$$

Beweis. Bezeichnen wir mit Q' die Menge der normierten Polynome vom Grad q mit Koeffizienten zwischen 0 und $n-1$, so enthält Q' genau n^q verschiedene Polynome. Jedes von diesen wird mit derselben Wahrscheinlichkeit, also $1/n^q$, ausgewählt.

Nach Hilfssatz 5.3.3 gibt es mindestens $p^q/4q$ Polynome in $\mathcal{Q}$, die keine Teiler von R modulo p sind. Jedes Polynom in $\mathcal{Q}$ ist modulo p zu genau $(n/p)^q$ verschiedenen Polynomen aus $\mathcal{Q}'$ kongruent. (Die Leserin überlege sich selbst, warum!)

Also enthält $\mathcal{Q}'$ insgesamt mindestens $(p^q/4q) \cdot (n/p)^q = n^q/4q$ Polynome, die R modulo p nicht teilen. Die Wahrscheinlichkeit, ein solches auszuwählen, ist dann mindestens

$$\frac{n^q}{4q} \cdot \frac{1}{n^q} = \frac{1}{4q},$$

wie behauptet.   ∎

Nun können wir unseren Algorithmus formulieren.

ALGORITHMUS VON AGRAWAL UND BISWAS

Eingabe: Eine natürliche Zahl $n \geq 2$.

1. Ist $n = 2$ oder $n = 3$, so antworte „n ist prim".

2. Andernfalls, ist n durch 2 oder 3 teilbar, so antworte „n ist zusammengesetzt".

3. Ist n echte Potenz einer natürlichen Zahl, so antworte „n ist zusammengesetzt".

4. Andernfalls wähle zufällig ein normiertes Polynom Q vom Grad $q = \lceil \log n \rceil$ und mit den übrigen Koeffizienten zwischen 0 und $n - 1$ aus.

5. Überprüfe, ob

$$(X - 1)^n \equiv X^n - 1 \quad (\mathrm{mod}\ n, Q)$$

gilt.

6. Falls nein, antworte „n ist zusammengesetzt". Falls ja, antworte „n ist wahrscheinlich prim".

Die ersten beiden Schritte lassen sich effizient durchführen; sie stellen sicher, dass der kleinste Primteiler von n mindestens 5 ist, damit wir Folgerung 5.3.4 anwenden können. Der dritte Schritt – der Test, ob n eine Primzahlpotenz ist – ist ebenfalls effizient möglich (Aufgabe 2.3.7).

Für den vierten Schritt müssen wir zufällig q Zahlen zwischen 0 und $n - 1$ auswählen (die Koeffizienten des Polynoms).

Da $q = \lceil \log n \rceil$ ist, ist das effizient möglich. Dass Schritt **5.** sich effizient durchführen lässt, haben wir bereits in Aufgabe 5.1.6 gesehen. Also ist der Algorithmus von Agrawal und Biswas effizient.

Ist n zusammengesetzt, so wird das nach Folgerung 5.3.4 mindestens mit einer Wahrscheinlichkeit von $1/(4\lceil \log n \rceil)$ erkannt. Wie schon bei der zufälligen Erzeugung von Primzahlen ist es dabei wichtig, dass die Fehlerwahrscheinlichkeit polynomiell in $1/\log n$ ist. Ist n eine zusammengesetzte Zahl, so müssen wir daher den Algorithmus im Durchschnitt nur $4\lceil \log n \rceil$-mal ausführen, um sie als solche zu erkennen (Aufgabe 2.5.5.) Führen wir den Algorithmus von Agrawal und Biswas also $8\lceil \log n \rceil$-mal aus, beträgt die Wahrscheinlichkeit, dass n als zusammengesetzt erkannt wird, mindestens 50% (Aufgabe 2.5.9). Damit haben wir in der Tat einen neuen Monte-Carlo-Algorithmus für Zusammengesetztheit gefunden.

Bemerkung. Mit etwas mehr Sorgfalt kann man zeigen, dass die Fehlerwahrscheinlichkeit im Algorithmus von Agrawal und Biswas (ohne Mehrfachausführung) höchstens 1/3 beträgt, was natürlich wesentlich besser als die Schranke von $1/4\lceil \log n \rceil$ ist. Für Details verweisen wir auf den Artikel [AB].

Kapitel 6

Der Satz von Agrawal, Kayal und Saxena

In diesem Kapitel wenden wir uns Punkt (1) aus Abschnitt 5.2 zu. Dabei ging es um eine natürliche Zahl n, die keine Primzahlpotenz ist, und einen Primfaktor p von n. Wir wollen zeigen, dass wir für „geeignetes" Q effizient ein Polynom P finden können derart, dass

$$(P(X))^n \not\equiv P(X^n) \pmod{p, Q}$$

gilt.

Konvention 6.1.
Für den Rest dieses Kapitels sei $n \geq 2$ eine natürliche Zahl und p ein Primfaktor von n. Ist Q ein Polynom, so bezeichnen wir mit $\mathcal{P}_Q$ die Menge aller Polynome P, die

$$(P(X))^n \equiv P(X^n) \pmod{p, Q} \tag{6.1}$$

erfüllen.

Ist n eine Potenz von p, so gehört, unabhängig von Q, jedes Polynom zu $\mathcal{P}_Q$ (Aufgabe 5.2.1). Wir wollen zeigen, dass andernfalls bei geeigneter Wahl von Q die Menge $\mathcal{P}_Q$ in einem gewissen Sinne „nicht zu groß" ist und dass wir insbesondere effizient ein Polynom finden können, welches nicht zu $\mathcal{P}_Q$ gehört.

In Abschnitt 6.1 formulieren wir diese Aussage – den *Satz von Agrawal, Kayal und Saxena* – präzise und legen uns in der Wahl des Polynoms Q fest. Daraufhin behandelt Abschnitt 6.2 die Idee, die dem Beweis zugrunde liegt, während die Hauptarbeit in Abschnitt 6.3 geleistet wird. Dieser liefert uns eine Abschätzung über die Anzahl der Polynome vom Grad Eins in $\mathcal{P}_Q$.

Zu guter Letzt diskutieren wir in Abschnitt 6.4 die irreduziblen Faktoren von *Kreisteilungspolynomen* modulo einer Primzahl p. Das ist notwendig, um aus dem Ergebnis des Abschnittes 6.3 den Satz von Agrawal, Kayal und Saxena in seiner in Abschnitt 6.1 vorgestellten Form herzuleiten.

6.1   Die Aussage des Satzes

Das Ziel des gesamten Kapitels ist es, folgenden Satz zu beweisen:

6.1.1. Satz (Satz von Agrawal, Kayal und Saxena).
Es sei r eine zu n teilerfremde Primzahl mit $\mathrm{ord}_r(n) > 4(\log n)^2$ und $Q := X^r - 1$. Ist n keine Potenz von p, so gibt es weniger als r Polynome der Form $P = X + a$ mit $0 \le a < p$, die (6.1) erfüllen.

Zunächst einmal stellen wir fest, dass dieser Satz – ist er erst einmal bewiesen – tatsächlich das von uns Gewünschte leistet. Können wir nämlich eine Zahl r mit den gewünschten Eigenschaften so finden, dass r höchstens polynomiell mit $\log n$ wächst, dann müssen wir nur noch r verschiedene Zahlen a daraufhin überprüfen, ob (6.1) gilt. Ist das für ein a nicht der Fall, so ist n zusammengesetzt; andernfalls ist n eine Primzahl oder eine Primzahlpotenz. (Dass es möglich ist, so ein r zu finden, sehen wir im nächsten Kapitel.)

Warum verwenden wir $Q = X^r - 1$? Einer der Gründe dafür, dass das eine gute Wahl ist, ergibt sich aus der folgenden Beobachtung. Sie besagt, dass eine Kongruenz modulo Q und n gleich eine Vielzahl von anderen Kongruenzen zur Folge hat, was sich im Beweis von Satz 6.1.1 als äußerst nützlich erweist.

6.1.2. Hilfssatz.
Es seien $r \in \mathbb{N}$, $Q := X^r - 1$ und $m \in \mathbb{N}$.

(a) Es gilt $Q(X^m) = X^{rm} - 1 \equiv 0 \pmod{Q}$.

(b) Ist P ein Polynom mit $P \equiv 0 \pmod{n, Q}$, so gilt

$$P(X^m) \equiv 0 \pmod{n, Q}.$$

Beweis. Die erste Behauptung besagt nichts anderes, als dass $X^r - 1$ ein Teiler von $X^{rm} - 1$ ist. Das lässt sich durch folgende Rechnung überprüfen:

$$X^{rm} - 1 = (X^r - 1)(X^{(m-1)r} + X^{(m-2)r} + \cdots + X^r - 1).$$

(Auf diese Darstellung kommt man z.B. durch Polynomdivision.)

Nun seien n und P wie in (b) gegeben. Nach Voraussetzung ist Q ein Teiler von P modulo n, also gibt es ein Polynom R mit $P \equiv R \cdot Q \pmod{n}$. Setzen wir in dieser Kongruenz X^m für X ein, so erhalten wir insbesondere

$$P(X^m) \equiv R(X^m)Q(X^m) \pmod{n}.$$

Das Polynom $Q(X^m)$ teilt also $P(X^m)$ modulo n. Andererseits ist Q nach der ersten Aussage des Hilfssatzes ein Teiler von $Q(X^m)$. Also teilt Q auch $P(X^m)$ modulo n, wie behauptet. ∎

Weiterführende Übungen und Anmerkungen

6.1.3. Der Original-Artikel von Agrawal, Kayal und Saxena beweist eine etwas stärkere Version von Satz 6.1.1 als die von uns formulierte. Insbesondere kann „weniger als r" im Satz durch „weniger als $2\sqrt{r}\log n$" ersetzt werden; vergleiche Aufgabe 6.3.6. Außerdem ist es nicht notwendig, zu fordern, dass r eine Primzahl ist; siehe Anmerkung 6.4.10. Vergleiche auch Abschnitt 7.3.

6.2   Die Beweisidee

Konvention 6.2.
Zusätzlich zu Konvention 6.1 sei ab jetzt $r \in \mathbb{N}$, $Q := X^r - 1$ und $\mathcal{P} := \mathcal{P}_Q$.

Nach Satz 5.1.1 wissen wir, dass jedes Polynom $P \in \mathcal{P}$ neben (6.1) auch die Kongruenz

$$P(X^p) \equiv (P(X))^p \pmod{p, Q}$$

erfüllt. Aufgrund unserer Wahl von Q gilt eine ähnliche Aussage dann sofort für eine größere Menge von Zahlen:

6.2.1. Hilfssatz.
Es sei P ein Polynom, und es seien m_1 und m_2 natürliche Zahlen mit

$$(P(x))^{m_1} \equiv P(X^{m_1}) \quad und \quad (P(x))^{m_2} \equiv P(X^{m_2}) \pmod{p, Q}.$$

Dann gilt auch für $m := m_1 \cdot m_2$:

$$(P(X))^m \equiv P(X^m) \pmod{p, Q}. \tag{6.2}$$

Beweis. Es gilt $(P(X))^{m_1} \equiv P(X^{m_1})$ modulo p und Q. Nach Hilfssatz 6.1.2 ist also auch

$$(P(X^{m_2}))^{m_1} \equiv P(X^{m_1 \cdot m_2}) \quad (\mathrm{mod}\ p, Q).$$

Da außerdem $(P(X))^{m_2} \equiv P(X^{m_2})$ ist, folgt

$$(P(X))^{m_1 \cdot m_2} = ((P(X))^{m_2})^{m_1} \equiv (P(X^{m_2}))^{m_1} \equiv P(X^{m_1 \cdot m_2}) \quad (\mathrm{mod}\ p, Q),$$

wie behauptet. ∎

6.2.2. Folgerung.
Ist $P \in \mathcal{P}$, so gilt (6.2) für jede Zahl m der Form $m = n^i \cdot p^j$ mit $i, j \geq 0$.

Beweis. Wie oben bemerkt erfüllen p und n beide die Bedingung (6.2). Die Behauptung folgt dann aus wiederholter Anwendung des vorigen Hilfssatzes. ∎

Ist n keine Potenz von p, so gibt es also ziemlich viele Zahlen m, die (6.2) gleich für alle Polynome in $\mathcal{P}$ erfüllen. Das ist eine starke Bedingung, und unten sehen wir in Satz 6.3.4, dass $\mathcal{P}$ dann nicht allzu groß sein kann. Andererseits hat $\mathcal{P}$ aber auch die schöne Eigenschaft, dass wir aus verschiedenen Elementen von $\mathcal{P}$ neue basteln können.

6.2.3. Hilfssatz.
Sind $P_1, P_2 \in \mathcal{P}$, so gilt ebenfalls $P_1 \cdot P_2 \in \mathcal{P}$.

Beweis. Aus der Definition von $\mathcal{P}$ folgt sofort

$$(P_1 \cdot P_2)(X^n) = P_1(X^n) \cdot P_2(X^n)$$
$$\equiv (P_1(X))^n \cdot (P_2(X))^n = ((P_1 \cdot P_2)(X))^n \quad (\mathrm{mod}\ p, Q). \quad ∎$$

Falls wir also für eine gewisse Anzahl von Polynomen überprüfen, dass (6.1) erfüllt ist, so haben wir das dadurch gleichzeitig für eine viel größere Menge von Polynomen verifiziert. Wenn es in $\mathcal{P}$ viele Polynome des Grades Eins gibt, dann liefert uns Hilfssatz 6.2.3 noch viel mehr Elemente in $\mathcal{P}$ von nicht allzu großem Grad. (Das werden wir in Satz 6.3.3 präzisieren.) Insbesondere führen die Beobachtungen aus diesem Abschnitt im Falle, dass n keine Primzahlpotenz ist, zu einer Beschränkung der Größe von $\mathcal{P}$ sowohl nach oben als auch nach unten.

Weiterführende Übungen und Anmerkungen

6.2.4. Agrawal, Kayal und Saxena bezeichnen in ihrem Artikel die Zahlen m, welche (6.2) erfüllen, als „introspektive" Zahlen.

6.3   Anzahl der Polynome in $\mathcal{P}$

Nach all diesen Vorüberlegungen geht es endlich richtig zur Sache – wir verrichten jetzt die wesentliche Arbeit für den Beweis von Satz 6.1.1. Wir müssen aber vorher noch eine winzige Änderung unserer Betrachtungsweise vornehmen. Im vorigen Abschnitt sprachen wir immer davon, modulo Q zu rechnen. Nun ist das Polynom Q aber nicht irreduzibel (es wird von $X - 1$ geteilt), und die Modularrechnung bezüglich eines solchen Polynoms bringt, ebenso wie die bezüglich einer zusammengesetzten Zahl, schnell Probleme mit sich.

Die Lösung ist uns aber bereits aus Abschnitt 5.2 bekannt. Nach Aufgabe 3.5.14 besitzt Q einen modulo p irreduziblen Faktor H. (Welche Eigenschaften solch ein Faktor H hat, untersuchen wir im nächsten Abschnitt.) Für jedes Polynom P, das (6.1) erfüllt, gilt dann erst recht

$$(P(X))^n \equiv P(X^n) \quad (\mathrm{mod}\ p, H). \tag{6.3}$$

Wir können also von nun an H festhalten und unsere Überlegungen modulo H ausführen.

Wie viele Polynome gibt es in $\mathcal{P}$, die modulo p und H verschieden sind? Wir bezeichnen diese Anzahl im Folgenden mit A. Das ist sicherlich eine endliche Zahl – schließlich ist jedes Polynom zu einem Polynom kongruent, dessen Koeffizienten zwischen 0 und $p - 1$ liegen und dessen Grad kleiner als der von H ist. Und das ist eine endliche Menge!

Wie angekündigt werden wir jetzt sowohl eine obere als auch eine untere Schranke für A ableiten. Um das zu tun, müssen wir uns zunächst die Frage stellen, woran wir erkennen, dass zwei Polynome aus $\mathcal{P}$ modulo p und H zueinander kongruent sind. Zum Glück ist das nicht so schwierig: Der folgende Hilfssatz zeigt, dass alle Polynome genügend kleinen Grades, die modulo p verschieden sind, auch modulo p und H nicht zueinander kongruent sind.

6.3.1. Hilfssatz.
Es bezeichne t die Anzahl der modulo p und H verschiedenen Polynome der Form $X^{n^i \cdot p^j}$ mit $i, j \geq 0$. (Wir verwenden diese Bezeichnung für den Rest des Kapitels.) Es seien P_1 und P_2 Polynome in $\mathcal{P}$, deren Grad kleiner als t ist. Gilt dann $P_1 \equiv P_2 \pmod{p, H}$, so auch $P_1 \equiv P_2 \pmod{p}$.

Beispiel. Wir betrachten den Fall $n = 38$, $p = 19$, $r = 5$. Das Polynom $X^5 - 1$ hat modulo p die irreduzible Zerlegung

$$X^5 - 1 \equiv (X - 1) \cdot (X^2 + 5X + 1) \cdot (X^2 - 4X + 1) \pmod{19}. \tag{6.4}$$

Mit einer einfachen Rechnung lässt sich überprüfen, dass die Kongruenz tatsächlich richtig ist. Die beiden Faktoren vom Grad zwei haben keine Nullstellen modulo p und lassen sich deshalb nicht in Faktoren vom Grad Eins zerlegen. Sie sind also irreduzibel modulo p. (Wie man die Faktoren in (6.4) findet, ist eine andere Frage.)

Wir wählen $H = X^2 + 5X + 1$ und bestimmen die Zahl t. Zunächst einmal ist $X^5 \equiv 1 \pmod{p, H}$, denn H teilt ja das Polynom $X^5 - 1$. Es gilt also

$$X^0 = 1;$$
$$X^p = X^{19} = (X^5)^3 \cdot X^4 \equiv X^4 \equiv 18X + 14 \pmod{p, H};$$
$$X^n = X^{38} = (X^5)^7 \cdot X^3 \equiv X^3 \equiv 5X + 5 \pmod{p, H};$$
$$X^{p \cdot n} = X^p \cdot X^n \equiv X^3 \cdot X^4 \equiv X^2 \equiv 14X + 18 \pmod{p, H};$$
$$X^{p^2} \equiv X^{16} \equiv X \pmod{p, H}.$$

Dabei haben wir jeweils am Ende, falls nötig, eine Polynomdivision durchgeführt, um als Ergebnis ein Polynom zu erhalten, das kleineren Grad als H hat.

Wir sehen also, dass diese fünf Polynome nicht zueinander kongruent sind; es folgt $t = 5$. Kennen wir nun zwei Polynome aus $\mathcal{P}$, die nicht modulo p kongruent sind und die beide höchstens den Grad 4 haben, so wissen wir nach dem Hilfssatz, dass sie auch modulo p und H nicht kongruent sind. Das ist sehr nützlich!

Beweis von Hilfssatz 6.3.1. Nach Folgerung 6.2.2 und nach Voraussetzung gilt

$$P_1(X^m) \equiv (P_1(X))^m \equiv (P_2(X))^m \equiv P_2(X^m) \pmod{p, H}$$

für jede Zahl m der Form $m = p^j \cdot n^i$. Mit anderen Worten ist für jedes solche m das Polynom X^m eine *polynomiale Nullstelle* von

$$T := P_1(Y) - P_2(Y)$$

modulo p und H. Nach Definition von t hat $T(Y)$ also mindestens t verschiedene polynomiale Nullstellen modulo p und H.

Andererseits ist nach unserer Voraussetzung an P_1 und P_2 der Grad des Polynoms T auf jeden Fall kleiner als t. Nach Satz 3.5.6 ist daher $T \equiv 0 \pmod{p}$, wie behauptet. ∎

Enthält $\mathcal{P}$ viele Polynome vom Grad Eins, so können wir mit dem vorigen Hilfssatz eine gute untere Schranke für die Zahl A herleiten. Dazu definieren wir:

6.3.2. Definition.
Wir bezeichnen mit ℓ die Anzahl aller $a \in \mathbb{N}_0$ mit $a \leq p - 1$, für die das Polynom $X + a$ zu $\mathcal{P}$ gehört.

Bald werden wir sehen, dass ℓ außer für Primzahlpotenzen nicht allzu groß sein kann. Vorbereitend auf die nächsten Resultate erinnern wir uns:

- H ist ein irreduzibler Faktor von Q modulo p;

- A ist die Anzahl der modulo p und H verschiedenen Elemente von $\mathcal{P}$;

- t ist die Anzahl der modulo p und H verschiedenen Elemente von $\mathcal{P}$ der Form $X^{n^i \cdot p^j}$ mit $i, j \geq 0$.

6.3.3. Satz.
Es gilt $A \geq \binom{t+\ell-1}{t-1}$.

Beweis. Die Idee haben wir schon im vorigen Abschnitt erwähnt. Sei $k < t$ und seien $X + a_1, \ldots, X + a_k$ Polynome in $\mathcal{P}$ mit $0 \leq a_i < p$ für alle i zwischen 1 und k. Ihr Produkt T ist ein Polynom vom Grad kleiner als t, das nach Hilfssatz 6.2.3 auch in $\mathcal{P}$ liegt. Mit Aufgabe 3.5.11 sind die Zahlen $a_1, \ldots a_k$ bis auf Reihenfolge eindeutig durch T bestimmt.

Sind $X + b_1, \ldots, X + b_{k'} \in \mathcal{P}$ mit $k' < t$ und $0 \leq b_j < p$, so folgt weiter, dass entweder die a_i und die b_j bis auf Umbenennung übereinstimmen oder dass das Produkt $T' := \prod_{1 \leq j \leq k'} (X + b_j)$ modulo p nicht kongruent zu T ist.

Nach Hilfssatz 6.3.1 gelten diese Aussagen auch modulo p und H. Also bleibt nur die Frage, wie viele Polynome vom Grad kleiner als t wir durch Produktbildung aus den ℓ verschiedenen Polynomen vom Grad Eins in $\mathcal{P}$ erhalten können. Anders formuliert: Wie viele Möglichkeiten gibt es, aus ℓ Kugeln mit Zurücklegen, aber ohne Beachtung der Reihenfolge bis zu $t-1$ Kugeln auszuwählen? Nach Aufgabe 1.1.13 genau $\binom{t+\ell-1}{t-1}$ – und damit ist der Satz bewiesen! ∎

Wie versprochen leiten wir nach dieser *unteren* Schranke noch eine *obere* Schranke her für den Fall, dass n keine Potenz von p ist.

6.3.4. Satz.
Ist n keine Potenz von p, so gilt $A \leq n^{2\sqrt{t}}/2$.

Beweis. Ist n keine Potenz von p, so sind die Zahlen der Form $n^i \cdot p^j$ für unterschiedliche i und j stets verschieden. Wenn wir zusätzlich $0 \leq i, j \leq \lfloor \sqrt{t} \rfloor$ fordern, haben wir also genau $(\lfloor \sqrt{t} \rfloor + 1)^2 > t$ verschiedene solche Zahlen.

Nach Definition von t gibt es dann zwei Zahlen dieser Form, nennen wir sie m_1 und m_2, für die

$$X^{m_1} \equiv X^{m_2} \pmod{p, H} \tag{6.5}$$

gilt. Wir können diese so nummerieren, dass m_1 die größere ist. Dann folgt

$$m_2 < m_1 \leq (np)^{\lfloor \sqrt{t} \rfloor} \leq \frac{n^{2\sqrt{t}}}{2}.$$

Dabei haben wir in der letzten Ungleichung verwendet, dass p ein nicht-trivialer Teiler von n ist und daher $p \leq n/2$ gilt. Für alle Polynome Q in $\mathcal{P}$ ist jetzt wegen der Kongruenz (6.5) und Folgerung 6.2.2:

$$(Q(X))^{m_1} \equiv Q(X^{m_1}) \equiv Q(X^{m_2}) \equiv (Q(X))^{m_2} \pmod{p, H}.$$

Mit anderen Worten: Jedes Polynom $Q \in \mathcal{P}$ ist eine polynomiale Nullstelle von

$$R := Y^{m_1} - Y^{m_2}$$

modulo p und H. Das Polynom $R(Y)$ hat Grad m_1 modulo p; insbesondere ist $R(Y) \not\equiv 0 \pmod{p}$. Nach Satz 3.5.6 ist die Anzahl der polynomialen Nullstellen von $R(Y)$ modulo p und H durch m_1 nach oben beschränkt. Das bedeutet

$$A \leq m_1 \leq \frac{n^{2\sqrt{t}}}{2}. \qquad \blacksquare$$

Falls n keine Potenz von p ist, können wir also A sowohl von unten als auch von oben beschränken. Dabei fällt auf, dass die untere Schranke, der Binomialkoeffizient

$$\binom{t + \ell - 1}{t - 1},$$

bei genügend großem ℓ exponentiell in t wächst, die obere Schranke dagegen exponentiell in $\sqrt{t} \cdot \log n$. Ist t deutlich größer als $(\log n)^2$, so ist die obere Schranke kleiner als die untere, und das ist ein Widerspruch! Das überlegen wir uns jetzt noch einmal genau.

6.3.5. Folgerung.
Gilt $t > 4(\log n)^2$ und $\ell \geq t - 1$, so ist n eine Potenz von p.

Beweis. Nach Voraussetzung und Satz 6.3.3 ist

$$A \geq \binom{t + \ell - 1}{t - 1} \geq \binom{2(t - 1)}{t - 1} \geq 2^{t-1} = \frac{2^t}{2},$$

wobei wir die Ungleichungen für Binomialkoeffizienten aus Aufgabe 1.1.12 verwendet haben. Also wächst A in der Tat exponentiell in t.

Andererseits können wir die erste Voraussetzung auch als $\sqrt{t} > 2\log n$ schreiben, also gilt insbesondere

$$t = \sqrt{t} \cdot \sqrt{t} > 2\sqrt{t}\log n.$$

Es ist dann

$$\frac{2^t}{2} > \frac{2^{2\sqrt{t}\log n}}{2} = \frac{n^{2\sqrt{t}}}{2}$$

und insgesamt deshalb

$$A > \frac{n^{2\sqrt{t}}}{2}.$$

Nach Satz 6.3.4 ist das – wie behauptet – nur dann möglich, wenn n eine Potenz von p ist. ∎

Damit wir Folgerung 6.3.5 vernünftig anwenden können, müssen wir noch die etwas mysteriöse Zahl t in den Griff bekommen, die ja insbesondere von dem irreduziblen Faktor H von $X^r - 1$ abhängt. Damit beschäftigen wir uns im nächsten Abschnitt.

Aufgaben

6.3.6. Aufgabe. Zeige, dass in Folgerung 6.3.5 die Voraussetzung $\ell \geq t - 1$ durch die schwächere Bedingung $\ell > 2\sqrt{t}\log n$ ersetzt werden kann.

Weiterführende Übungen und Anmerkungen

6.3.7. Aufgabe. Kann die Beweisidee von Satz 6.3.4 auch im dem Fall, in dem n eine Primzahlpotenz ist, eine obere Schranke für die Zahl A liefern? Falls nein, warum nicht? Falls ja, was ist die Größenordnung dieser Schranke, und warum führt sie in Verbindung mit Satz 6.3.3 nicht zu einem Widerspruch?

6.3.8. Wir weisen darauf hin, dass wir für die Resultate in diesem Abschnitt *nicht* angenommen haben, dass r eine Primzahl ist. Vergleiche Anmerkung 6.4.10.

6.4 Kreisteilungspolynome

Wir müssen uns zu guter Letzt ein wenig genauer mit den irreduziblen Faktoren des Polynoms $X^r - 1$ modulo p befassen. Das ist besonders einfach, wenn r eine Primzahl ist – von nun an sei also r prim. Wir schreiben $X^r - 1$ als

$$X^r - 1 = (X - 1) \cdot (X^{r-1} + X^{r-2} + \cdots + X + 1)$$

(wie man sofort durch Ausmultizplizieren sieht). Das Polynom

$$K_r := X^{r-1} + X^{r-2} + \cdots + X + 1 \tag{6.6}$$

nennen wir das *r-te Kreisteilungspolynom*.

K_r ist ein irreduzibler Faktor von $X^r - 1$ über $\mathbb{Z}$ (siehe Aufgabe 6.4.4). Wir interessieren uns aber für irreduzible Faktoren *modulo einer Primzahl p*, und im Allgemeinen ist K_r modulo p nicht irreduzibel. Wir müssen also geeignete Faktoren betrachten.

6.4.1. Hilfssatz.
Es seien p und r Primzahlen mit $p \neq r$, und es sei H ein irreduzibler Faktor (modulo p) des r-ten Kreisteilungspolynoms K_r. Dann gilt

$$X^r \equiv 1 \quad (\mathrm{mod}\ p, H) \quad und$$
$$X^k \not\equiv 1 \quad (\mathrm{mod}\ p, H)$$

für alle $k = 1, \ldots, r - 1$.

Beweis. Es gilt $X^r \equiv 1 \pmod{X^r - 1}$ und daher auch

$$X^r \equiv 1 \quad (\mathrm{mod}\ p, H),$$

denn H ist ja ein Teiler von $X^r - 1$ modulo p. Es sei jetzt $k \geq 1$ die kleinste Zahl mit

$$X^k \equiv 1 \quad (\mathrm{mod}\ p, H).$$

Dann ist k ein Teiler von r (Aufgabe 6.4.3). Da r prim ist, gilt also entweder $k = r$ oder $k = 1$.

Nehmen wir an, dass $k = 1$ ist. Das bedeutet $X - 1 \equiv 0 \pmod{p, H}$, und da H modulo p irreduzibel ist, folgt $H \equiv X - 1 \pmod{p}$. Es ist also $X - 1$ ein Teiler von K_r modulo p, oder anders ausgedrückt $X - 1 \equiv 0 \pmod{p, K_r}$. Damit ist insbesondere $K_r(1) = 0$ modulo p. Andererseits gilt

$$K_r(1) = 1 + 1 + \cdots + 1 = r \not\equiv 0 \quad (\mathrm{mod}\ p),$$

ein Widerspruch. Also ist $k = r$ wie behauptet. ∎

6.4.2. Folgerung.
Es seien r und p Primzahlen mit $r \neq p$ und H ein irreduzibler Faktor (modulo p) des r-ten Kreisteilungspolynoms K_r. Es sei außerdem $n \in \mathbb{N}$ ein beliebiges Vielfaches von p mit $\mathrm{ggT}(n, r) = 1$, und t so definiert wie in Hilfssatz 6.3.1.
  Dann gilt

$$\mathrm{ord}_r(n) \leq t \leq r.$$

Beweis. Wir erinnern an die Definition von t – es bezeichnet die Anzahl der modulo p und H verschiedenen Polynome der Form X^m, wobei m ein Produkt von Potenzen von n und p ist.

Die Ordnung $\mathrm{ord}_r(n)$ ist nach Definition genau die Anzahl paarweise verschiedener Elemente der Form $m = n^j$ modulo r. Sind m_1, m_2 verschiedene Potenzen von n modulo r, so ist nach Hilfssatz 6.4.1 auch $X^{m_1} \neq X^{m_2}$ (modulo p und H). Damit ist die erste Ungleichung bewiesen.

Andererseits gibt es nach Hilfssatz 6.4.1. überhaupt höchstens r verschiedene Polynome der Form X^m modulo p und H, ganz gleichgültig, welche Form m hat. Damit ist auch die zweite Ungleichung bewiesen.   ∎

Beweis von Satz 6.1.1. Es seien n und p wie zuvor, also p eine Primzahl und n ein Vielfaches von p, und es sei außerdem r eine zu n teilerfremde Primzahl mit $\mathrm{ord}_r(n) > 4(\log n)^2$.

Da r zu n teilerfremd ist, folgt insbesondere $r \neq p$, also gilt nach Folgerung 6.4.2

$$4(\log n)^2 < t \leq r.$$

Die Anzahl aller a zwischen 0 und $p-1$, für die $X + a$ die Kongruenz (6.1) erfüllt, hatten wir im letzten Abschnitt ℓ genannt. Angenommen, es ist $\ell \geq r$. Dann gilt $\ell \geq t \geq t-1$, und mit Folgerung 6.3.5 muss n eine Potenz von p sein. Das beweist den Satz.   ∎

Aufgaben

6.4.3. Aufgabe (!). Es sei $n \geq 2$ und H ein normiertes Polynom (oder, allgemeiner, ein Polynom, dessen Leitkoeffizient zu n teilerfremd ist, so dass wir mit Rest durch H teilen können). Es sei $r \geq 1$ gegeben mit $X^r \equiv 1 \pmod{n, H}$. Zeige: Ist k die kleinste natürliche Zahl mit $X^k \equiv 1 \pmod{n, H}$, so ist k ein Teiler von r.

6.4.4. Aufgabe. Sei r eine Primzahl und K_r das r-te Kreisteilungspolynom (siehe (6.6)).

(a) Wir definieren ein Polynom K' durch $K' := K_r(X + 1)$. Zeige:

$$K' \equiv X^{r-1} \pmod{r}.$$

Hinweis: Es gilt (nach Definition von K_r): $X \cdot K' = (X + 1)^r - 1$. Wende Satz 5.1.1 an, um letzteres Polynom modulo r zu berechnen.

(b) Verwende das *Eisensteinsche Irreduzibilitätskriterium* (Aufgabe 3.5.19), um zu zeigen, dass K' irreduzibel ist.

(c) Folgere daraus, dass auch K_r irreduzibel ist.

Weiterführende Übungen und Anmerkungen

6.4.5. Das r-te Kreisteilungspolynom kann nicht nur für Primzahlen, sondern für jede natürliche Zahl r definiert werden. Für zusammengesetzte Zahlen r gilt dann aber (6.6) nicht mehr. Vielmehr ist K_r das Polynom, welches nach Teilung von $X^r - 1$ durch alle Kreisteilungspolynome K_m zurückbleibt, für die $m < r$ ein Teiler von r ist. Mit anderen Worten gilt also

$$X^r - 1 = \prod_{m|r,\ m \neq r} K_m(r). \tag{6.7}$$

Zum Beispiel ist

$$X^6 - 1 = (X-1)(X+1)(X^2+X+1)(X^2-X+1) = K_1(X) \cdot K_2(X) \cdot K_3(X) \cdot (X^2-X+1),$$

also ist $X^2 - X + 1$ das sechste Kreisteilungspolynom.

Die nächsten Aufgaben und Anmerkungen beschäftigen sich mit Eigenschaften von Kreisteilungspolynomen.

6.4.6. Aufgabe. Berechne die Kreisteilungspolynome K_r für r zwischen 1 und 10.

6.4.7. Aufgabe. (a) Zeige, dass $\operatorname{grad} K_r = \varphi(r)$ ist. (*Hinweis:* Aufgabe 3.2.14.)

(b) Es sei p eine Primzahl. Zeige, dass es eine Primitivwurzel modulo p gibt, also eine Zahl a mit $\operatorname{ord}_p(a) = p - 1$.

(*Hinweis:* Ist $\operatorname{ord}_p(a) < p - 1$, so ist a Nullstelle (modulo p) eines Polynoms K_r mit $r|(p-1)$. Wie viele Nullstellen kann dieses Polynom höchstens haben?)

6.4.8. Auch die Kreisteilungspolynome für zusammengesetztes $r \in \mathbb{N}$ sind über $\mathbb{Z}$ irreduzibel. Das ist allerdings schwieriger nachzuweisen als im Fall, dass r prim ist.

6.4.9. Aufgabe. Diese Aufgabe richtet sich an Leserinnen, welche sich mit dem Rechnen in **komplexen Zahlen** auskennen. Wir erinnern daran, dass eine komplexe Zahl z eine r-te **Einheitswurzel** heißt, wenn $z^r = 1$ gilt. Die r-ten Einheitswurzeln sind also genau die Nullstellen des Polynoms $X^r - 1$ in den komplexen Zahlen. Ferner ist z eine **primitive** r-te **Einheitswurzel**, falls außerdem $z^m \neq 1$ gilt für jede Zahl m mit $1 \leq m < r$.

(a) Wo befinden sich die r-ten Einheitswurzeln geometrisch in der komplexen Zahlenebene?

(b) Zeige, dass es genau $\varphi(r)$ primitive r-Einheitswurzeln gibt. (Verwende hierzu die Darstellung der r-ten Einheitswurzeln als $e^{2\pi i q / r}$ mit $q \in \{0, \ldots, r-1\}$.)

(c) Zeige durch Induktion, dass das r-te Kreisteilungspolynom gegeben ist durch

$$K_r(X) = \prod_{\substack{z \text{ primitive } r\text{-te} \\ \text{Einheitswurzel}}} (X - z). \tag{6.8}$$

Die Gleichung (6.8) liefert eine alternative Definition der Kreisteilungspolynome und damit einen möglichen Beweis für ihre Existenz. Definieren wir nämlich $K_r(X)$ gemäß (6.8), so erfüllen diese Polynome automatisch auch (6.7). Es bleibt zu zeigen, dass die

Koeffizienten der so definierten Polynome ganzzahlig sind. (Zunächst wissen wir nur, dass sie komplexe Zahlen sind.) Es ist nicht allzu schwierig, das durch Induktion nachzuweisen; die Leserin ist dazu eingeladen, die Details des Beweises auszuarbeiten.

6.4.10. Zum Schluss weisen wir darauf hin, dass wir nun auch die irreduziblen Faktoren von K_r modulo einer Primzahl p betrachten können, wobei wir annehmen, dass r und p teilerfremd sind. In dieser Situation bleibt Hilfssatz 6.4.1 nach wie vor gültig (aber der Beweis ist nicht mehr so einfach).

Da dieser Hilfssatz die einzige Stelle im Beweis von Satz 6.1.1 ist, an der die Voraussetzung, dass r prim ist, eingeht, bleibt Satz 6.1.1 auch ohne diese Voraussetzung richtig.

Kapitel 7

Der Algorithmus

In diesem Kapitel werden wir, ausgestattet mit dem Satz von Agrawal, Kayal und Saxena, den AKS-Algorithmus formulieren und zeigen, dass er in der Tat ein deterministischer, effizienter Algorithmus für das Problem PRIMALITÄT ist.

Dazu müssen wir zunächst die bisher offen gelassene Frage nach der Auswahl des Polynoms Q (bzw. der Zahl r aus Satz 6.1.1) beantworten. Das tun wir im ersten Abschnitt des Kapitels. Daraufhin bringen wir den Algorithmus in seine endgültige Form. Wir schließen mit einer kurzen Diskussion möglicher Verbesserungen und neuerer Entwicklungen.

7.1 Wie schnell wächst $\mathrm{ord}_r(n)$?

Mit Hilfe von Satz 6.1.1 können wir sicherstellen, dass wir eine zusammengesetzte Zahl durch das Überprüfen weniger Kongruenzen erkennen können – vorausgesetzt, es gibt eine geeignete Primzahl r, die selbst nicht zu groß ist! Zur Erinnerung: r muss die Bedingung

$$\mathrm{ord}_r(n) > 4(\log n)^2$$

erfüllen und sollte selbst höchstens polynomiell in $\log n$ wachsen. Gibt es immer ein solches r? Wir formulieren die Frage etwas um und führen dazu eine kleine Schreibweise ein:

7.1.1. Definition.
Es sei $n \geq 2$ und $k \in \mathbb{N}$. Wir bezeichnen mit $r(n,k)$ die kleinste Primzahl r, für die entweder $r \mid n$ oder $\mathrm{ord}_r(n) > k$ gilt.

Die Frage ist: Wie groß ist $r(n,k)$ in Abhängigkeit von n und k? Wir geben darauf jetzt eine elementare, wenn auch etwas grobe, Antwort, die für unsere

Zwecke ausreicht. Auf der Suche nach besseren Abschätzungen würden wir dagegen schnell auf tiefliegende Sätze und Vermutungen der Zahlentheorie stoßen – siehe dazu Abschnitt 7.3.

Zur Erinnerung: Ist $\operatorname{ord}_p(n) = m$, so gilt $n^m \equiv 1 \pmod{p}$; d.h. $n^m - 1$ wird von p geteilt. Also ist die Zahl

$$N := \prod_{m \leq k} (n^m - 1)$$

ein gemeinsames Vielfaches aller Primzahlen p mit $\operatorname{ord}_p(n) \leq k$. Insbesondere ist N ein gemeinsames Vielfaches aller Primzahlen $p < r(n, k)$.

Das kleinste gemeinsame Vielfache dieser Primzahlen ist deren Produkt

$$\Pi := \prod_{\substack{p \text{ prim} \\ p < r(n,k)}} p, \tag{7.1}$$

also gilt $\Pi \leq N$. Die Zahl N hängt von n und k ab, und Π können wir z.B. mit Hilfe des schwachen Primzahlsatzes nach unten abschätzen. Auf diese Art und Weise erhalten wir die gesuchte obere Schranke für $r(n, k)$.

7.1.2. Satz (Größe von $r(n, k)$).
Die Zahl $r(n, k)$ hat höchstens die Größenordnung

$$r(n, k) = O\big(k^4 \cdot (\log n)^2\big).$$

(Das heißt, es gibt eine Zahl K mit $r(n, k) \leq K \cdot k^4 \cdot (\log n)^2$ für alle n und k.)

Beweis. Der Einfachheit halber schreiben wir r anstatt $r(n, k)$. Aufgrund des schwachen Primzahlsatzes (Satz 4.3.3) wächst die Zahl Π mindestens exponentiell mit $r / \log r$. Genauer gilt:

$$\Pi \geq 2^{\pi(r-1)} \geq 2^{\frac{C \cdot (r-1)}{\log(r-1)}} > 2^{\frac{C \cdot (r-1)}{\log r}} > 2^{\frac{C \cdot r}{2 \log r}}.$$

(Hier ist Π die Zahl aus (7.1), $\pi(r-1)$ wie in Kapitel 4 die Anzahl der Primzahlen $p < r$, und C ist eine geeignete, von n, k und r unabhängige Konstante.)

Andererseits wächst N höchstens exponentiell in $k^2 \cdot \log n$; genauer gilt

$$N = \prod_{m \leq k} (n^m - 1) < \prod_{m \leq k} n^m = n^{1+2+\cdots+k} = n^{\frac{k(k-1)}{2}} < n^{\frac{k^2}{2}} = 2^{\frac{k^2 \cdot \log n}{2}}.$$

(Dabei haben wir Gaußsche Summenformel aus Aufgabe 1.1.8 verwendet.) Vergleichen wir die beiden Abschätzungen und erinnern uns daran, dass $\Pi \leq N$ gilt, so erhalten wir

$$\frac{r}{\log r} < \frac{k^2 \cdot \log n}{C}.$$

Damit haben wir eine Abschätzung für $\frac{r}{\log r}$, und daraus bekommen wir leicht auch eine für r. Wir wissen ja, dass $(\log(r))^2 = O(r)$ gilt. (Siehe Aufgabe 2.3.4.) Also ist insbesondere $r \cdot (\log(r))^2 = O(r^2)$ und daher

$$r = O\left(\frac{r^2}{\log(r)^2}\right) = O(k^4 \cdot (\log n)^2) \qquad \blacksquare$$

Für unsere Anwendung in Satz 6.1.1 interessiert uns die Größenordnung der Zahl $r_0 := r(n, \lfloor 4(\log n)^2 \rfloor)$. Nach Satz 7.1.2 beträgt diese

$$r(n, \lfloor 4(\log n)^2 \rfloor) = O((\log n)^{10}). \qquad (7.2)$$

Die Zahl r_0 wächst also, wie gewünscht, höchstens polynomiell in $\log n$. Es ist daher kein Problem, diese Zahl, und das mit ihr verbundene Polynom $Q = X^r - 1$, durch eine einfache Suche effizient zu bestimmen. Damit haben wir auch das letzte Problem unserer in Abschnitt 5.2 beschriebenen Strategie, das wir dort als Punkt (2) bezeichnet hatten, gelöst.

Aufgaben

7.1.3. Aufgabe. Zeige, dass für jedes $\varepsilon > 0$ in Satz 7.1.2 sogar

$$r(n, k) = O\left((k^2 \cdot \log n)^{1+\varepsilon}\right)$$

gilt. Folgere, dass in (7.2) $(\log(n))^{10}$ durch $(\log(n))^{5+\varepsilon}$ ersetzt werden kann.

7.2 Der Algorithmus von Agrawal, Kayal und Saxena

Wir können jetzt die Lücken des in Abschnitt 5.2 formulierten Grundgerüsts schließen und den AKS-Algorithmus in seiner endgültigen Form vorstellen:

ALGORITHMUS AKS

Eingabe: Eine natürliche Zahl $n \geq 2$.

1. Ist n die Potenz einer anderen natürlichen Zahl $a < n$, also $n = a^b$ mit $b > 1$, so antworte „n ist zusammengesetzt".

2. Andernfalls führe für $r = 2, 3, 4, \ldots$, folgende Schritte aus:

   (a) Überprüfe, ob r prim ist (z.B. mit Hilfe des Siebs des Eratosthenes).

   (b) Wird n von r geteilt und ist $r < n$, so antworte „n ist zusammengesetzt".

   (c) Ist $r \geq n$, so antworte „n ist prim".

   (d) Andernfalls berechne die Ordnung $\mathrm{ord}_r(n)$.

   (e) Ist r prim und $\mathrm{ord}_r(n) > 4(\log n)^2$, so setze $Q := X^r - 1$ und fahre in Schritt **3.** fort.

3. Überprüfe die Kongruenzen

$$(X + a)^n \equiv X^n + a \pmod{n, Q}$$

für alle ganzen Zahlen a zwischen 1 und $r - 1$.

4. Ist eine dieser Kongruenzen nicht erfüllt, so antworte „n ist zusammengesetzt".

5. Andernfalls antworte „n ist prim".

Den folgenden Satz haben wir im Wesentlichen schon bewiesen, wir werden aber hier noch einmal alle seine Aussagen explizit überprüfen.

7.2.1. Satz.
Der Algorithmus AKS ist deterministisch und effizient. Ist n eine Primzahl, so lautet die Ausgabe des Algorithmus „n ist prim". Andernfalls antwortet der Algorithmus „n ist zusammengesetzt".

Beweis. Der Algorithmus ist offensichtlich deterministisch.

Dass Schritt **1.**, also die Erkennung von echten Potenzen, effizient durchgeführt werden kann, haben wir in Aufgabe 2.3.7 gesehen.

Der Schritt **2.** wird so oft wiederholt, bis wir die Zahl

$$r_0 := r(n, \lfloor 4(\log n)^2 \rfloor)$$

aus dem vorigen Abschnitt gefunden haben. Wegen (7.2) wächst r_0 höchstens polynomiell in $\log n$; insbesondere ist auch die Anzahl dieser Wiederholungen höchstens polynomiell in $\log n$. Die für das Sieb des Eratosthenes benötigte Zeit ist polynomiell in r, und die Teilerfremdheit von n und r kann mit Hilfe des Euklidischen Algorithmus effizient überprüft werden. Dasselbe gilt für die Berechnung der Ordnung $\mathrm{ord}_r(n)$, denn dazu sind höchstens r Multiplikationen modulo r erforderlich. Insgesamt ist die Laufzeit des zweiten Schritts also polynomiell in $\log n$ beschränkt.

Die Anzahl der Kongruenzen, die in Schritt **3.** überprüft werden, ist r_0-1 und damit wiederum polynomiell in $\log n$. In Aufgabe 5.1.6 haben wir gesehen, dass jede solche Kongruenz ebenfalls effizient untersucht werden kann. (Darauf basiert ja die ganze Idee des Algorithmus!) Damit ist auch die Laufzeit dieses Schrittes polynomiell in $\log n$ beschränkt, und der Algorithmus ist insgesamt effizient.

Wird die Antwort „n ist zusammengesetzt" ausgegeben, so liegt einer der folgenden drei Fälle vor:

- Im ersten Schritt wurde n als Potenz einer Zahl $a < n$ erkannt.

- In Schritt **2.** (b) wurde ein Primteiler r von n mit $r < n$ entdeckt.

- Im dritten Schritt ist eine der überprüften Kongruenzen nicht erfüllt. Dann ist n nach Satz 5.1.1 zusammengesetzt.

Also ist in jedem dieser Fälle die Zahl n auch tatsächlich zusammengesetzt.

Wird die Antwort „n ist prim" ausgegeben, so liegt einer der folgenden zwei Fälle vor:

- In Schritt **2.** (c) gilt $r \geq n$. Dann wurden in Schritt **2.** alle Zahlen $r < n$ untersucht, und keine von diesen war ein Primteiler von n (sonst hätte der Algorithmus schon vorher mit der Ausgabe "n ist zusammengesetzt" angehalten). Also ist n prim.

- Alle Kongruenzen in Schritt **3.** sind erfüllt und n ist nach Satz 6.1.1 entweder eine Primzahl oder eine echte Potenz einer Primzahl. In letzterem Fall hätte der Algorithmus aber schon in Schritt **1.** mit der Ausgabe "n ist zusammengesetzt" angehalten. Also ist n prim.

Insgesamt sehen wir also, dass wirklich *genau dann* „n ist prim" ausgegeben wird, wenn n tatsächlich prim ist. Damit ist der Satz vollständig bewiesen, und das Ziel unseres Buches erreicht.   ∎

Aufgaben

7.2.2. Aufgabe (P). Implementiere den AKS-Algorithmus. (Das erfordert natürlich die Verwendung vieler Routinen aus früheren Programmieraufgaben!)

Weiterführende Übungen und Anmerkungen

7.2.3. Unter Verwendung von Anmerkung 6.1.3 können wir den Algorithmus noch etwas verbessern. Einerseits können wir im dritten Schritt die Schranke $r-1$ durch die kleinere Zahl $2\sqrt{r}\log n$ ersetzen, was die Ausführung beschleunigt.

Des Weiteren ist es im zweiten Schritt nicht nötig, die Primalität von r zu fordern. Auch das kann die Laufzeit des Algorithmus verbessern, falls die kleinste natürliche Zahl r mit $\mathrm{ord}_r(n) > 4(\log n)^2$ keine Primzahl ist.

7.2.4. Aufgabe. Wir haben den AKS-Algorithmus auf Basis des in Abschnitt 5.2 vorgestellten Ansatzes (b) erarbeitet. In dieser Aufgabe sehen wir, dass Satz 6.1.1 auch verwendet werden kann, um einen Primzahltest auf der Basis von Ansatz (a) aufzustellen; d.h. einen Algorithmus, der eine feste Kongruenz modulo verschiedener Polynome Q untersucht. (Diese Beobachtung stammt aus der Arbeit von Agrawal und Biswas [AB].)

(a) Es sei $n \geq 2$ und es seien P, Q und T Polynome. Zeige: Ist Q ein Teiler von P modulo n, so ist auch $Q(T)$ ein Teiler von $P(T)$ modulo n.

(b) Folgere: Sind P_1, P_2 und Q Polynome und $a \in \mathbb{Z}$, so ist $P_1 \equiv P_2 \pmod{n, Q}$ genau dann, wenn
$$P_1(X + a) \equiv P_2(X + a) \pmod{n, Q(X + a)}$$
gilt.

(c) Es sei $n \geq 2$ und $r \in \mathbb{N}$. Zeige durch Induktion für alle $\ell \in \mathbb{N}$: Ist
$$(X - 1)^n \equiv X^n - 1 \pmod{n, (X - a)^r - 1} \tag{7.3}$$
für alle $a = 1, \ldots, \ell$, so gilt auch
$$(X + a)^n \equiv X^n + a \pmod{n, X^r - 1}$$
für alle $a = 1, \ldots, \ell$.

Wir könnten also in Schritt **3.** des AKS-Algorithmus ebenso gut die Kongruenz (7.3) für alle ganzen Zahlen a von 1 bis $r - 1$ überprüfen.

7.3   Weitere Anmerkungen

Wie wir bereits mehrfach betont haben, ging es uns bei unserer Behandlung des AKS-Algorithmus darum, einen vollständigen und verständlichen Beweis zu entwickeln. Insbesondere unterscheidet sich unsere Darstellung etwas von der im Originalartikel von Agrawal, Kayal und Saxena, welcher mehr Wert auf bestmögliche Schranken legt.

Auf einige mögliche Verbesserungen hatten wir schon in Aufgaben und Anmerkungen hingewiesen. Andere lassen sich dadurch erreichen, dass die besten bekannten Algorithmen für die Arithmetik von Polynomen verwendet werden. Informationen zu diesen finden sich in der einschlägigen Literatur zur Theorie der effizienten Algorithmen. Wir gehen jetzt noch kurz auf Möglichkeiten ein, unsere Abschätzungen für die Laufzeit des Algorithmus zu verbessern.

Größe von r_0

Wenn wir uns den Algorithmus noch einmal genauer anschauen, merken wir, dass Schritt **3.** der zeitintensivste ist. Wie lang er genau ausgeführt wird, hängt von der Größe der Zahl r_0 ab. Deutliche Verbesserungen der Laufzeitschranken können wir also nur dann erwarten, wenn wir die Zahl $r_0 = r(n, \lfloor 4(\log n)^2 \rfloor)$, also die kleinste Primzahl r_0 mit $\mathrm{ord}_{r_0}(n) > 4(\log n)^2$, besser abschätzen können, als wir das in Abschnitt 7.1 getan hatten. Dort hatten wir in (7.2) eine Abschätzung der Größenordnung $O\big((\log n)^{10}\big)$ erhalten, die nach Aufgabe 7.1.3 zu $O\big((\log n)^{5+\varepsilon}\big)$ verbessert werden kann, wobei ε eine beliebig kleine positive Zahl ist. Fordern wir nicht mehr, dass r_0 eine Primzahl ist (Anmerkung 7.2.3), können wir diese Schranke noch weiter verringern, wenn auch nur geringfügig: Wir erhalten dann $r_0 = O((\log n)^5)$. (Aufgabe 7.3.2.)

Es ist möglich, diese Abschätzungen noch weiter zu verstärken; wie schon in Abschnitt 7.1 bemerkt, stoßen wir dabei aber auf sehr tiefe Sätze und Fragestellungen der Zahlentheorie, die wir in unserem Rahmen nur kurz anreißen können. (Für mehr Details verweisen wir auf den Originalartikel sowie die am Ende des Kapitels gesammelte Literatur zum AKS-Algorithmus.)

Wir halten jetzt also nach wie vor n fest und suchen nach einer Zahl r, für die $\mathrm{ord}_r(n)$ „groß" ist. Nach dem Satz von Fermat-Euler wissen wir, dass $\mathrm{ord}_r(n)$ ein Teiler von $\varphi(r)$ sein muss. Es ist daher hilfreich, wenn $\varphi(r)$ selbst große Primteiler besitzt.

Die Untersuchung von Primzahlen r, für die $\varphi(r) = r - 1$ große Primfaktoren besitzt, hat eine Geschichte, die schon fast zwei Jahrhunderte zur französischen Mathematikerin Sophie Germain zurückreicht. Im Rahmen ihrer Arbeit an Fermats Großem Satz beschäftigte sie sich mit Primzahlen p, für die $k \cdot p + 1$ ebenfalls prim ist, wobei k eine gerade Zahl ist. Ein wichtiger Spezialfall ist dabei $k = 2$.

7.3.1. Definition (Sophie-Germain-Primzahl).
Eine Primzahl p heisst *Sophie-Germain-Primzahl*, falls auch $2p + 1$ eine Primzahl ist.

Analog zur Primzahlfunktion $\pi(m)$ können wir mit $S(m)$ die Anzahl der Sophie-Germain-Primzahlen p mit $p \leq m$ bezeichnen. Im Jahr 1922 formulierten die englischen Mathematiker Hardy und Littlewood die folgende Vermutung: *Es gibt eine Konstante C derart, dass $S(m)$ sich für $m \to \infty$ asymptotisch wie $Cm/(\log m)^2$ verhält.*

Wenn das richtig ist, dann folgt, dass unsere Zahl r_0 höchstens die Größenordnung $O((\log n)^{2+\varepsilon})$ hat, wobei $\varepsilon > 0$ beliebig klein ist. (Siehe Aufgabe 7.3.4.) Also fände unser Algorithmus eine geeignete Zahl r wesentlich schneller, als es unsere obigen Abschätzungen nahelegen. Leider ist die Vermutung über

Sophie-Germain-Primzahlen unbewiesen - es ist noch nicht einmal bekannt, ob es überhaupt unendlich viele solcher Primzahlen gibt (siehe Anhang)!

Es gibt aber einen Satz von Fouvry aus dem Jahr 1985, der statt Sophie-Germain-Primzahlen solche Primzahlen q betrachtet, für die $q - 1$ wenigstens einen Primfaktor besitzt, der deutlich größer als $\sqrt{q}$ ist. Mit Hilfe dieses tiefliegenden und extrem schwierigen Resultats der analytischen Zahlentheorie kann nachgewiesen werden, dass zumindest $r = O((\log n)^3)$ gilt, was immer noch eine wesentliche Verbesserung unserer ursprünglichen Schranke darstellt.

Varianten des AKS-Algorithmus

Nach der Veröffentlichung des Artikels von Agrawal, Kayal und Saxena wurden schon bald Varianten des Verfahrens entwickelt, die stellenweise die Laufzeit stark reduzierten. Hier möchten wir nur einen Algorithmus von Lenstra und Pomerance [LP] erwähnen. Dieser hat eine deutlich bessere Laufzeit als der AKS-Algorithmus. Die Grundidee ist im Wesentlichen dieselbe wie bei Agrawal, Kayal und Saxena, aber es wird ein anderes Polynom Q zur Überprüfung der Kongruenzen verwendet. Der Beweis ist hier wesentlich schwieriger, weshalb wir auf ihn nicht weiter eingehen können.

Trotz aller bisheriger Laufzeitverbesserungen kann bis heute kein deterministischer Algorithmus mit einfachen randomisierten Primzahltests wie dem von Miller und Rabin auch nur annähernd mithalten. Man darf also weiterhin gespannt auf neue Entwicklungen warten!

Aufgaben

7.3.2. Aufgabe. Es sei $r = r'(n,k)$ die kleinste natürliche Zahl mit $\mathrm{ggT}(n,r) \neq 1$ oder $\mathrm{ord}_r(n) > k$. Zeige, dass dann $r'(n,k) = O(k^2 \log n)$ gilt.

Hinweis: Folge derselben Beweisidee wie in Abschnitt 7.1, aber verwende Satz 4.4.4 statt des schwachen Primzahlsatzes.

Weiterführende Übungen und Anmerkungen

7.3.3. Sophie Germain war eine bedeutende französische Mathematikerin des frühen 19. Jahrhunderts. Der Umfang und die Bedeutung ihrer Arbeit, unter anderem zu Fermats Großem Satz, wurden lange Zeit unterschätzt – siehe dazu etwa [LaPe].

7.3.4. Aufgabe. (a) Es sei p eine Sophie-Germain-Primzahl und $r := 2p + 1$. Zeige: Für jede natürliche Zahl n, die kein Vielfaches von r ist, gilt $\mathrm{ord}_r(n) \leq 2$ oder $\mathrm{ord}_r(n) \geq p$.

(b) Zeige: Für jede Zahl $n \geq 2$ gibt es höchstens $2 \log n$ Primzahlen r mit $\mathrm{ord}_r(n) \leq 2$.

(c) Wir nehmen an, die im Text formulierte Vermutung von Hardy und Littlewood über Sophie-Germain-Primzahlen sei richtig.

Zeige: Ist $\varepsilon > 0$ beliebig und $k \in \mathbb{N}$ groß genug, so gibt es mindestens k Sophie-Germain-Primzahlen p mit $k < p \leq k^{1+\varepsilon}$.

(d) Folgere, dass (noch immer unter der Voraussetzung, dass die Vermutung richtig ist) für jedes $\varepsilon > 0$ gilt:

$$r(n, k) = O((\max(\log n, k))^{1+\varepsilon}).$$

(Hier bezeichnet $\max(\log n, k)$ die größere der beiden Zahlen $\log n$ und k.)

7.3.5. Ist r eine Primzahl, so bezeichne $P(r)$ den größten Primteiler von $r - 1$. Der erwähnte Satz von Fouvry, aus dem Jahr 1985, lautet wie folgt:

Es gibt eine Konstante $\delta > 2/3$ und eine Konstante $c_\delta > 0$ derart, dass für jedes $m \geq 2$ die Anzahl der Primzahlen r mit $P(r) > r^\delta$ mindestens $c_\delta \cdot m / \log m$ ist.

Auch dieser Satz hat Verbindungen zum Großen Satz von Fermat, denn mit seiner Hilfe konnte Fouvry gemeinsam mit Adleman und Heath-Brown ebenfalls 1985 zeigen, dass der „erste Fall" dieses Satzes zumindest für unendlich viele Primzahlen erfüllt ist. (Etwa zehn Jahre später wurde der Große Satz von Fermat von Andrew Wiles bewiesen.)

7.3.6. Der Satz von Fouvry hat, wie andere Ergebnisse der analytischen Zahlentheorie, eine interessante Eigenschaft: Die Konstante c_δ ist „nicht effektiv" – es ist zwar bewiesen, dass sie existiert, es ist aber für kein $\delta > 1/2$ eine explizite Schranke bekannt.

Dies liegt daran, dass der Beweis am Ende auf einer Fallunterscheidung beruht: Zunächst wird gezeigt, dass er richtig ist, falls die Verallgemeinerte Riemannsche Vermutung gilt. (In diesem Fall kann man explizite Angaben über die Konstante c_δ machen.) Andererseits wird gezeigt, dass der Satz auch dann richtig ist, wenn diese Vermutung falsch ist, und in diesem Fall hängen die Konstanten vom kleinsten Gegenbeispiel ab! (Siehe [G, Abschnitt 5].) Dies zeigt, wie stark eine indirekte mathematische Beweisführung manchmal sein kann.

Weiterführende Literatur

Der Artikel [Bo] enthält eine interessante Zusammenfassung des AKS-Algorithmus und seiner Entwicklung. Das Buch [Dtz] und der Übersichtsartikel [G] sind ebenfalls zur vertiefenden Beschäftigung mit dem AKS-Algorithmus und seinem Umfeld empfohlen. Zu guter Letzt enthält das Buch [CP] eine beeindruckende Vielzahl von Resultaten zu Primzahltests, Faktorisierungsmethoden und vielem mehr; es ist für fortgeschrittene Leserinnen eine sehr interessante Lektüre.

Anhang A

Offene Fragen über Primzahlen

In diesem Abschnitt möchten wir auf einige bekannte Resultate und bisher un-
gelöste Probleme hinweisen, die alle mit Primzahlen zu tun haben. Wir erheben
keinen Anspruch auf Vollständigkeit und führen auch keine Beweise. Wir möchten
nur einen Eindruck davon vermitteln, wie viele interessante Fragen noch Gegen-
stand aktueller mathematischer Forschung sind, und verweisen für eine genauere
Behandlung auf weiterführende Literatur.

Die Riemannsche Vermutung

Die **Riemannsche Vermutung** ist eines der berühmtesten ungelösten Probleme
der modernen Mathematik. Wir hatten sie bereits in folgender Form in Anmerkung 4.3.6 kennengelernt:

A.1. Vermutung (Riemannsche Vermutung, von Kochsche Version).
Es gilt
$$|\pi(n) - \mathrm{Li}(n)| = O(\sqrt{n}\ln n),$$
wobei $\pi(n)$ die Primzahlfunktion und $\mathrm{Li}(n) = \int_2^n \frac{dt}{\ln t}$ den Integrallogarithmus
bezeichnet.

Die übliche Formulierung der Riemannschen Vermutung ist schwieriger zu
erklären, denn für sie benötigen wir die sogenannte **Riemannsche ζ-Funktion**.
Diese Funktion ist auf den *komplexen Zahlen* definiert. Für reelle Zahlen $s > 1$
kann sie wie folgt durch eine „Reihe" (d.h. unendliche Summe) dargestellt werden:

$$\zeta(s) := \sum_{n=1}^{\infty} \frac{1}{n^s}.$$

Schon Euler erkannte, dass dann

$$\zeta(s) = \prod_p \frac{1}{1 - p^{-s}}$$

ist, wobei multipliziert wird über alle Primzahlen p. (Für einen Beweis dieses und weiterer Resultate verweisen wir auf [HW] oder [J].) Diese Formel legt nahe, dass die ζ-Funktion in der Tat eng mit der Menge der Primzahlen verwandt ist.

Riemann zeigte in einer bahnbrechenden Arbeit von 1859, dass ζ sich zu einer Funktion fortsetzen lässt, die abgesehen von einer Polstelle in $s = 1$ auf der ganzen komplexen Zahlenebene definiert ist. Jede gerade negative ganze Zahl ist eine Nullstelle der ζ-Funktion. In derselben Arbeit formulierte Riemann seine Vermutung über die *komplexen* Nullstellen:

A.2. Vermutung (Riemannsche Vermutung).
Sei $z = x + iy$ eine Nullstelle der Riemannschen ζ-Funktion mit $0 < x < 1$. Dann ist $x = \frac{1}{2}$.

Das heißt: Alle (echt) komplexen Nullstellen liegen auf einer senkrechten Linie durch $\frac{1}{2}$, der so genannten „kritischen Linie".

Die Äquivalenz dieser Vermutung zu Vermutung A.1 wurde 1901 durch von Koch bewiesen. Die Riemannsche ζ-Funktion spielt auch beim Beweis des Primzahlsatzes (Satz 4.3.2) eine grundlegende Rolle.

Schon im Jahr 1900 nahm Hilbert die Riemannsche Vermutung in seine berühmte Liste von 23 zentralen mathematischen Problemen für das zwanzigste Jahrhundert auf. Heute ist sie eines der sieben „Millenium Prize Problems" des Clay Institute, auf deren Lösung jeweils eine Million Dollar Belohnung ausgesetzt sind. (Wir erinnern an das in Abschnitt 2.4 besprochene $P \stackrel{?}{=} NP$-Problem, welches ebenfalls auf dieser Liste steht.)

Für ein Gegenbeispiel zur Riemannschen Vermutung gibt es übrigens unseres Wissens nach keine Belohnung! Dabei wäre das eine ziemliche Sensation, denn sie wird heutzutage weithin von Forschern für richtig gehalten, und es werden nicht selten mathematische Resultate bewiesen unter der Annahme, dass die Riemannsche Vermutung wahr ist. Computer-Experimente haben nachgewiesen, dass in der Tat die ersten $10\,000\,000\,000\,000$ Nullstellen der Riemannschen ζ-Funktion auf der kritischen Achse liegen. Trotz intensiver mathematischer Forschung und verschiedener Beweisversuche scheint die Vermutung aber nach wie vor von einem Beweis weit entfernt zu sein.

Wir erwähnen noch die sogenannte **verallgemeinerte Riemannsche Vermutung**, siehe auch Anmerkung 4.5.10. Sie besagt, dass für eine ganze *Klasse* von Funktionen, zu denen insbesondere die Riemannsche ζ-Funktion gehört, alle Nullstellen auf der kritischen Linie liegen.

Die Goldbachsche Vermutung

Im Jahr 1742 schrieb der Mathematiker Goldbach in einem Brief an Euler:

Es scheinet wenigstens, dass eine jede Zahl, die größer ist als 2, ein aggregatum trium numerorum primorum [eine Summe dreier Primzahlen] *sey.*

Dabei war für Goldbach auch die Eins eine Primzahl; heute formuliert man die Vermutung daher lieber wie folgt: Jede Zahl $n \geq 6$ läßt sich als Summe dreier Primzahlen schreiben (etwa $8 = 3 + 3 + 2$, $13 = 5 + 5 + 3$ etc.). Wie schon Euler in seiner Antwort auf Goldbachs Brief bemerkte, lässt sich dies wie folgt umformulieren (Aufgabe A.21):

A.3. Vermutung (Goldbach-Vermutung).
Jede gerade ganze Zahl $n \geq 4$ lässt sich schreiben als Summe zweier Primzahlen.

Bis heute ist noch niemand auch nur in die Nähe eines Beweises gekommen! Unseres Wissens nach ist der folgende Satz von Chen der bisher bedeutendste Fortschritt in Richtung der Goldbachschen Vermutung. Ein vereinfachter Beweis findet sich im Artikel [Ross].

A.4. Satz (Chen, 1973).
Jede genügend große *gerade Zahl ist Summe zweier Zahlen p_1 und p_2, wobei p_1 prim ist und p_2 Produkt von höchstens zwei Primzahlen.*

Wenn wir bereit sind, die Zahl „zwei" in der Goldbach-Vermutung durch eine größere zu ersetzen, dann ist mehr bekannt. Zum Beispiel wurde schon 1930 gezeigt, dass jede gerade Zahl $n \geq 4$ als die Summe von höchstens $300\,000$ Primzahlen geschrieben werden kann. Das beste bekannte Resultat in dieser Richtung stammt aus dem Jahr 1995 von Ramaré: Er zeigte, dass sechs Primzahlen auf jeden Fall ausreichen. Als Spezialfall der Goldbach-Vermutung können wir auch die folgende Version für ungerade Zahlen formulieren:

A.5. Vermutung (Schwache Goldbach-Vermutung).
Jede ungerade natürliche Zahl $n > 7$ lässt sich als Summe dreier ungerader Primzahlen schreiben.

Bereits 1937 bewies Winogradow folgenden Satz:

A.6. Satz (Satz von Winogradow).
*Es gibt eine natürliche Zahl N mit folgender Eigenschaft: Jede ungerade Zahl
n > N ist Summe dreier ungerader Primzahlen.*

Dieses Ergebnis bedeutet, dass man die schwache Goldbach-Vermutung im
Prinzip nur noch für die endlich vielen ungeraden Zahlen bis N nachprüfen muss,
um sie vollständig zu beweisen – aber wie viele? Winogradows Beweis ergab ursprünglich keine explizite Schranke für N, später waren andere Mathematikerinnen aber in der Lage, dies zu liefern. Bis vor kurzem war der beste bekannte Wert
von N dabei $N = 10^{1350}$ – und damit viel größer als derzeitige Abschätzungen für
die Anzahl der Atome im Universum! Damit bestand überhaupt keine Hoffnung,
die Vermutung für alle Zahlen bis N nachzurechnen.

Im Jahr 2013 aber erklärte der peruanische Mathematiker Harald Helfgott,
die schwache Goldbach-Vermutung bewiesen zu haben. Genauer gesagt war er
in der Lage, den Satz von Winogradow für $N = 10^{29}$ zu beweisen; die übrigen
Fälle ließen sich dann durch ein weiteres Argument auf Computer-Verifikation der
Goldbach-Vermutung und der Riemannschen Vermutung für Zahlen bis zu einer
gewissen Schranke reduzieren. (Wir erwähnen hier nur der Vollständigkeit halber,
dass bereits seit 1997 bekannt war, dass die schwache Goldbach-Vermutung aus
der Riemannschen Vermutung folgen würde.)

Genau wie der Große Satz von Fermat ist die Goldbachsche Vermutung ein
schönes Beispiel dafür, dass wir elegante und kinderleicht zu formulierende Aussagen manchmal nur mit großem mathematischen Aufwand oder gar nicht beweisen
können. Die für eine mögliche Lösung des Problems entwickelten Methoden sind
dann oft weitaus interessanter und fruchtbarer als das Resultat selbst.

Bemerkung. Die Goldbach-Vermutung sollte nicht verwechselt werden mit der
Aussage, dass jede Primzahl $p \geq 3$ die Differenz zweier Quadrate ist. Dies ist
wahr und kann in wenigen Zeilen bewiesen werden (Aufgabe A.22). Im gleichen
Zusammenhang ist ein Resultat von Fermat erwähnenswert, nämlich dass jede
modulo 4 zu 1 kongruente Primzahl sich in eindeutiger Weise als Summe zweier
Quadrate schreiben lässt.

Primzahlzwillinge

Falls die natürlichen Zahlen n und $n + 2$ Primzahlen sind, dann heißt das Paar
$n, n + 2$ ein **Primzahlzwilling**. Beispiele sind 3 und 5, 5 und 7, 11 und 13; der
größte derzeit bekannte Primzahlzwilling (aus dem Jahr 2013) besteht aus zwei

Zahlen mit jeweils 200 700 Stellen. (Wir hatten Primzahlzwillinge schon kurz in Anmerkung 1.6.5 erwähnt.)

A.7. Vermutung.
Es gibt unendlich viele Primzahlzwillinge.

Der Ursprung der Vermutung ist uns nicht bekannt - eine stärkere Version ist in [HW] (bereits in der ersten Ausgabe) zu finden:

A.8. Vermutung.
Es gibt unendlich viele Primzahltripel der Form $n, n+2, n+6$ und $n, n+4, n+6$.

Primzahltripel der Form $n, n+2, n+4$ kann es dagegen nicht geben, abgesehen von $3, 5, 7$ (Aufgabe A.23).

Der größte uns bekannte Fortschritt in Richtung eines Beweises der Primzahlzwillings-Vermutung stammt wie bei der Goldbach-Vermutung von Chen:

A.9. Satz (Chen, 1973).
Für jede gerade natürliche Zahl h gibt es unendlich viele Paare $p, p + h$ derart, dass p prim ist und $p + h$ Produkt von höchstens zwei Primzahlen.

Genau genommen ist die Primzahlzwillings-Vermutung eine Vermutung über Primzahllücken. Damit haben wir uns in Satz 1.6.2 befasst und gesehen, dass diese Lücken beliebig groß werden können. Die Verteilung der Primzahlen (Satz 4.3.2) legt außerdem nahe, dass die Lücken zwischen zwei Primzahlen im Schnitt immer größer werden, je größer die betrachteten Zahlen sind.

So wird noch deutlicher, wie stark die Primzahlzwillings-Vermutung ist: Vermutet wird, dass trotz im Schnitt wachsender Lücken unendlich oft eine Lücke der Größe 2 vorkommt.

Einen Durchbruch erzielte Yitang Zhang mit seinem 2014 in den Annals of Mathematics veröffentlichten Resultat [Zh]:

A.10. Satz (Primzahllücken beschränkter Größe).
Es gibt eine Zahl $H \in \mathbb{N}$ mit der Eigenschaft, dass es unendlich viele Primzahllücken der Länge höchstens H gibt.

Zhangs Artikel gab ursprünglich nur eine sehr große Schranke für die Zahl H an, nämlich $H = 70\,000\,000$. Die Zusammenarbeit zahlreicher Mathematikerinnen unter der Leitung von Terence Tao führte schnell zur Reduzierung auf Werte von unter 5000. James Maynard – ein junger englischer Mathematiker, der kurz zuvor seine Promotion in Oxford abgeschlossen hatte – steuerte weitere wichtige Ideen bei, die insbesondere auch die Existenz von mehreren *aufeinanderfolgenden* Primzahllücken beschränkter Länge zeigten. Mit Hilfe dieser Ideen konnten die Schranken für H weiter abgesenkt werden: bis in den dreistelligen Bereich! Die Internetseite [H] dokumentiert den aktuellen Stand der Arbeit zur Größe von H – derzeit liegt dieser bei $H = 246$.

Schon länger bekannt sind Resultate, die Primzahlzwillinge charakterisieren. Dazu gehört der Satz von Clement (siehe Aufgabe A.24):

A.11. Satz (Satz von Clement, 1949).
Es sei $n \in \mathbb{N}$. Dann ist $n, n + 2$ ein Primzahlzwilling genau dann, wenn die Zahl $4((n - 1)! + 1) + n$ durch $n(n + 2)$ teilbar ist.

Wie oben bemerkt, gibt es keine Primzahltripel der Form $n, n + 2, n + 4$. Allerdings lassen sich leicht Primzahltripel der Form $n, n + 3, n + 6$ oder Primzahlquadrupel der Form $n, n + 6, n + 12, n + 18$ finden (z.B. $3, 7, 11$ bzw. $5, 11, 17, 23$). Allgemeiner bezeichnen wir eine (endliche) Folge $x, x + c, x + 2c, \ldots, x + Nc$ mit $x, c, N \in \mathbb{N}$ als eine **(endliche) arithmetische Progression**. Die Anzahl N der Elemente in einer solchen Folge bezeichnen wir als deren **Länge**.

Lange Zeit war es eine offene Frage, ob es beliebig lange arithmetische Progressionen gibt, die vollständig aus Primzahlen bestehen. Anfang des 21. Jahrhunderts wurde dieses Problem von den Mathematikern Ben Green und Terence Tao gelöst:

A.12. Satz (Satz von Green-Tao).
Die Menge aller Primzahlen enthält endliche arithmetische Progressionen beliebiger Länge.

Dieses aufsehenerregende Resultat wurde 2008 in den *Annals of Mathematics* veröffentlicht [GT].

Der *Dirichletsche Primzahlsatz* geht sozusagen in die umgekehrte Richtung und ist schon viel länger bekannt: Er wurde 1837 bewiesen und in den *Abhandlungen der Königlichen Preußischen Akademie der Wissenschaften* veröffentlicht. Sein Beweis ist schwierig - so wird das Resultat zum Beispiel in [HW] angegeben, doch nicht gezeigt.

A.13. Satz (Dirichletscher Primzahlsatz).
Sei $a \in \mathbb{N}$ und sei $n \in \mathbb{N}$ zu a teilerfremd. Dann enthält die (unendliche) arithmetische Folge $a, a + n, a + 2n, a + 3n, \ldots$ unendlich viele Primzahlen.

Mersenne-Zahlen

Sei $n \in \mathbb{N}$. Dann ist die n-te **Mersenne-Zahl** M_n gegeben durch

$$M_n := 2^n - 1.$$

Mersenne-Zahlen tauchen zum Beispiel im Zusammenhang mit sogenannten **vollkommenen Zahlen** auf. Eine natürliche Zahl heißt vollkommen, wenn sie die Summe all ihrer echt kleineren Teiler ist. Beispiele sind $6 = 1 + 2 + 3$ und $28 = 1 + 2 + 4 + 7 + 14$. Euklid zeigte:

A.14. Satz (Euklid).
Sei $n \in \mathbb{N}$ so, dass $2^n - 1$ prim ist. Dann ist $2^{n-1}(2^n - 1)$ eine vollkommene Zahl.

Obwohl allgemein vermutet, blieb lange Zeit unbewiesen, dass Euklids Ergebnis sogar eine Charakterisierung von vollkommenen geraden Zahlen ist. Der erste bekannte Beweis stammt von Euler.

A.15. Satz (Euler).
Die geraden vollkommenen Zahlen sind genau die Zahlen der Form $2^{n-1}(2^n - 1)$, wobei $n \in \mathbb{N}$ ist mit $2^n - 1$ prim.

Siehe dazu etwa [HW, Abschnitt 16.8], wo diese Zahlen als „Euclid numbers" bezeichnet werden. Es ist eine offene Frage, ob es ungerade vollkommene Zahlen gibt. Nun spielen Mersenne-Zahlen, die gleichzeitig Primzahlen sind, offenbar eine zahlentheoretische Rolle. Wir definieren daher:

A.16. Definition (Mersenne-Primzahl).
Eine Mersenne-Zahl heißt **Mersenne-Primzahl**, wenn sie prim ist.

So sind $M_2 = 2^2 - 1 = 3$ und $M_3 = 2^3 - 1 = 7$ Mersenne-Primzahlen, aber $M_4 = 2^4 - 1 = 15$ ist keine. Allgemeiner ist für eine zusammengesetzte Zahl n die Mersenne-Zahl M_n selbst zusammengesetzt (Aufgabe A.26). Natürliche Fragen sind nun: Ist das bereits eine Charakterisierung von Mersenne-Primzahlen? Und gibt es unendlich viele Mersenne-Primzahlen? (Und das sind nur zwei Beispiele – Mersenne-Zahlen werden sehr intensiv erforscht.)

Wir beginnen mit der ersten Frage. Die Antwort hier ist *Nein*, und ein Beispiel ist $M_{11} = 2047 = 23 \cdot 89$. Aber vielleicht reicht eine zusätzliche Bedingung? In anderen Worten, vielleicht gibt es einen Primzahltest für Mersenne-Zahlen? Die Antwort gibt der folgende Satz, der mit etwas fortgeschritteneren Methoden aus der Zahlentheorie auf wenigen Seiten bewiesen werden kann:

A.17. Satz (Lucas-Test).
Wir definieren eine Folge $k_0, k_1, \ldots$ von natürlichen Zahlen rekursiv durch $k_0 := 4$ und $k_{i+1} := k_i^2 - 2$ für alle $i \geq 0$.

Sei nun $n \geq 3$ prim. Genau dann ist M_n eine Mersenne-Primzahl, wenn M_n ein Teiler ist von k_{n-2}.

Die zweite oben gestellte Frage ist vollständig offen - es ist nicht bekannt, ob es unendlich viele Mersenne-Primzahlen gibt. Die Suche nach neuen Mersenne-Primzahlen wird intensiv betrieben, unter anderem von dem Projekt „Great Internet Mersenne Prime Search".

Die zur Zeit größte bekannte Mersenne-Primzahl, $M_{57\,885\,161}$, wurde im Januar 2013 entdeckt und ist gleichzeitig die größte zur Zeit bekannte Primzahl überhaupt. Der vorherige Rekordhalter $M_{43112609}$ war 2008 gefunden worden.

Im Jahre 1963 wurde der Mersenne-Primzahl M_{11213} zu ihrer Entdeckung sogar eine Briefmarke gewidmet!

Sophie-Germain-Primzahlen

Wir hatten schon in Kapitel 7 die Sophie-Germain-Primzahlen erwähnt. Zur Erinnerung: p ist **Sophie-Germain-Primzahl**, wenn auch $2p+1$ prim ist. Beispiele sind 2, 3, 5, 11,... und damit kommen wir auch schon zu:

A.18. Vermutung.
Es gibt unendlich viele Sophie-Germain-Primzahlen.

Bisher gibt es weder einen Beweis dafür noch einen Gegenbeweis, und gelegentlich werden neue Sophie-Germain-Primzahlen (SGP) gefunden - zuletzt 2013, und zwar die Zahl $(18543637900515 \cdot 2^{666667}) - 1$. Erwähnenswert ist der Zusammenhang dieser besonderen Primzahlen mit Mersenne-Primzahlen (s.o.) und mit dem Großen Satz von Fermat. Sophie Germain untersuchte Primzahlen p mit der Eigenschaft, dass $np + 1$ ebenfalls prim ist, für eine gerade natürliche Zahl n. Um etwa 1825 herum zeigte sie, dass Fermats Resultat wahr ist, wenn der Exponent eine solche Primzahl ist und weitere Eigenschaften technischer Natur hat. Diese sind im Spezialfall $n = 2$ automatisch erfüllt, und daher haben die SGP ihren Namen. Mit etwas fortgeschritteneren Methoden der Zahlentheorie ist es eine Übungsaufgabe, zu zeigen: *Ist $p > 3$ eine SGP und $p \equiv 3 \pmod 4$, so ist die Mersenne-Zahl M_p zusammengesetzt.* Es gibt sogar ein stärkeres Resultat; vergleiche [HW, Theorem 103]:

A.19. Satz.
Sei p prim und $p \equiv 3 \pmod 4$. Es ist p eine SGP genau dann, wenn die p-te Mersenne-Zahl M_p von $2p + 1$ geteilt wird.

Die Ausnahme für $p = 3$ (oben) kommt daher, dass dann $M_3 = 2^3 - 1 = 7 = 2 \cdot 3 + 1$ ist. Also ist zwar $2p + 1$ ein Teiler von M_p, aber M_p ist nicht zusammengesetzt.

Fermat-Zahlen

Wir definieren die n-te Fermat-Zahl als $F_n := 2^{2^n} + 1$. Eine Fermat-Zahl, die prim ist, heißt **Fermat-Primzahl**.

Von Fermat selbst stammt die Vermutung (aus dem Jahr 1650), dass jede Zahl der Form $2^{2^n} + 1$ prim ist. Auch wenn das bald falsifiziert werden konnte (denn F_5 zum Beispiel ist zusammengesetzt), bleibt die Frage offen, ob es unendlich viele Fermat-Primzahlen gibt.

A.20. Vermutung (Eisenstein 1844).
Es gibt unendlich viele Fermat-Primzahlen.

Dagegen spricht zur Zeit, dass die Zahlen F_0, F_1, F_2, F_3, F_4 als prim identifiziert wurden, aber alle größeren bisher untersuchten Fermat-Zahlen zusammengesetzt sind. (Genauer: Für alle n zwischen 5 und 32 ist bekannt, dass F_n zusammengesetzt ist.) Fermat-Zahlen zu faktorisieren, ist außerordentlich schwierig, und es sind nur für $F_5, ..., F_{11}$ vollständige Faktorisierungen bekannt. Es passiert sogar (etwa für $n = 14$), dass man zwar F_n als zusammengesetzt erkennt, aber noch *keinen einzigen Faktor* finden konnte!

Für aktuelle Informationen zu Primzahlrekorden empfehlen wir die Internetseite

http://primes.utm.edu/largest.html.

Weiterführende Übungen und Anmerkungen

A.21. Aufgabe. Zeige: Genau dann läßt sich jede Zahl $n \geq 6$ als Summe (genau) dreier Primzahlen schreiben, wenn sich jede gerade Zahl $n \geq 4$ als Summe (genau) zweier Primzahlen schreiben läßt.

A.22. Aufgabe. Zeige, dass jede ungerade Zahl $m \geq 3$ als Differenz zweier Quadrate natürlicher Zahlen geschrieben werden kann. (*Hinweis:* Schreibe $m = 2k + 1$ mit $k \in \mathbb{N}$. Erinnert das nicht irgendwie an $(k + 1)^2$?)

A.23. Aufgabe. Zeige: Das einzige Primzahltripel der Form $n, n + 2, n + 4$ ist $3, 5, 7$. (*Hinweis:* Aufgabe 1.2.8).

Zeige außerdem: Mit der Ausnahme von $n = 3$ und $n + 2 = 5$ kann jeder Primzahlzwilling geschrieben werden als $n = 6k - 1$ und $n + 2 = 6k + 1$ für eine geeignete natürliche Zahl k.

A.24. Aufgabe. Wir erinnern an den Satz von Wilson (Aufgabe 4.5.9): Eine natürliche Zahl $n > 1$ ist prim genau dann, wenn $(n - 1)! + 1 \equiv 0 \pmod{n}$ gilt. Beweise mit seiner Hilfe den Satz von Clement entlang der folgenden Schritte.

(a) Es sei $n \in \mathbb{N}$. Zeige, dass $n + 2$ genau dann prim ist, wenn

$$2(n - 1)! + 1 \equiv 0 \pmod{n + 2}$$

gilt.

(b) Es sei $n \in \mathbb{N}$ derart, dass n und $n + 2$ beide prim sind. Zeige, dass gilt:

$$4\big((n - 1)! + 1\big) + n \equiv 0 \pmod{n(n + 2)}. \tag{A.1}$$

(c) Es sei umgekehrt $n > 1$ ungerade mit (A.1). Folgere, dass n und $n + 2$ Primzahlen sind.

(d) Zeige: Ist n gerade, so ist $2 \cdot \big(2(n - 1)! + 1\big) \not\equiv 0 \pmod{n + 2}$. Folgere, dass (A.1) für gerade Zahlen niemals erfüllt ist.

A.25. Bei vielen der erwähnten offenen Probleme wurden im Laufe der Zeit mögliche Beweise vorgestellt, die sich aber bei näherer Begutachtung durch die mathematische Gemeinschaft als fehlerhaft herausstellten. Zum Beispiel wurde erst im Jahr 2004 von R. Arenstorf im Internet der Entwurf eines Artikels veröffentlicht, dessen Hauptergebnis einen Beweis der Primzahltripel-Vermutung zur Folge gehabt hätte. Der französische Mathematiker G. Tenenbaum fand allerdings kurz darauf einen Fehler in der Arbeit, der nicht korrigiert werden konnte.

A.26. Aufgabe. Zeige, dass für jede zusammengesetzte Zahl $n = mk$ mit $1 < m \leq k < n$ die Mersenne-Zahl M_n zusammengesetzt ist. (*Hinweis:* Für $M_4 = 15$ gilt $2^4 - 1 = (2^2 - 1)(2^2 + 1) = 3 \cdot 5$. Schreibe auf ähnliche Art und Weise $2^{mk} - 1$ als Produkt zweier natürlicher Zahlen, von denen keine gleich 1 ist.)

A.27. In der Literatur wird manchmal $2^n + 1$ als die n-te Fermat-Zahl bezeichnet. Die von uns angegebene Definition ist aber die allgemein gebräuchliche.

A.28. In Kapitel 7 hatten wir eine Vermutung über die Dichte von Sophie-Germain-Primzahlen erwähnt. In der Tat stellten Hardy und Littlewood für viele der in diesem Anhang erwähnten Probleme genauere Vermutungen auf, die mit der Verteilung der Primzahlen zu tun haben. Zum Beispiel geben sie eine asymptotische Formel dafür an, auf wie viele verschiedene Arten sich eine gerade Zahl als Summe zweier Primzahlen schreiben lässt, und eine ähnliche Vermutung für die Anzahl der Primzahlzwillinge. Die heuristischen Argumente, die diesen Formeln zugrundeliegen, sind einer der Gründe dafür, dass heute weithin an die Richtigkeit der besprochenen Vermutungen geglaubt wird.

Weiteführende Literatur

Zum Weiterlesen empfehlen wir [HW] (etwa Abschnitte 1 und 2 sowie Appendix 3) oder [CP, Kapitel 1], wo sich zahlreiche Anmerkungen zu hier vorgestellten Resultaten/Vermutungen und darüber hinaus befinden. Mehr Informationen zur Riemanschen Vermutung gibt es zum Beispiel in dem Artikel [Con]. Wir möchten außerdem auf den Roman „Onkel Petros und die Goldbachsche Vermutung" von Apostolos Doxiadis hinweisen. Der Artikel [LaPe] basiert auf neuesten Erkenntnissen über Sophie Germains Beiträge zur Zahlentheorie und gibt einen spannenden Einblick in ihre Arbeit sowie den historischen Kontext (etwa zu Germains Korrespondenz mit Gauß).

Zum Schluss möchten wir noch die inzwischen berühmte Primzahlinternetseite „The Prime Pages" (http://primes.utm.edu/) erwähnen, die vielfältige Informationen zu Primzahlen und offenen Vermutungen bereitstellt.

Anhang B

Lösungen und Hinweise zu wichtigen Aufgaben

Aufgabe 1.1.6. (a) Sei $n \in \mathbb{N}$ und sei $M := \{m \in \mathbb{N} : 2m \geq n\}$. Das ist eine nicht-leere Teilmenge von $\mathbb{N}$ (z.B. ist n selbst ein Element von M), daher besitzt M nach dem Wohlordnungsprinzip ein kleinstes Element m_0. Wir haben also $2m_0 \geq n$, aber $2m < n$ für alle natürlichen Zahlen $m < m_0$. Insbesondere ist $2m_0 - 2 = 2(m_0 - 1) < n$. Insgesamt ergibt das

$$2m_0 - 2 < n \leq 2m_0.$$

Das bedeutet, dass n mit $2m_0 - 1$ oder mit $2m_0$ übereinstimmt. Im ersten Fall ist n ungerade, im zweiten Fall ist n gerade.

Ist n gerade, etwa $n = 2m_1$, so kann n nicht gleichzeitig ungerade sein. Denn sonst wäre $n = 2m_2 - 1$ für irgendein m_2. Aber dann folgt $2m_1 = 2m_2 - 1$, also $m_1 - m_2 = \frac{1}{2} \notin \mathbb{N}$. Das ist ein Widerspruch.

(b) Seien $n, m \in \mathbb{N}$ gerade Zahlen. Dann gibt es $a, b \in \mathbb{N}$ so, dass $n = 2a$ ist und $m = 2b$. Also haben wir $nm = (2a)(2b) = 2(2ab)$, und $2ab$ ist eine natürliche Zahl. Also ist nm gerade.

Seien nun $n, m \in \mathbb{N}$ ungerade. Dann gibt es $a, b \in \mathbb{N}$ so, dass $n = 2a - 1$ ist und $m = 2b - 1$. Also haben wir

$$nm = (2a - 1)(2b - 1) = 4ab - 2b - 2a + 1$$
$$= (4ab - 2b - 2a + 2) - 1 = 2(ab - b - a + 1) - 1,$$

und $ab - b - a + 1$ ist eine natürliche Zahl. Also ist nm ungerade.

Aufgabe 1.1.7. Es ist zu zeigen, dass eine nicht-leere und nach unten bzw. nach oben beschränkte Menge ganzer Zahlen ein kleinstes bzw. größtes Element besitzt.

Sei also zunächst $M \subseteq \mathbb{Z}$ nicht-leer und nach unten beschränkt. Außerdem sei $K \in \mathbb{Z}$ eine untere Schranke, also $K \leq x$ für alle $x \in M$. Setze

$$S := \{1 + x - K : x \in M\}.$$

Für alle $x \in M$ ist $x - K \in \mathbb{N}_0$ und daher $1 + (x - K)$ eine natürliche Zahl. S ist also eine Teilmenge von $\mathbb{N}$, und da M nicht-leer ist, ist auch S nicht-leer. Nach dem Wohlordnungsprinzip besitzt S ein kleinstes Element s_0. Sei $m_0 :=$ $s_0 - 1 + K$. Dann ist $m_0 \in M$ nach Definition von S, und wir zeigen nun, dass m_0 das kleinste Element von M ist. Angenommen, es gibt ein Element $m \in M$, welches echt kleiner als m_0 ist. Dann ist $s := 1 + m - K \in S$, und wir haben $s = 1 + m - K < 1 + m_0 - K = s_0$, ein Widerspruch. Also ist m_0 das kleinste Element in M.

Sei jetzt $M \subseteq \mathbb{Z}$ nicht-leer und nach oben beschränkt und sei K eine obere Schranke, also $x \leq K$ für alle $x \in M$. Dann ist die Menge $M' := \{-x : x \in M\}$ eine nicht-leere Menge ganzer Zahlen und durch $-K$ nach unten beschränkt. Also besitzt M' ein kleinstes Element m', mit dem ersten Teil der Aufgabe. Aber dann ist $m^* := -m'$ das größte Element von M.

Die Aussagen gelten weder für $\mathbb{Q}$ noch für $\mathbb{R}$. In der Tat ist die Menge

$$M := \{x \in \mathbb{Q} : 0 < x < 1\}$$

sowohl nach unten als auch noch oben beschränkt, durch 0 bzw. 1. Sie besitzt aber weder ein kleinstes noch ein größtes Element. (Um das formal zu beweisen, sei $x \in M$. Dann gilt $0 < \frac{x}{2} < x < \frac{x+1}{2} < 1$. Also ist x weder kleinstes noch größtes Element von M.)

Aufgabe 1.1.8. Es sei $x \in \mathbb{R}$ mit $x \neq 1$.

Behauptung. Für alle $n \in \mathbb{N}$ gilt:

(a) $2^n \geq 2n$.

(b) $\displaystyle\sum_{k=1}^{n} k = \frac{n(n+1)}{2}$.

(c) $\displaystyle\sum_{k=0}^{n-1} x^k = \frac{1 - x^n}{1 - x}$.

(d) $\displaystyle\sum_{k=0}^{n-1} (k+1) \cdot x^k = \frac{nx^{n+1} - (n+1)x^n + 1}{(1 - x)^2}$.

Beweis von (a). INDUKTIONSANFANG: Es ist $2^1 = 2 \geq 2 \cdot 1$, also stimmt die Behauptung für $n = 1$.

INDUKTIONSVORAUSSETZUNG: Sei n eine natürliche Zahl, so dass die Ungleichung für n wahr ist. Das bedeutet $2^n \geq 2n$.

INDUKTIONSSCHRITT: Es ist

$$2^{n+1} = 2 \cdot 2^n \geq 2 \cdot 2n$$

wegen der Induktionsvoraussetzung. Wegen $n \geq 1$ ist $2n \geq n + 1$, also

$$2^{n+1} \geq 2 \cdot 2n \geq 2 \cdot (n + 1).$$

Damit sind wir fertig. ∎

Beweis von (b). INDUKTIONSANFANG: Es ist

$$\sum_{k=1}^{1} k = 1 = \frac{1(1+1)}{2},$$

also stimmt die Aussage für $n = 1$.

INDUKTIONSVORAUSSETZUNG: Wir machen den Induktionsschritt hier von $n - 1$ nach n anstatt von n nach $n + 1$, weil das die Notation etwas einfacher macht (Induktionsvariante (a) aus Abschnitt 1.1). Sei also $n \geq 2$ eine natürliche Zahl so, dass die Gleichung für $n - 1$ wahr ist. Das bedeutet

$$\sum_{k=1}^{n-1} k = \frac{(n-1)n}{2}.$$

INDUKTIONSSCHRITT: Wir teilen die Summe auf, um die Induktionsvoraussetzung anzuwenden:

$$\sum_{k=1}^{n} k = \sum_{k=1}^{n-1} k + n = \frac{(n-1)n}{2} + n$$

$$= \frac{n^2 - n}{2} + \frac{2n}{2} = \frac{n^2 - n + 2n}{2} = \frac{n^2 + n}{2} = \frac{n(n+1)}{2}.$$

∎

Beweis von (c). INDUKTIONSANFANG: Für $n = 1$ steht auf der linken Seite

$$\sum_{k=0}^{n-1} x^k = \sum_{k=0}^{0} x^k = x^0 = 1$$

und auf der rechten Seite $\frac{1-x^n}{1-x} = \frac{1-x^1}{1-x} = 1$, also stimmen beide Seiten überein, und die Behauptung ist für $n = 1$ richtig.

INDUKTIONSVORAUSSETZUNG: Sei n eine natürliche Zahl, für die die Behauptung richtig ist. Das bedeutet

$$\sum_{k=0}^{n-1} x^k = \frac{1-x^n}{1-x}.$$

INDUKTIONSSCHRITT: Auf der linken Seite der Gleichung für $n+1$ bekommen wir

$$\sum_{k=0}^{n} x^k = \sum_{k=0}^{n-1} x^k + x^n = \frac{1-x^n}{1-x} + x^n,$$

wenn wir die Induktionsvoraussetzung einsetzen. Also ist

$$\sum_{i=0}^{n} x^i = \frac{1-x^n}{1-x} + x^n = \frac{1-x^n+x^n(1-x)}{1-x} = \frac{1-x^n+x^n-x^{n+1}}{1-x} = \frac{1-x^{n+1}}{1-x}$$

wie behauptet, und der Beweis ist abgeschlossen.   ∎

Beweis von (d). INDUKTIONSANFANG: Es gilt

$$\sum_{k=0}^{0}(k+1)\cdot x^k = 1\cdot x^0 = 1 \quad \text{und} \quad \frac{1\cdot x^2 - 2\cdot x^1 + 1}{(1-x)^2} = \frac{x^2-2x+1}{x^2-2x+1} = 1,$$

die Behauptung ist also für $n=1$ richtig.
INDUKTIONSVORAUSSETZUNG: Sei $n \in \mathbb{N}$ mit

$$\sum_{k=0}^{n-1}(k+1)\cdot x^k = \frac{nx^{n+1}-(n+1)x^n+1}{(1-x)^2}.$$

INDUKTIONSSCHRITT: Es gilt

$$\sum_{k=0}^{n}(k+1)\cdot x^k = \left(\sum_{k=0}^{n-1}(k+1)\cdot x^k\right) + (n+1)\cdot x^n$$

$$= \frac{nx^{n+1}-(n+1)x^n+1}{(1-x)^2} + (n+1)\cdot x^n$$

$$= \frac{nx^{n+1}-(n+1)x^n+1+(n+1)x^n(1-x)^2}{(1-x)^2}$$

$$= \frac{nx^{n+1}-(n+1)x^n+1+(n+1)x^n(x^2-2x+1)}{(1-x)^2}$$

$$= \frac{nx^{n+1}-(n+1)x^n+1+(n+1)x^{n+2}-(2n+2)x^{n+1}+(n+1)x^n}{(1-x)^2}$$

$$= \frac{(n+1)x^{n+2}-(n+2)x^{n+1}+1}{(1-x)^2}.$$

Damit ist die Induktion abgeschlossen.

(Wer sich mit der Differentialrechnung auskennt, kann diesen Teil der Aufgabe auch alternativ durch Bilden der Ableitungen der linken und rechten Seite von Teil (c) beweisen.) ∎

Bemerkung. Die übrigen Aufgabenteile lassen sich ganz ähnlich beweisen. Sie werden im Buch nicht weiter verwendet, daher verzichten wir hier darauf, die Lösungen anzugeben.

Aufgabe 1.1.11. Es seien $k, n \in \mathbb{N}_0$ mit $k \leq n$. Der Binomialkoeffizient $\binom{n}{k}$ zählt nach unserer intuitiven „Definition", wie viele Möglichkeiten es gibt, k verschiedene Zahlen aus $1, \ldots, n$ auszuwählen.

Hier ist eine Möglichkeit, so eine Auswahl vorzunehmen: Wir schreiben die Zahlen $1, \ldots, n$ in beliebiger Reihenfolge hintereinander auf, und nehmen dann die ersten k Zahlen. Nun gibt es $n!$ Möglichkeiten (verschiedene Reihenfolgen), die Zahlen $1, \ldots, n$ hinzuschreiben. Damit zwei solche Reihen die gleiche ausgewählte Menge von k Zahlen repräsentieren, muss Folgendes erfüllt sein:

- Die ersten k Zahlen müssen genau die ausgewählten sein, unabhängig von ihrer Reihenfolge.

- Die Elemente auf den Plätzen $k + 1$ bis n in der Reihe müssen genau die nicht ausgesuchten Zahlen sein, wieder unabhängig von der Reihenfolge.

Das liefert also für jede Wahl von k Zahlen genau $k!(n - k)!$ Reihen, die alle diese gewisse Auswahl repräsentieren. Die Anzahl der Möglichkeiten, k Zahlen aus $1, \ldots, n$ auszuwählen, ist also die Anzahl $n!$ aller verschiedenen Reihen geteilt durch $k!(n - k)!$:

$$\binom{n}{k} = \frac{n!}{k!(n - k)!} \tag{B.1}$$

Jetzt beweisen wir die Formel (B.1) formal mit Hilfe der rekursiven Definition von Binomialkoeffizienten, an die wir uns noch einmal kurz erinnern:

$$\binom{0}{0} = 1, \quad \binom{0}{k} = 0 \ (k \neq 0) \quad \text{und} \quad \binom{n + 1}{k} = \binom{n}{k} + \binom{n}{k - 1}$$

für alle $n, k \in \mathbb{N}_0$.

INDUKTIONSANFANG: Für $n = 0$ ist $\binom{0}{0} = 1$ und andererseits $\frac{0!}{0! \cdot 0!} = 1$.

INDUKTIONSVORAUSSETZUNG: Sei $n \in \mathbb{N}$ so, dass $\binom{n}{k} = \frac{n!}{k!(n-k)!}$ gilt für alle $k \leq n$.

INDUKTIONSSCHRITT: Es sei $k \in \mathbb{N}_0$ mit $k \leq n + 1$. Ist $k = 0$ oder $k = n + 1$, so ist

$$\binom{n + 1}{k} = 1 = \frac{(n + 1)!}{0!(n + 1)!} = \frac{(n + 1)!}{k!(n + 1 - k)!}.$$

Sei also $1 \leq k \leq n$. Nach der Induktionsvoraussetzung und unserer Rekursionsformel gilt dann

$$\binom{n+1}{k} = \binom{n}{k} + \binom{n}{k-1} = \frac{n!}{k!(n-k)!} + \frac{n!}{(k-1)!(n-(k-1))!}.$$

Also folgt

$$
\begin{aligned}
\binom{n+1}{k} &= \frac{n!}{k!(n-k)!} + \frac{n!}{(k-1)!(n-(k-1))!} \\
&= \frac{(n-k+1) \cdot n! + k \cdot n!}{k!(n-k+1)!} \\
&= \frac{n \cdot n! - k \cdot n! + n! + k \cdot n!}{k!(n-k+1)!} \\
&= \frac{n \cdot n! + n!}{k!(n-k+1)!} = \frac{(n+1)!}{k!(n-k+1)!},
\end{aligned}
$$

und wir sind fertig.

Aufgabe 1.1.12. Es seien $n, k, \ell \in \mathbb{N}_0$.

Behauptung. Es gilt:

(a) $\binom{n+\ell}{k} \geq \binom{n}{k}$;

(b) $\binom{n+\ell}{k+\ell} \geq \binom{n}{k}$;

(c) $\binom{2n}{n} \geq 2^n$.

Beweisskizze. Die ersten beiden Behauptungen besagen: Gehen wir im Pascalschen Dreieck (Abbildung 1.1) diagonal nach links bzw. rechts unten, so werden die Einträge nicht kleiner. Das ist klar: Jeder Eintrag ist die Summe der beiden diagonal über ihm stehenden, und es gibt keine negativen Einträge. Einen formalen Beweis führt man durch Induktion über ℓ und unter Verwendung der Rekursionsformel für die Binomialkoeffizienten – wir überlassen das der Leserin.

Teil (c) beweisen wir jetzt durch Induktion mit Hilfe der ersten beiden Teilaufgaben. Für $n = 0$ ist die Ungleichung richtig, denn es gilt $\binom{0}{0} = 1$ und $2^0 = 1$. Das ist der Induktionsanfang.

Jetzt nehmen wir an, dass die Behauptung für n richtig ist, und wollen sie für $n + 1$ daraus ableiten. Es gilt

$$\binom{2(n+1)}{n+1} = \binom{2n+1}{n} + \binom{2n+1}{n+1} \geq \binom{2n}{n} + \binom{2n}{n}$$

$$= 2 \cdot \binom{2n}{n} \geq 2 \cdot 2^n = 2^{n+1}.$$

Dabei haben wir in der ersten Zeile die rekursive Definition und die ersten beiden Aufgabenteile angewendet und in der zweiten die Induktionsvoraussetzung. ∎

Aufgabe 1.1.13. Es seien $n, m \in \mathbb{N}_0$. Die Anzahl der Möglichkeiten, ohne Berücksichtigung der Reihenfolge bis zu m (nicht notwendigerweise verschiedene) Zahlen zwischen 1 und n auszuwählen, werde mit $a(n, m)$ bezeichnet.

Wir behaupten, dass $a(n, m)$ die Rekursionsformel

$$a(n, m) = a(n - 1, m) + a(n, m - 1)$$

erfüllt. Wenn wir nämlich bis zu m (nicht notwendigerweise verschiedene) Zahlen zwischen 1 und n aussuchen, dann gibt es zwei Möglichkeiten: Entweder ist n dabei oder nicht. Falls n bei den ausgesuchten Zahlen vorkommt, dann gibt es einen freien Platz weniger für die restlichen Zahlen und daher ist die Anzahl dieser Möglichkeiten $a(n, m - 1)$. (Wir erinnern daran, dass die gleiche Zahl mehrmals ausgesucht werden darf – deshalb steht hier n und nicht $n - 1$.)

Falls n nicht in der Auswahl vorkommt, dann ist es so, als würden wir nur aus den Zahlen $1, \ldots, n - 1$ aussuchen, daher ist die Anzahl dieser Möglichkeiten $a(n - 1, m)$. Die Anzahl aller Möglichkeiten muss dann die Summe dieser beiden Ausdrücke sein.

Behauptung. Es gilt $a(n, m) = \binom{n + m}{m}$ für alle $n, m \in \mathbb{N}_0$.

Beweis. Wir führen Induktion über $n + m$. Das heißt, wir beweisen folgende Aussage für alle $\ell \in \mathbb{N}_0$: Sind $n, m \in \mathbb{N}_0$ mit $n + m = \ell$, so gilt

$$a(n, m) = \binom{n + m}{m}.$$

INDUKTIONSANFANG: Es gilt $a(0, 0) = 1 = \binom{0}{0}$, also ist die Behauptung für $\ell = 0$ richtig.

INDUKTIONSVORAUSSETZUNG: Es sei $\ell \geq 1$ derart, dass die Behauptung für $\ell - 1$ richtig ist. Insbesondere gilt dann: Sind $m, n \geq 1$ mit $m + n = \ell$, so ist

$$a(n - 1, m) = \binom{n + m - 1}{m} \quad \text{und} \quad a(n, m - 1) = \binom{n + m - 1}{m - 1}.$$

INDUKTIONSSCHRITT: Seien jetzt $m, n \in \mathbb{N}_0$ mit $\ell = m+n$. Ist $m = 0$ oder $n = 0$, so gilt $a(n, m) = 1$ und $\binom{n+m}{m} = 1$, also ist die Behauptung in diesem Fall richtig.

Andernfalls können wir die Rekursionsformel für $a(n, m)$, die Induktionsvoraussetzung und die Rekursionsformel für Binomialkoeffizienten anwenden:

$$a(n, m) = a(n - 1, m) + a(n, m - 1)$$
$$= \binom{n + m - 1}{m} + \binom{n + m - 1}{m - 1} = \binom{n + m}{m}. \qquad \blacksquare$$

Aufgabe 1.2.6.

Behauptung. Es sei n eine natürliche Zahl.

(a) Ist $n > 1$, so gibt es eine Primzahl p mit $p \mid n$.

(b) Ist $n > 1$ eine zusammengesetzte Zahl, so gibt es einen nicht-trivialen Teiler k von n mit $k^2 \leq n$.

Beweis von (a). Wegen $n > 1$ gibt es genau zwei Möglichkeiten:

- n ist eine Primzahl oder

- n ist zusammengesetzt.

Im ersten Fall setzen wir $p := n$ und sind fertig. (Jede Zahl teilt sich selbst!) Ist n zusammengesetzt, so betrachten wir die Menge $T := \{k \in \mathbb{N} : k > 1 \text{ und } k \mid n\}$. Das ist eine nicht-leere Menge, denn sie enthält sicherlich n. Nach dem Wohlordnungsprinzip besitzt sie ein kleinstes Element k_0. Wegen $k_0 \neq 1$ ist k_0 entweder prim oder zusammengesetzt. Sei $m \neq 1$ ein Teiler von k_0. Dann ist m auch ein Teiler von n und daher liegt m selbst in T. Da wir k_0 als kleinstes Element von T gewählt haben, muss $m = k_0$ sein. Wir haben gezeigt, dass k_0 genau zwei verschiedene Teiler besitzt, nämlich 1 und sich selbst. Daher ist k_0 prim. Also ist k_0 eine Primzahl, die n teilt, wie behauptet. $\qquad \blacksquare$

Beweis von (b). Sei jetzt $n > 1$ eine zusammengesetzte natürliche Zahl. Dann finden wir $a, b \in \mathbb{N}$ mit $a, b \neq 1$ und so, dass $n = a \cdot b$ ist. Im Falle $a \leq b$ gilt $a^2 \leq a \cdot b = n$, also ist a ein nicht-trivialer Teiler mit der gewünschten Eigenschaft. Genauso argumentieren wir, falls $b < a$ ist, dann ist nämlich b wie gefordert. $\qquad \blacksquare$

Aufgabe 1.2.12. Sei $n \in \mathbb{N}$ und p eine Primzahl, die n nicht teilt. Wir setzen $d := \mathrm{ggT}(p, n)$. Dann ist d ein Teiler von p, nach Definition von Primzahlen also $d = p$ oder $d = 1$. Im ersten Fall ist p jedoch ein Teiler von n, ein Widerspruch. Also muss $d = 1$ sein, was zu zeigen war.

Aufgabe 1.3.6. Es seien $a, b \in \mathbb{Z}$. Setze $d := \operatorname{ggT}(a, b)$ und $k := \operatorname{kgV}(a, b)$.

Behauptung. (a) $\frac{a}{d}$ und $\frac{b}{d}$ sind teilerfremd.

(b) Ist v ein gemeinsames Vielfaches von a und b, so gilt $k \mid v$.

(c) Es gilt $d \cdot k = |a \cdot b|$. Ist $d = 1$, so gilt insbesondere $k = |a \cdot b|$.

Beweis von (a). Es sei $m \in \mathbb{N}$ ein gemeinsamer Teiler von $\frac{a}{d}$ und $\frac{b}{d}$. Dann ist $m \cdot d$ ein gemeinsamer Teiler von a und b. Da d der ggT ist, gilt also $m \cdot d \leq d$, und daher $m = 1$. Es folgt $\operatorname{ggT}\left(\frac{a}{d}, \frac{b}{d}\right) = 1$, wie behauptet. ∎

Beweis von (b). Wir teilen v mit Rest durch k, schreiben also

$$v = q \cdot k + r$$

mit $0 \leq r < k$. Wir können das umschreiben als

$$r = v - q \cdot k.$$

Da v und k beide von a geteilt werden, ist a auch ein Teiler von r. Ebenso ist b ein Teiler von r. Also ist r ein gemeinsames Vielfaches von a und b. Nach Definition von $k = \operatorname{kgV}(a, b)$ und Wahl von r kann dann r keine natürliche Zahl sein, d.h. es gilt $r = 0$. Daher ist $v = q \cdot k$ und damit $k \mid v$, wie behauptet. ∎

Beweis von (c). Wir müssen zeigen, dass

$$d = \frac{|a \cdot b|}{k}$$

gilt. Zunächst einmal ist $|a \cdot b|$ ein gemeinsames Vielfaches von a und b, also ist k nach (b) ein Teiler von $|a \cdot b|$. Daher ist $m := \frac{|a \cdot b|}{k}$ eine natürliche Zahl. Es ist

$$\frac{a \cdot b}{d} = a \cdot \frac{b}{d} = b \cdot \frac{a}{d}$$

ein gemeinsames Vielfaches von a und b. Also gilt $\frac{|a \cdot b|}{d} \geq k$ und daher $d \leq m$.

Wir wollen zeigen, dass m ein gemeinsamer Teiler von a und b ist. Dazu schreiben wir $k = a \cdot b_1$ mit $b_1 \in \mathbb{Z}$. Dann ist

$$m = \frac{a \cdot b}{k} = \frac{a \cdot b}{a \cdot b_1} = \frac{b}{b_1},$$

und daher ist $b = m \cdot b_1$, und somit m ein Teiler von b.

Auf dieselbe Art und Weise sehen wir, dass m ein Teiler von a ist. Also ist m ein gemeinsamer Teiler von a und b mit $m \geq d$ und $m \in \mathbb{N}$. Nach Definition des größten gemeinsamen Teilers gilt also $m = d$, wie behauptet. ∎

Aufgabe 2.3.4.

Behauptung (a). Es sei $f : \mathbb{N} \to \mathbb{R}$ eine Funktion und $\varepsilon > 0$ mit $f(n) > \varepsilon$ für alle $n \in \mathbb{N}$. Sei $C \in \mathbb{R}$ eine beliebige Konstante.

Dann gilt $f(n) + C = O(f(n))$.

Beweis. Es gilt für alle $n \in \mathbb{N}$:

$$|f(n) + C| \leq |f(n)| + |C| = |f(n)| \cdot \left(1 + \frac{C}{|f(n)|}\right) < |f(n)| \cdot \left(1 + \frac{C}{\varepsilon}\right).$$

Setzen wir also $K := 1 + \frac{C}{\varepsilon}$, so gilt $|f(n) + C| < K \cdot |f(n)|$ für alle n. Nach der Definition der O-Notation sind wir fertig. ∎

Behauptung (b). Es seien $k, m \in \mathbb{N}_0$. Dann ist $x^k = O(x^m)$ genau dann, wenn $k \leq m$ ist.

Beweis. Ist $k \leq m$, so gilt $x^k \leq x^m$ für alle $x \in \mathbb{N}$, und daher ist $x^k = O(x^m)$.

Sei nun umgekehrt $k > m$ und C eine beliebige Konstante. Ist dann $x > C$, so gilt

$$x^k \geq x^{m+1} = x \cdot x^m > C \cdot x^m.$$

Damit haben wir gezeigt, dass nicht $x^k = O(x^m)$ gelten kann. ∎

Behauptung (c). Ist P ein Polynom des Grades höchstens d, so gilt $P(n) = O(n^d)$.

Beweis. Es sei etwa $P = a_d X^d + \cdots + a_1 X + a_0$ mit $a_0, \ldots a_d \in \mathbb{Z}$. Dann gilt für alle $n \in \mathbb{N}$:

$$P(n) = a_d n^d + \cdots + a_1 n + a_0 \leq (a_d + \cdots + a_1 + a_0) \cdot n^d. \qquad ∎$$

Behauptung (d). Für $a \leq 2$ ist $a^n = O(2^n)$. Für $a > 2$ gilt dies nicht.

Beweis. Die erste Behauptung ist klar, wegen $a^n \leq 2^n$.

Umgekehrt sei $a > 2$. Setzen wir $b := \frac{a}{2}$, so gilt also $b > 1$. Nun ist

$$a^n = (b \cdot 2)^n = b^n \cdot 2^n.$$

Wäre $a^n = O(2^n)$, so müsste $b^n \leq C$ gelten für ein geeignetes festes $C > 0$. Das ist aber nicht der Fall: Wegen $b > 1$ müsste sonst $n \leq \frac{\log b}{\log C}$ sein, was für genügend große n offensichtlich falsch ist. ∎

Behauptung (e). Es sei $\varepsilon > 0$ eine reelle Zahl. Dann gilt $\log n = O(n^\varepsilon)$.

Beweis. Wir möchten zunächst auch auf der linken Seite einen Term n^ε einführen und schreiben dazu

$$\log n = \log\left((n^\varepsilon)^{\frac{1}{\varepsilon}}\right) = \frac{\log(n^\varepsilon)}{\varepsilon}.$$

Nun gilt $\log x < x$ für alle positiven reellen Zahlen x. Das folgt zum Beispiel aus Aufgabe 1.1.8 (a), wo wir $2^n \geq 2n$ für alle $n \in \mathbb{N}$ gezeigt hatten. Also ist $n \geq \log n + 1$ und daher

$$\log x \leq \log\lceil x\rceil \leq \lceil x\rceil - 1 < x.$$

Insgesamt gilt also

$$\log n = \frac{\log(n^\varepsilon)}{\varepsilon} < \frac{n^\varepsilon}{\varepsilon}$$

und damit $\log n = O(n^\varepsilon)$, wie behauptet.   ∎

Behauptung (f). Es sei $k \in \mathbb{N}$. Dann gilt $n^k = O(2^n)$.

Beweis. Wir behaupten zunächst, dass $(n+1)^k < 2n^k$ gilt für alle genügend großen $n \in \mathbb{N}$. Dazu erinnern wir uns daran, dass wir $(n+1)^k$ gemäß des binomischen Lehrsatzes schreiben können als $n^k + P(n)$, wobei

$$P(n) := \sum_{j=0}^{k-1}\binom{k}{j}n^j$$

ein Polynom des Grades $k - 1$ in n ist. Nach Teil (c) gilt also $P(n) \leq K \cdot n^{k-1}$ für ein geeignetes $K > 0$. Ist nun $n > K$, so ist

$$(n+1)^k = n^k + P(n) \leq n^k + K \cdot n^{k-1} < n^k + n^k = 2n^k$$

wie behauptet.

Es sei jetzt $n_0 := \lceil K\rceil$ und $C := \frac{n_0^k}{2^{n_0}}$. Wir behaupten, dass

$$n^k \leq C \cdot 2^n$$

gilt für alle $n \geq n_0$. Für n_0 selbst folgt das sofort aus der Definition von C, das ist der Induktionsanfang. Ist die Behauptung nun für n richtig, so gilt für n+1:

$$(n+1)^k < 2n^k \leq 2 \cdot C \cdot 2^n = C \cdot 2^{n+1},$$

wie behauptet.   ∎

Aufgabe 2.3.5. Dass die schriftliche Division mit Rest effizient ist, begründen wir hier etwas informell. Dazu seien n und k natürliche Zahlen, gegeben der Einfachheit halber im Binärsystem. Wir wollen n mit Rest durch k teilen. Wir können natürlich annehmen, dass $n > k$ gilt; sonst geben wir n als Rest aus und sind fertig.

Es sei nun s die Stellenzahl von n und t die Stellenzahl von k. Wir wollen $n = q \cdot k + r$ schreiben. Die schriftliche Division findet diese Zahlen nach $s - t + 1$ Schritten, wobei im j-ten Schritt die j-te Stelle von q und ein Rest r_j wie folgt berechnet werden (mit $r_0 = n$ und $r_{s-t+1} = r$):

- Berechne $k'_j := 2^{s-t+1-j} \cdot k$ durch das Schreiben von $s - t + 1 - j$ Nullen hinter die Zahl k.

- Ist $k'_j \geq r_{j-1}$, so hat q an der j-ten Stelle eine 1; setze dann $r_j := r_{j-1} - k'_j$.

- Andernfalls hat q an der j-ten Stelle eine 0, und wir setzen $r_j := r_{j-1}$.

Wir führen also insgesamt höchstens $s - t + 1$ Vergleiche und Subtraktionen von bis zu s-stelligen Zahlen durch. Die Laufzeit ist damit polynomiell in s, wie behauptet.

Bemerkung. Wir könnten mit Hilfe des Prinzips „Teile und Herrsche" auch einen noch einfacheren, wenn auch weniger effizienten Algorithmus formulieren: Wir suchen nach der größten Zahl m mit $k \cdot m \leq n$. Da $m \leq n$ gelten muss, kommen wir dafür mit höchstens $\lceil \log m \rceil$ Multiplikationen aus.

Nun zum Euklidischen Algorithmus. Wenden wir diesen auf zwei Zahlen m und n mit $m > n$ an, so teilen wir zunächst m mit Rest durch n:

$$m = q_1 \cdot n + r_2, \quad q_1 \geq 1, \quad r_2 < n.$$

Wir behaupten, dass dabei $r_2 < \frac{m}{2}$ gelten muss. Ist $n \leq \frac{m}{2}$, so ist das klar wegen $r_2 < n$. Andernfalls ist $q_1 = 1$ und ebenfalls

$$r_2 = m - n < m - \frac{m}{2} = \frac{m}{2}.$$

Damit sehen wir, dass für die im Euklidischen Algorithmus auftauchenden Zahlen r_j stets $r_{j+2} < \frac{r_j}{2}$ gilt, und insbesondere ist

$$r_{2k} < \frac{m}{2^k}.$$

Es folgt, dass höchstens $2 \cdot \lceil \log m \rceil - 1$ Divisionen mit Rest durchgeführt werden müssen, bevor wir den Rest 0 erhalten und der Algorithmus anhält. Damit ist die Anzahl dieser Divisionen also von der Größenordnung $O(\log m)$, wie behauptet, und der Algorithmus ist effizient.

Aufgabe 2.3.6. Wir möchten die Potenz n^k mit dem Prinzip „Teile und Herrsche" berechnen. Die Idee ist folgende: Ist k gerade, etwa $k = 2m$, so teilen wir die Potenz auf als

$$n^k = n^m \cdot n^m.$$

Wir müssen dann die Potenz n^m nur *einmal* berechnen, und bekommen dann die Potenz n^k daraus durch Quadrierung.

Ist k ungerade, etwa $k = 2m + 1$, so ist die Idee dieselbe: wir schreiben

$$n^k = n \cdot n^m \cdot n^m,$$

und müssen wieder nur einmal die Potenz n^m berechnen, können sie aber gleich an zwei Stellen in dieser Formel verwenden.

Jetzt können wir unseren fertigen Algorithmus formulieren. Er ist *rekursiv*: Der Algorithmus ruft sich selbst bei seiner Ausführung wieder auf, dabei aber jedesmal zur Berechnung einer kleineren Potenz. Die Leserin überlege sich selbst, wie das Verfahren auch ohne Rekursion formuliert werden könnte.

ALGORITHMUS POTENZ

Eingabe: Zahlen $n \in \mathbb{Z}$ und $k \in \mathbb{N}_0$.

  1. Ist $k = 0$, gib 1 aus.

  2. Ist $k = 1$, gib n aus.

  3. Ist $k \geq 2$, schreibe $k = 2m$ oder $k = 2m + 1$ und verwende den Algorithmus POTENZ, um $a = n^m$ zu berechnen.

    (a) Ist k gerade, so ist das Ergebnis gegeben durch a^2.

    (b) Ist k ungerade, so ist das Ergebnis gegeben durch $k \cdot a^2$.

Schritt **3.** wird genau $\lfloor \log k \rfloor$-mal ausgeführt, und jedesmal werden höchstens zwei Multiplikationen durchgeführt. Also wird insgesamt höchstens $2\lfloor \log k \rfloor$-mal multipliziert.

Aufgabe 2.3.7. Seien $k, n \in \mathbb{N}$. Um die Zahl $m_0 := \lfloor \sqrt[k]{n} \rfloor$ effizient zu ermitteln, verwenden wir wieder das Verfahren „Teile und Herrsche". Es gilt $m_0 \leq n$, also müssen wir höchstens $\lceil \log n \rceil$-mal überprüfen, ob eine Potenz m^k größer ist als n oder nicht.

Nach der vorigen Aufgabe ist das effizient möglich. (Wir weisen darauf hin, dass wir bei der Potenzbildung abbrechen können, wenn wir bei einer Zahl ankommen, die größer ist als n; dementsprechend rechnen wir stets nur mit Zahlen der Stellenzahl höchstens $2\lfloor \log n \rfloor + 2$.) Insgesamt ist dieser Algorithmus also effizient.

Für praktische Zwecke können wir den Algorithmus verbessern, indem wir bessere Schranken für m_0 angeben. Dazu erinnern wir uns daran, dass die Anzahl t der Stellen von n in Binärdarstellung (in der wir uns n hier gegeben vorstellen) genau $\lfloor \log n \rfloor + 1$ ist. Nach Definition von m_0 gilt $m_0^k \leq n$ und $(m_0 + 1)^k > n$. Daraus folgt

$$\log m_0 \leq \left\lceil \frac{t}{k} \right\rceil \quad \text{und} \quad \log(m_0 + 1) > \left\lfloor \frac{t-1}{k} \right\rfloor,$$

also ist

$$2^{\lfloor \frac{t-1}{k} \rfloor} - 1 \leq m_0 \leq 2^{\lceil \frac{t}{k} \rceil},$$

und wir können uns bei der Anwendung des Prinzips „Teile und Herrsche" auf die Suche nach einem solchen m_0 beschränken.

Wollen wir nun eine natürliche Zahl n daraufhin testen, ob es natürliche Zahlen m und $k > 1$ gibt mit $n = m^k$, so können wir für $k = 2, 3, 4, \ldots$ jeweils die Zahl $m_k := \lfloor \sqrt[k]{n} \rfloor$ berechnen, bis zum ersten Mal entweder $m_k^k = n$ oder $m_k^k > n$ gilt. Im ersten Fall lautet die Antwort „ja", im letzteren Fall lautet sie „nein".

Da wir offensichtlich höchstens $\log n$ Zahlen k ausprobieren müsen, ist dieser Algorithmus effizient.

Aufgabe 2.5.4.

Behauptung. Es sei P ein ganzzahliges Polynom in n Variablen, welches nicht konstant gleich 0 ist, und d der höchste Exponent, mit dem eine der Variablen in P auftritt. Sei ferner $M > 0$.

Dann gibt es höchstens $n \cdot d \cdot M^{n-1}$ ganzzahlige Nullstellen von P, deren Koordinaten alle zwischen 1 und M liegen.

Beweis. Wir beweisen die Behauptung durch Induktion über n. Für $n = 0$ kommen in P gar keine Variablen vor, d.h. P ist ein konstantes Polynom. P ist aber nicht konstant gleich 0, hat also gar keine Nullstellen. Das ist der Induktionsanfang.

Jetzt sei die Behauptung für n richtig; wir müssen sie für $n + 1$ beweisen. Es sei also P ein Polynom in $n + 1$ Variablen, das nicht konstant gleich 0 ist. Dann gibt es Zahlen $y_1, \ldots, y_n, y_{n+1}$ mit $P(y_1, \ldots, y_n, y_{n+1}) \neq 0$. Wir betrachten jetzt eine ganzzahlige Nullstelle $(x_1, x_2, \ldots, x_n, x_{n+1})$ von P mit $x_j \in \{1, \ldots, M\}$ für alle $j \in \{1, \ldots, n+1\}$. Wir unterscheiden zwei Fälle:

(a) Ist $P(y_1, y_2, \ldots, y_n, x_{n+1}) \neq 0$, so ist $(x_1, \ldots, x_n)$ eine Nullstelle eines nicht-konstanten Polynoms in n Variablen $X_1, \ldots X_n$, nämlich

$$Q(X_1, \ldots, X_n) := P(X_1, \ldots, X_n, x_{n+1}).$$

Nach Induktionsvoraussetzung hat dieses Polynom höchstens $n \cdot d \cdot M^{n-1}$ Nullstellen. Da wir bis zu M mögliche Werte für x_{n+1} haben, gibt es insgesamt höchstens $n \cdot d \cdot M^n$ Nullstellen dieser Art.

(b) Ist andererseits $P(y_1, \ldots, y_n, x_{n+1}) = 0$, so ist x_{n+1} eine Nullstelle des Polynoms

$$R(X) := P(y_1, \ldots, y_n, X)$$

in *einer Variablen* X. Nach Folgerung 3.4.5 gibt es höchstens d solche Werte x_{n+1}. Für $x_1, \ldots, x_n$ haben wir insgesamt M^n Möglichkeiten, also gibt es höchstens $d \cdot M^n$ Nullstellen dieser Art.

Insgesamt gibt es also höchstens

$$n \cdot d \cdot M^n + d \cdot M^n = (n+1) \cdot d \cdot M^n$$

Nullstellen dieser Form, und damit ist der Induktionsschluss vollendet. ∎

Aufgabe 2.5.5. Wir betrachten eine Münze, die bei jedem Wurf mit Wahrscheinlichkeit p „Kopf" und mit Wahrscheinlichkeit $q = 1 - p$ „Zahl" zeigt.

Behauptung (a). Die Wahrscheinlichkeit, dass nach n Würfen keinmal „Kopf" gefallen ist, beträgt genau q^n.

Beweis. Das folgt sofort aus den üblichen Regeln der Wahrscheinlichkeitslehre: Die Wahrscheinlichkeit, dass n voneinander unabhängige Ereignisse eintreten, ist das Produkt über deren Wahrscheinlichkeiten. ∎

Insbesondere ist im Fall $q = 1/2$ diese Wahrscheinlichkeit genau $1/2^n$. Möchten wir, dass

$$\frac{1}{2^n} < 0{,}000001$$

gilt, so müssen wir

$$n = \left\lceil \log \frac{1}{0{,}000001} \right\rceil = \lceil \log 10^6 \rceil = 20$$

wählen. Nach 20 Münzwürfen erhalten wir also mit mehr als 99,9999-prozentiger Wahrscheinlichkeit mindestens einmal „Kopf".

Behauptung (c). Die durchschnittliche Anzahl der Würfe, bis wir das erste Mal „Kopf" erhalten, ist genau

$$\frac{1}{p}.$$

Beweis. Die Wahrscheinlichkeit, dass wir nach n Würfen das erste Mal „Kopf" erhalten (d.h. wir werfen erst $(n-1)$-mal „Zahl" und dann einmal „Kopf") beträgt $p \cdot q^{n-1}$. Der Erwartungswert ist also nach Definition die (unendliche) Summe

$$\sum_{j=1}^{\infty} j \cdot p \cdot q^{j-1} = p \cdot \sum_{j=0}^{\infty} (j+1) \cdot q^j.$$

Diese Summe können wir nach Aufgabe 1.1.8 berechnen. Denn es gilt

$$\sum_{j=0}^{k-1} (j+1) \cdot q^j = \frac{kq^{k+1} - (k+1)q^k + 1}{(1-q)^2}.$$

Im Grenzwert für $k \to \infty$ geht wegen $q < 1$ der Zähler der rechten Seite gegen 1; daher ist

$$p \cdot \sum_{j=0}^{\infty} (j+1) \cdot q^j = \frac{p}{(1-q)^2} = \frac{p}{p^2} = p,$$

wie behauptet.   ∎

     Im Algorithmus POLY-NULL beträgt die Wahrscheinlichkeit, eine Nicht-Nullstelle zu finden, mindestens $1/2$. Also werden im Durchschnitt höchstens zwei Wiederholungen benötigt, um ein Polynom als nicht konstant gleich Null zu erkennen.

Aufgabe 3.1.8.

Behauptung. Seien a,b ganze Zahlen, m, n natürliche Zahlen mit $m \mid n$, und sei $a \equiv b \pmod{n}$. Dann ist $a \equiv b \pmod{m}$. Die Umkehrung ist falsch.

Beweis. $a \equiv b \pmod{n}$ bedeutet, dass $a - b$ durch n teilbar ist. Aber m teilt n, also ist $a - b$ auch durch m teilbar und damit ist $a \equiv b \pmod{m}$ wie behauptet.

     Um zu zeigen, dass die Umkehrung nicht wahr ist, geben wir ein Gegenbeispiel an: $2 \mid 4$ und $8 \equiv 10 \pmod{2}$, aber 8 ist nicht kongruent zu 10 modulo 4.   ∎

Aufgabe 3.1.11.
Die Zahlen 4 und 3 sind Nullteiler modulo 6, denn sie sind beide nicht kongruent zu 0 modulo 6, aber das Produkt $3 \cdot 4 = 12$ ist durch 6 teilbar.

     Ebenso sind 2 und 5 Nullteiler modulo 10, denn sie sind beide nicht kongruent zu 0 modulo 10, aber $2 \cdot 5 = 10$ ist durch 10 teilbar.

     Sei jetzt p eine Primzahl und seien x, y ganze Zahlen mit der Eigenschaft $xy \equiv 0 \pmod{p}$. Dann ist p ein Teiler von xy, mit Korollar 1.3.2 also auch ein Teiler von x oder von y. Das heißt: Modulo einer Primzahl gibt es keine Nullteiler. Das ist bereits der Beweis für eine Hälfte des folgenden Satzes:

Behauptung. Sei $n \geq 2$. Es gibt Nullteiler modulo n genau dann, wenn n zusammengesetzt ist.

Beweis. Wir haben oben gezeigt, dass es keine Nullteiler gibt, falls n prim ist. Falls es also umgekehrt Nullteiler gibt modulo n, dann muss n zusammengesetzt sein. Nehmen wir nun an, dass n zusammengesetzt ist. Dann gibt es $x, y \in \mathbb{N}$ so, dass $n = xy$ ist, mit $1 < x \leq y < n$. Weder x noch y ist kongruent zu 0 modulo n, aber $xy = n$ ist durch n teilbar. Also sind x und y Nullteiler modulo n. ∎

Aufgabe 3.1.12. Es sei $n \geq 2$, $a \geq 0$ und $k \in \mathbb{N}$. Der Einfachheit halber können wir annehmen, dass $a < n$ gilt (sonst teilen wir a ganz zu Anfang einmal mit Rest durch n, was mit der schriftlichen Division effizient geht).

Um den Rest von a^k zu berechnen, verfahren wir wie in Aufgabe 2.3.6, reduzieren aber alle auftretenden Zahlen modulo n. Wir müssen dann höchstens $2\lfloor \log k \rfloor$ Multiplikationen von Zahlen durchführen, die kleiner als n sind; insgesamt ist dieser Algorithmus also effizient.

Jetzt geht es um die Berechnung des Inversen von a modulo n. In Aufgabe 2.3.5 haben wir gesehen, dass der Euklidische Algorithmus effizient ist und dass bei seiner Anwendung auf n und a höchstens $2\lceil \log n \rceil - 1$ Divisionen mit Rest durchgeführt werden. Das „Rückwärtseinsetzen" in die auftretenden Gleichungen erfordert dann auch noch einmal höchstens $\log n$ Schritte. Wir können dabei alle auftretenden Zahlen modulo n reduzieren. Also führen wir nur Rechenoperationen mit Zahlen aus, die kleinere Stellenzahl als n haben, und die Anzahl dieser Rechenoperationen ist polynomiell in $\log n$ beschränkt. Insgesamt ist der Algorithmus daher effizient.

Bemerkung. Die Zahlen s und t mit $s \cdot n + t \cdot a = 1$, die wir mit dem Euklidischen Algorithmus berechnen, werden in Wahrheit für keine Wahl von n und a größer als n werden. Daher ist es nicht nötig, in jedem Schritt modulo n zu reduzieren, aber wir beweisen diese Tatsache hier nicht.

Aufgabe 3.2.9. Seien $a, n \in \mathbb{Z}$, $n \geq 2$ und a teilerfremd zu n. Setze $k := \mathrm{ord}_n(a)$.

Behauptung. (a) Sind $b_1, b_2 \in \mathbb{N}_0$ mit $b_1 \equiv b_2 \pmod{k}$, so ist $a^{b_1} \equiv a^{b_2} \pmod{n}$.

(b) Sei $A := \{a^j \bmod n : j \geq 0\}$ die Menge der Reste modulo n aller Potenzen von a. Dann ist

$$A = \{1, a \bmod n, a^2 \bmod n, \ldots, a^{k-1} \bmod n\}.$$

(c) $\#A = k$.

Beweis. Um (a) zu beweisen, seien $b_1, b_2 \in \mathbb{N}_0$ mit $b_1 \equiv b_2 \pmod{k}$. Wir können annehmen, dass $b_1 \le b_2$ ist. Nach Voraussetzung ist $b_2 - b_1$ durch k teilbar, also $b_2 - b_1 = k \cdot s$ mit $s \in \mathbb{N}_0$. Nun ist

$$a^{b_1} = a^{ks+b_2} = (a^k)^s \cdot a^{b_2} \equiv 1^s \cdot a^{b_2} = a^{b_2} \pmod{n}$$

wie behauptet.

Daraus folgt schon, dass die in (b) definierte Menge A höchstens k verschiedene Elemente hat und dass ihre Elemente genau die in (b) angegebenen sind. Um (c) zu beweisen, müssen wir nur noch sehen, dass alle Potenzen $1, a, a^2, ..., a^{k-1}$ modulo n verschieden sind. Das folgt aus Hilfssatz 3.2.1. ∎

Aufgabe 3.2.13.

Behauptung.   (a) Sind $n, m \in \mathbb{N}$ teilerfremd, so ist $\varphi(nm) = \varphi(n) \cdot \varphi(m)$.

(b) Ist p prim und $k \in \mathbb{N}$, so ist $\varphi(p^k) = (p-1) \cdot p^{k-1}$.

Beweis von (a). Wir verwenden den Chinesischen Restsatz (Satz 3.1.5). Er besagt: Sind $a_1, a_2 \in \mathbb{N}_0$ mit $a_1 < n$ und $a_2 < m$, so gibt es genau eine Zahl x zwischen 0 und $nm - 1$ mit $x \equiv a_1 \pmod{n}$ und $x \equiv a_2 \pmod{m}$.

Ist x teilerfremd zu nm, so ist x offensichtlich auch teilerfremd zu n und zu m, d.h. $a_1 \in \mathrm{Tf}(n)$ und $a_2 \in \mathrm{Tf}(m)$. Ist umgekehrt a_1 teilerfremd zu n und a_2 teilerfremd zu m, so ist x teilerfremd sowohl zu n als auch zu m und damit auch (nach Korollar 1.3.2) zu nm.

Es gibt also genau $\varphi(n) \cdot \varphi(m)$ Möglichkeiten, die Zahlen a_1 und a_2 so zu wählen, dass x zu nm teilerfremd ist, und damit ist die Behauptung bewiesen. ∎

Beweis von (b). Die *nicht* zu p^k teilerfremden Zahlen in $\{0, 1, ..., p^k - 1\}$ sind genau die Vielfachen von p in dieser Menge, also

$$0, p, 2p, ... p^2, 2p^2, ..., (p-1)p^{k-1}.$$

Deren Anzahl ist p^{k-1}, und alle übrigen Zahlen von 0 bis $p^k - 1$ sind teilerfremd zu p^k. Daher ist $\varphi(p^k) = p^k - p^{k-1} = (p-1) \cdot p^{k-1}$. ∎

Wir verwenden jetzt die gerade bewiesenen Regeln, um $\varphi(10)$, $\varphi(50)$ und $\varphi(180)$ auszurechnen:

$$\varphi(10) = \varphi(2 \cdot 5) = \varphi(2)\varphi(5) = 1 \cdot 4 = 4;$$
$$\varphi(50) = \varphi(2 \cdot 5^2) = \varphi(2)\varphi(5^2) = 1 \cdot 4 \cdot 5^1 = 20;$$
$$\varphi(180) = \varphi(2^2)\varphi(3^2)\varphi(5) = (1 \cdot 2) \cdot (2 \cdot 3) \cdot 4 = 2 \cdot 6 \cdot 4 = 48.$$

Behauptung. Ist $n \in \mathbb{N}$, $n > 2$, so ist $\varphi(n)$ gerade.

Beweis. Wir nehmen zunächst an, dass n einen ungeraden Primteiler p besitzt. Dann können wir n schreiben als $n = p^k \cdot m$ mit $k, m \in \mathbb{N}$ und $p \nmid m$. Jetzt gilt

$$\varphi(n) = \varphi(p^k \cdot m) = \varphi(p^k) \cdot \varphi(m) = (p-1) \cdot p^{k-1} \cdot \varphi(m).$$

Da p ungerade ist, ist $p - 1$ gerade. Also ist auch $\varphi(n)$ eine gerade Zahl.

Hat n keinen ungeraden Primteiler, so gilt $n = 2^k$ für ein $k \geq 2$, denn nach Voraussetzung ist ja $n > 2$. Also folgt

$$\varphi(n) = \varphi(2^k) = (2-1) \cdot 2^{k-1} = 2^{k-1}.$$

Wegen $k \geq 2$ ist das auch eine gerade Zahl, wie behauptet. ∎

Aufgabe 3.4.15.

Behauptung. Ist P ein rationales Polynom mit $\operatorname{grad} P \geq 1$, so gibt es ein über $\mathbb{Q}$ irreduzibles ganzzahliges Polynom H, welches P teilt.

Beweis. Wir argumentieren ähnlich zu dem Beweis, dass jede natürliche Zahl $n \geq 2$ einen Primfaktor besitzt. Es sei dazu $k \geq 1$ minimal mit der Eigenschaft, dass es ein rationales Polynom H' des Grades k gibt, welches P über $\mathbb{Q}$ teilt. Die Koeffizienten von H' sind allesamt rationale Zahlen; es sei d das kleinste gemeinsame Vielfache der Nenner dieser Koeffizienten. Dann ist $H := d \cdot H'$ ein ganzzahliges Polynom vom Grad k, und wegen $H' = \frac{1}{d} \cdot H$ ist auch H ein Teiler von P über $\mathbb{Q}$.

Wir behaupten, dass H irreduzibel über $\mathbb{Q}$ ist. Ein nicht-trivialer Teiler T von H über $\mathbb{Q}$ wäre nämlich auch ein Teiler von P mit $1 \leq \operatorname{grad} T < k$, und das würde der Wahl von k widersprechen. ∎

Aufgabe 3.5.9. Es sei $n \geq 2$ eine natürliche Zahl. Außerdem seien P und Q Polynome, wobei der Leitkoeffizient von P zu n teilerfremd ist und alle auftretenden Koeffizienten (der Einfachheit halber) zwischen 0 und $n - 1$ liegen. Wir betrachten das Teilen mit Rest von Q durch P modulo n; d.h. wir suchen Polynome T und Q mit

$$Q \equiv T \cdot P + R \pmod{n}.$$

Das Verfahren funktioniert ja wie folgt:

1. Ist $\operatorname{grad} Q < \operatorname{grad} P$, so ist $T = 0$ und $R = Q$, und wir sind fertig.

2. Sonst setzen wir $k := \operatorname{grad} Q - \operatorname{grad} P$ und teilen den Leitkoeffizienten von Q modulo n durch den Leitkoeffizienten von P. Wir nennen diese Zahl a; das Polynom T wird dann Grad k haben und sein Leitkoeffizient ist a.

3. Um die weiteren Koeffizienten von T und den Rest R zu bestimmen, berechnen wir das Polynom $Q - a \cdot P \cdot X^k$ und reduzieren alle Koeffizienten modulo n. Wir ersetzen Q durch das so erhaltene Polynom Q' und machen bei Schritt 1 weiter.

Wir wissen, dass die Division modulo n effizient durchführbar ist, und Schritt 3 erfordert für jeden der Koeffizienten von Q höchstens eine Multiplikation und eine Subtraktion modulo n. Das Polynom Q' hat modulo n kleineren Grad als Q, also werden die Schritte 2 und 3 höchstens ($\operatorname{grad} Q - \operatorname{grad} P$)-mal ausgeführt. Insgesamt ist das Verfahren polynomiell in $\log n$, $\operatorname{grad} P$ und $\operatorname{grad} Q$.

Insbesondere können Summen und Produkte modulo n und H effizient berechnet werden. Denn Summen und Produkte von ganzzahligen Polynomen können effizient berechnet werden: Für die Summe müssen nur die Koeffizienten addiert werden; das Produkt zweier Polynome P und Q erfordert (mit dem „offensichtlichen" Algorithmus) bis zu $\operatorname{grad} P \cdot \operatorname{grad} Q$ Multiplikationen von Koeffizienten und höchstens $\operatorname{grad} P \cdot \operatorname{grad} Q$ Additionen der resultierenden Zahlen. Danach müssen wir dann noch jeweils eine Division mit Rest durch H modulo n durchführen, die ja wie oben besprochen effizient ist.

Zu guter Letzt können wir Potenzen modulo n und H wie in Aufgabe 2.3.6 berechnen. Dabei ist es wichtig, wie in Aufgabe 3.1.12 in jedem Schritt die auftretenden Polynome durch den Rest beim Teilen duch H modulo n zu ersetzen. (Damit wird verhindert, dass die Koeffizienten und die Grade dieser Polynome zu groß werden.)

Aufgabe 3.5.11. Es sei $n \geq 2$, $a \in \mathbb{Z}$ und P ein Polynom.

Behauptung. (a) a ist eine Nullstelle von P genau dann, wenn $(X - a)$ ein Teiler von P modulo n ist.

(b) Ist $P \not\equiv 0 \pmod{n}$, so hat P eine Darstellung

$$P \equiv (X - a_1) \cdots (X - a_m) \cdot Q \pmod{n}. \tag{B.2}$$

Hierbei ist $m \geq 0$, jede der Zahlen $a_1, \ldots, a_m$ liegt zwischen 0 und $n - 1$ und Q ist ein Polynom, welches keine Nullstellen modulo n besitzt.

(c) Ist n prim, so sind die Zahlen $a_1, \ldots, a_m$ bis auf die Reihenfolge eindeutig bestimmt. Das heißt, ist

$$P \equiv (X - b_1) \cdots (X - b_k) \cdot R \pmod{n}$$

eine weitere solche Darstellung, so ist $m = k$ und die b_j stimmen bis auf die Reihenfolge mit den a_j überein.

(d) Ist n prim und $P \not\equiv 0 \pmod{n}$, so hat P modulo n höchstens $\operatorname{grad}_n(P)$ Nullstellen.

Beweisskizze. Teil (a) geht genauso wie Satz 3.4.4. Ist $(X - a)$ ein Teiler von P modulo n, so ist klar, dass dann a eine Nullstelle von P modulo n sein muss. Ist umgekehrt a eine Nullstelle von P modulo n, so teilen wir P mit Rest durch $(X - a)$. Der Rest (ein konstantes Polynom) muss dann wegen $P(a) \equiv 0 \pmod{n}$ zu 0 kongruent sein.

Teil (b) folgt aus Teil (a) durch Induktion nach dem Grad von P. Hat P selbst keine Nullstellen modulo n, so setzen wir $m := 0$ und $Q := P$. Andernfalls sei a eine Nullstelle von P modulo n; dann können wir nach (a) durch $X - a$ teilen: $P \equiv (X - a) \cdot P' \pmod{n}$, wobei $\operatorname{grad} P' = \operatorname{grad} P - 1$ gilt. Die Behauptung folgt dann aus der Induktionsvoraussetzung.

Teil (c) können wir so ähnlich beweisen wie die Eindeutigkeit der Primfaktorzerlegung von natürlichen Zahlen (Satz 1.3.1). Wir argumentieren dazu per Induktion über die Zahl m aus der Darstellung von P gemäß (B.2). Ist $m = 0$, so ist also $P \equiv Q \pmod{n}$, und P besitzt keine Nullstellen modulo n. Dann hat P offensichtlich keine andere solche Darstellung.

Andernfalls gibt es eine Nullstelle a von P modulo n mit $0 \leq a < n$. Sind

$$P \equiv (X - a_1) \cdots (X - a_m) \cdot Q \quad \text{und} \quad P \equiv (X - b_1) \cdots (X - b_k) \cdot R \pmod{n}$$

zwei Darstellungen wie oben, so muss wegen der Nullteilerfreiheit modulo p (Aufgabe 3.1.11) eine der Zahlen a_j zu a kongruent sein und ebenso eine der Zahlen b_j. Wir können die Darstellungen also so umordnen, dass $a_1 \equiv a \equiv b_1 \pmod{n}$ gilt. Wenn wir jetzt die Induktionsvoraussetzung auf

$$P' := (X - a_2) \cdots (X - a_m) \cdot Q \equiv (X - b_2) \cdots (X - b_k) \cdot Q$$

anwenden, sind wir fertig.

Teil (d) folgt ebenso aus Teil (b) und der Nullteilerfreiheit, denn die Nullstellen von P modulo n sind genau die zu $a_1, \ldots, a_m$ kongruenten ganzen Zahlen und es gilt $m \leq \operatorname{grad} P$. (Alternativ können wir wie in Folgerung 3.4.5 (d) mit Hilfe von (a) und einer Induktion beweisen.)∎

Aufgabe 3.5.14. Es sei p eine Primzahl und P ein Polynom mit $P \not\equiv 0 \pmod{p}$.

Behauptung. (a) Ist $\operatorname{grad}_p(P) > 0$, so gibt es ein normiertes und modulo p irreduzibles Polynom H, welches modulo p ein Teiler von P ist.

(b) Es gibt $m \geq 0$, $a \in \mathbb{Z}$ und irreduzible normierte Polynome $H_1, \ldots, H_m$ mit

$$P \equiv a \cdot H_1 \cdots H_m \pmod{p}.$$

Beweisskizze. Der Beweis von Teil (a) ist vollkommen analog zu Aufgabe 3.4.15.

Teil (b) folgt aus Teil (a) durch Induktion über den Grad von P; wir überlassen der Leserin die Details.   ∎

Aufgabe 4.4.5. Es sei $n \geq 1$ und $v(n)$ das kleinste gemeinsame Vielfache von $1, 2, 3, \ldots, n$.

Behauptung (a). Es gilt $v(n) \geq 2^{\pi(n)}$.

Beweis. Die Behauptung ist für $n = 1$ richtig, denn es gilt $v(1) = 1$ und $\pi(1) = 0$.

Sei nun $n \geq 2$ und setze $k := \pi(n)$. Nach Definition sind dann unter den Zahlen $1, 2, 3, \ldots, n$ genau k Primzahlen; nennen wir sie $p_1, \ldots, p_k$. Es gilt also

$$\mathrm{kgV}(p_1, \ldots, p_k) \mid v(n).$$

Nun ist aber $\mathrm{kgV}(p_1, \ldots, p_k) = \prod_{j=1}^{k} p_j$ (siehe Aufgabe 1.3.6). Also wird $v(n)$ von diesem Produkt geteilt; insbesondere gilt (wegen $p_j \geq 2$):

$$v(n) \geq \prod_{j=1}^{k} p_j \geq 2^k. \qquad \blacksquare$$

Bemerkung. Wir hätten den Fall $n = 1$ eigentlich nicht gesondert behandeln müssen, auch hier ist der Beweis richtig. Denn es gilt dann $k = 0$, und sowohl $v(1)$ als auch das (leere) Produkt über die Primzahlen ≤ 1 sind gleich 1.

Behauptung (b). Es gilt $v(n) \geq \sqrt{n}^{\pi(n)}$.

Beweis. Wieder ist nur der Fall $n \geq 2$ zu behandeln. Es seien dazu wie oben $k = \pi(n)$ und $p_1, \ldots, p_k$ die Primzahlen $\leq n$. Sei

$$v(n) = p_1^{e_1} \cdots p_k^{e_k}$$

die Primfaktorzerlegung von $v(n)$. Wie im Beweis von Hilfssatz 4.4.2 erwähnt, ist dabei e_j die größte natürliche Zahl mit $p_j^{e_j} \leq n$. Insbesondere gilt $p_j^{e_j} \geq \sqrt{n}$, denn sonst wäre $p_j^{e_j+1} < n$. Also gilt, wie behauptet:

$$v(n) = \prod_{j=1}^{k} p_j^{e_j} \geq \sqrt{n}^{k}. \qquad \blacksquare$$

Aufgabe 4.5.7. Festzustellen, ob n gerade ist, erfordert nur eine Division mit Rest durch 2, und die ist sicher effizient möglich. (Wenn n, wie üblich, im Binärsystem gegeben ist, ist das sogar noch einfacher – wir müssen nur schauen, ob die letzte Stelle eine 0 ist.) Dass echte Potenzen effizient erkannt werden können, ist Aufgabe 2.3.7.

Die Zahl $n-1$ als $d \cdot 2^l$ zu schreiben, erfordert höchstens $\lfloor \log n \rfloor + 1$ Divisionen mit Rest. (Im Binärsystem ist es wieder noch einfacher, wie die Leserin sich selbst überlegen kann.)

Zum Test der Teilerfremdheit von a und n verwenden wir den Euklidischen Algorithmus; dieser ist effizient (Aufgabe 2.3.5). Berechnung der Potenz $a^d \bmod n$ ist ebenfalls effizient möglich (Aufgabe 3.1.12).

Dasselbe gilt für die Potenzen b, b^2, b^4, etc. Wir müssen hier höchstens $l - 1$ Zahlen berechnen, und es gilt ja $l \leq \log n$. Also ist der Algorithmus insgesamt effizient.

Aufgabe 5.1.4. Es sei $n \geq 2$ eine natürliche Zahl und p ein Primteiler von n. Ferner sei j der größte Exponent derart, dass p^j ein Teiler von n ist.

Behauptung (a). Es gilt $\binom{n}{p} \not\equiv 0 \pmod{p^j}$.

Beweis. Es ist

$$p! \binom{n}{p} = \frac{n!}{(n-p)!} = (n-p+1) \cdot (n-p+2) \cdots n.$$

Da $(n-p+1)$ bis $n-1$ nicht von p geteilt werden, wird die rechte Seite dieser Gleichung von p^j geteilt, aber nicht von p^{j+1}. Also wird auch die linke Seite der Gleichung nicht von p^{j+1} geteilt, und daher wird $\binom{n}{p}$ nicht von p^j geteilt, wie behauptet. ∎

Behauptung (b). Es gilt $\binom{n}{p^j} \not\equiv 0 \pmod{p}$.

Beweis. Die Idee ist ähnlich wie oben, aber wir müssen etwas genauer zählen. Es gilt wieder

$$(p^j)! \binom{n}{p^j} = (n-p^j+1) \cdot (n-p^j+2) \cdots n.$$

Wir müssen nun zeigen, dass die höchste Potenz von p, die die rechte Seite der Gleichung teilt, auch $(p^j)!$ teilt. Dazu bezeichnen wir mit $e_p(m) \in \mathbb{N}_0$ den Exponenten, mit dem p in der Primfaktorzerlegung von $m \in \mathbb{N}$ auftaucht. D.h. $p^{e_p(m)}$ teilt m, aber $p^{e_p(m)+1}$ tut das nicht.

Ist jetzt $k \in \mathbb{N}$ mit $k \leq p^j$, so gilt

$$e_p(k) = e_p(n - p^j + k).$$

(Überlege selbst, warum!) Also ist

$$e_p((p^j)!) = \sum_{k=1}^{p^j} e_p(k) = \sum_{k=1}^{p^j} e_p(n - p^j + k) = e_p((n - p^j + 1) \cdots n).$$

Mit Korollar 1.3.2 muss

$$e_p\left(\binom{n}{p^j}\right) = 0$$

sein, wie behauptet.   ∎

Aufgabe 5.1.6. Hier geht es darum, einen effizienten Algorithmus für die Prüfung der Kongruenz

$$(P(X))^n \equiv P(X^n) \pmod{n, Q}$$

anzugeben.

   Dabei ist $n \geq 2$, Q und P sind ganzzahlige Polynome, deren Koeffizienten zwischen 0 und $n-1$ liegen, und der Grad $d := \operatorname{grad} P$ ist kleiner als $r := \operatorname{grad} Q$. Außerdem soll der Leitkoeffizient von Q zu n teilerfremd sein.

   Dass die Potenz $((P(X))^n \pmod{n, Q}$ effizient berechnet werden kann, haben wir bereits in Aufgabe 3.5.9 gesehen. Das heißt, wir können effizient das (eindeutig bestimmte) modulo n und Q zu $(P(X))^n$ kongruente Polynom berechnen, dessen Grad kleiner als r ist und dessen Koeffizienten zwischen 0 und $n-1$ liegen.

   Schreibe nun

$$P(X) = a_d X^d + \cdots + a_1 X + a_0.$$

Dann ist

$$P(X^n) = a_d X^{nd} + \cdots + a_1 X^n + a_0.$$

Wieder aufgrund von Aufgabe 3.5.9 können wir die Potenzen X^{nd}, $X^{n(d-1)}$, …, X^n modulo n und Q effizient berechnen. Zur Berechnung von $P(X^n)$ müssen wir jetzt nur noch $d + 1$ Polynome von kleinerem Grad als r addieren und dann modulo n und Q reduzieren, was effizient möglich ist.

   Zu guter Letzt müssen die höchstens r Koeffizienten der beiden Ergebnisse verglichen werden, und wir sind fertig.

Aufgabe 5.2.1.

Behauptung. Es sei p eine Primzahl und P ein (ganzzahliges) Polynom. Dann gilt für alle $m \in \mathbb{N}_0$:

$$(P(X))^{p^m} \equiv P(X^{p^m}) \pmod{p}.$$

Beweis. Die Idee ist ganz einfach: Potenzieren mit p^m ist dasselbe, wie m-mal mit p zu potenzieren. Das heißt, wir müssen nur m-mal Satz 5.1.1 anwenden und sind fertig.

   Formal beweisen wir die Behauptung durch Induktion nach m. Für $m = 0$ ist die Behauptung trivial, denn es gilt

$$(P(X))^{p^0} = P(X) = P(X^{p^0}).$$

Es sei die Behauptung nun für $m \geq 0$ richtig, und wir müssen sie für $m + 1$ verifizieren. Es gilt nach Induktionsvoraussetzung:

$$(P(X))^{p^{m+1}} = \left((P(X))^{p^m}\right)^p \equiv (P(X^{p^m}))^p \quad (\text{mod } p).$$

Mit Satz 5.1.1 ist außerdem

$$\left(P(X^{p^m})\right)^p \equiv P((X^p)^{p^m}) = P(X^{p^{m+1}}) \quad (\text{mod } p),$$

wie behauptet. ∎

Aufgabe 5.2.2. Sei n eine zusammengesetzte Zahl, die zwei verschiedene Primteiler p und q besitzt. Sei außerdem a zu n teilerfremd.

Behauptung. Es gilt
$$(X + a)^n \not\equiv X^n + a \quad (\text{mod } p).$$

Beweis. Der Beweis ist wie in Satz 5.1.3, aber jetzt unter Verwendung von Aufgabe 5.1.4 (b).

Es sei j die größte Zahl mit $p^j \mid n$; dann gilt nach Voraussetzung $p^j < n$. Der p^j-te Koeffizient von $(X + a)^n$ ist

$$\binom{n}{p^j} a^{p^j},$$

und dieser ist nach Aufgabe 5.1.4 (b) modulo p nicht zu Null kongruent. ∎

Aufgabe 6.4.3. Es sei $n \geq 2$ und H ein Polynom, dessen Leitkoeffizient zu n teilerfremd ist.

Behauptung. Es sei $r \geq 1$ mit $X^r \equiv 1$ (mod n, H), und es sei k die kleinste natürliche Zahl mit $X^k \equiv 1$ (mod n, H). Dann gilt $k \mid r$.

Beweis. Das geht haargenau so wie in Hilfssatz 3.2.1. Wir teilen r mit Rest durch k:

$$r = t \cdot k + r_0,$$

wobei $0 \leq r_0 < k$ gilt. Dann ist

$$1 \equiv X^r = X^{t \cdot k + r_0} = \left(X^k\right)^t \cdot X^{r_0} \equiv X^{r_0} \quad (\text{mod } n, H).$$

Wegen $r_0 < k$ und nach Wahl von k muß also $r_0 = 0$ gelten. Also gilt $r = t \cdot k$; d.h. $k \mid r$ wie behauptet. ∎

Notationsverzeichnis

Stichwortverzeichnis

Literaturverzeichnis

[AB]   Agrawal, M. und Biswas, S.: Primality and Identity Testing via Chinese Remaindering. *Journal of the ACM* **50** (2003), No. 4, 429 – 443.

[AKS]   Agrawal, M., Kayal, N. und Saxena, K.: PRIMES is in P. *Annals of Math.* **160** (2004), No. 2, 781 – 793.

[ANF]   Alten, H.-W., Naini, A.D., Folkerts, M., Schlosser, H., Schlote, K.-H- und Wußing, H.: *4000 Jahre Algebra.* Springer Spektrum, 2. Aufl., 2014.

[AÖ]   Ağargün, A., Göksel und Özkan, E. Mehmet: A historical survey of the fundamental theorem of arithmetic. *Historia Math.* **28** (2001), No. 3, 207 – 214.

[Ba]   Barth, A.P.: *Algorithmik für Einsteiger.* Springer Spektrum, 2. Aufl., 2014.

[Bo]   Bornemann, F.: Ein Durchbruch für „Jedermann". *DMV-Mitteilungen* 4/2002, 14–21.

[Br]   Brands, G.: *Verschlüsselungsalgorithmen.* Vieweg+Teubner, 2002.

[Chen]   Chen, J.R.: On the representation of a larger even integer as the sum of a prime and the product of at most two primes. *Sci. Sinica* **16** (1973), 157176.

[Con]   Conrey, J.B.: The Riemann Hypothesis. *Notices of the AMS*, March 2003, 341–353.

[CM]   Coron, J.-S. und May, A.: Deterministic Polynomial-Time Equivalence of Computing the RSA Secret Key and Factoring. *J. Cryptology* **20** (2007), 39–50.

[CP]   Crandall, R. und Pomerance, C.: *Prime Numbers: A computational perspective.* Springer, 2005.

[De]   Derbyshire, J.: *Prime Obsession: Bernhard Riemann and the Greatest Unsolved Problem in Mathematics.* Penguin, 2004.

[Dst]   Diestel, R.: *Graphentheorie.* Springer, 4. Auflage, 2010.

[Dtz]   Dietzfelbinger, M.: *Primality Testing in Polynomial Time: from randomized algorithms to „PRIMES is in P".* Springer, 2004.

[EFT]   Ebbinghaus, H.-D., Flum, J. und Thomas, W.: *Einführung in die Mathematische Logik.* Spektrum, 2007.

[E]   Ebbinghaus et al.: *Zahlen.* Springer, 1992.

[Fo1]   Forster, O.: *Algorithmische Zahlentheorie.* Vieweg+Teubner, 1996.

[Fo2]   Forster, O.: *Analysis 1.* Springer Spektrum, 11. Aufl., 2013.

[Fr]   Franzén, T.: *Gödel's Theorem: An Incomplete Guide to its Use and Abuse.* Peters, 2005.

[Fü]   Fürer, M.: *Faster integer multiplication*. Proceedings of the 39th Annual ACM Symposium on Theory of Computing (2007), 57–66.

[G]   Granville, A.: It is easy to determine whether a given integer is prime. *Bull. Amer. Math. Soc.* **42** (2005), No. 1, 3–38.

[GT]   Green, B. and Tao, T.: The primes contain arbitrarily long arithmetic progressions. *Annals of Math.* (2) **167** (2008), No. 2, 481–547.

[H]   http://michaelnielsen.org/polymath1/index.php?title=Bounded_gaps _between_primes

[Hal]   Halmost, P.R.: *Naive Mengenlehre*. Vandenhoeck & Ruprecht, 5. Auflage, 1994.

[Har]   Hardy, G.H.: *A mathematician's apology*. Cambridge University Press, 1992.

[HW]   Hardy, G.H. und Wright, E. M.: *An Introduction to the Theory of Numbers*. Oxford University Press, 2008.

[Ho]   Hofstadter, D.: *Gödel, Escher, Bach: ein Endloses Geflochtenes Band*. DTV, 1992.

[HMU]   Hopcroft, J.E., Motwani, R. und Ullman, J.D.: *Introduction to Automata Theory, Languages, and Computation*. Pearson/Addison-Wesley, 2007.

[J]   Jameson, G.J.O.: *The Prime Number Theorem*. Cambridge University Press, 2008.

[Ke]   Kelly, T.: The myth of the Skytale. *CRYPTOLOGICA*, Vol. XXII No. 3 (1998).

[Kra]   Kramer, J. und von Pippich, A.-M.: *Von den natrlichen Zahlen zu den Quaternionen*. Springer Spektrum, 2013.

[Kre]   Krengel, U.: *Einführung in die Wahrscheinlichkeitstheorie und Statistik*. Vieweg+Teubner, 2005.

[KS]   Kurzweil, H. und Stellmacher, B.: *Theorie der endlichen Gruppen*. Springer, 1998.

[LaPe]   Laubenbacher, R. und Pengelley, D.: "Voici ce que j'ai trouvé:" Sophie Germain's grand plan to prove Fermat's last theorem. Historia Math. 37 (2010), no. 4, 641–692.

[LP]   Lenstra, H.W. Jr. und Pomerance, C.: Primality testing with Gaussian periods. Preprint, available here:

          https://math.dartmouth.edu/~carlp/aks080709.pdf

[LPa]   Lewis, H.R. und Papadimitriou, C.H.: *Elements of the theory of computation*. Prentice Hall International, 1998.

[LiN]   Lidl, R. und Niederreiter, H.: *Finite Fields*. Addison-Wesley, 1983.

[Lo]   Lorenz, F.: *Einführung in die Algebra I*. Spektrum, 1999.

[ME]   Murty, M.R. und Esmonde, J.: *Problems in Algebraic Number Theory*. Springer, 2004.

[N]   Nair, M.: On Chebyshev-type inequalities for primes. *Amer. Math. Monthly* **89**, No. 2, (1982), 126–129.

[NZM]   Niven, I., Zuckerman, H.S. und Montgomery, H.L.: *An Introduction to the Theory of Numbers*. John Wiley & Sons, 1991.

[P]   Papadimitriou, C.H.: *Computational complexity*. Addison-Wesley, 1995.

[RU]   Remmert, R. und Ullrich, P.: *Elementare Zahlentheorie*. Birkhäuser, 3. Aufl., 2008.

[RSA] Rivest, R., Shamir, A. und Adleman, L.: A Method for Obtaining Digital Signatures and Public-Key Cryptosystems. *Comm. of the ACM* **21** (1978), No. 2, 120–126.

[Rob] Robinson, S.: Still Guarding Secrets after Years of Attacks, RSA Earns Accolades for its Founders. *SIAM News* **36**, No. 5 (2003).

[Ross] Ross, P.M.: On Chen's theorem that each large even number has the form $p_1 + p_2$ or $p_1 + p_2 p_3$. *J. London Math. Soc.* **10** (1975), 500–506.

[S]   Singh, S.: *Geheime Botschaften*. Hanser Verlag, 1999.

[St]   Stroth, G.: *Algebra. Einführung in die Galoistheorie*. De Gruyter, 1998.

[TZ]   Tao, T. und Ziegler, T.: The primes contain arbitrarily long polynomial progressions. *Acta Math.* **201**, No. 2 (2008), 213–305.

[vK]   von Koch, H.: Ueber die Riemann'sche Primzahlfunction. *Math. Annalen* **55** Nr. 3 (1901), 441–464.

[Z]   Zagier, D.: Newman's short proof of the prime number theorem. *American Math. Monthly* **104** (1997), 705–708.

[Zh]   Zhang, Y.: Bounded gaps between primes. *Ann. of Math.* (2) **179** (2014), no. 3, 1121–1174.